Schriften zur Bauverfahrenstechnik

Herausgegeben von:
P. Jehle, Dresden, Deutschland

Die permanente und in einzelnen Facetten rasante Entwicklung und Weiterentwicklung der Baustoffe, der Maschinen und Geräte im Bauwesen, aber auch die Zusammenführung normativer oder internationaler technischer Standards erfordert Anpassungen und Innovationen bei den Bauverfahren und der Bautechnik. Dies gilt besonders vor dem Hintergrund der Forderungen beispielsweise nach mehr Effizienz, Umweltbewusstsein, Ökonomie oder Dauerhaftigkeit, kurz: Nachhaltigkeit.

Die Schriftenreihe liefert einen Beitrag zur Verbreitung dieser praxisrelevanten Entwicklungen und Anwendungen und gibt damit wichtige Anstöße auch für eng an die Verfahrenstechnik gekoppelte Wissensgebiete. Es werden Ergebnisse aus der eigenen Forschung, Beiträge zu Marktveränderungen sowie Berichte über aktuelle Branchenentwicklungen veröffentlicht. Darüber hinaus werden auch Werke externer Autoren aufgenommen, sofern diese das Profil der Reihe ergänzen.

Herausgegeben von:
Univ.-Prof. Dr.-Ing. Peter Jehle
Technische Universität Dresden

Peter Jehle • Nikolai Michailenko
Stefan Seyffert • Steffi Wagner

IntelliBau 2

Das intelligente Bauteil
im integrierten Gebäudemodell

 Springer Vieweg

RESEARCH

Peter Jehle,
Nikolai Michailenko,
Stefan Seyffert,
Steffi Wagner,
Dresden, Deutschland

Im Rahmen der Forschungsinitiative „Zukunft Bau" geförderter Forschungsbericht

ISBN 978-3-8348-2400-4   ISBN 978-3-8348-2401-1 (eBook)
DOI 10.1007/978-3-8348-2401-1

Die Deutsche Nationalbibliothek verzeichnet diese Publikation in der Deutschen National-
bibliografie; detaillierte bibliografische Daten sind im Internet über http://dnb.d-nb.de
abrufbar.

Springer Vieweg
© Springer Fachmedien Wiesbaden 2013

Springer Vieweg ist eine Marke von Springer DE. Springer DE ist Teil der Fachverlagsgruppe
Springer Science+Business Media
www.springer-vieweg.de

Vorwort

RFID-Anwendungen im Bauwesen war 2006, zu Beginn der an der Technischen Universität Dresden durchgeführten Forschung, ein neuer, innovativer Ansatz zur Optimierung des Lebenszyklus von Bauwerken, vor allem aber in der Bauphase. Bis dahin war die RFID-Technologie bestenfalls in der Logistik und im medizinischen Bereich zur Anwendung gekommen. In der ersten Forschungsphase (2006 - 2008) konnte bereits gezeigt werden, dass sich die bis dahin vorhandene Hardware ohne Einschränkungen auch im Bauwesen nutzen lässt.

Nun liegt der Bericht der zweiten Forschungsphase (2008 - 2011) vor. In dieser Phase wurde anhand eines Pilotprojektes gezeigt, dass unter realen Bedingungen der Einsatz der Technologie tatsächlich möglich ist. Zusätzlich konnten Aussagen zu Anwendungspotenzialen in der Nutzungsphase von Gebäuden sowie zu den personellen und monetären Folgen der Integration eines RFID-Systems in den Bauablauf die Untersuchungen komplettieren.

Die Zusammenstellung des vorliegenden Berichtes ist jedoch nur durch die tatkräftige Unterstützung weiterer an der Forschung beteiligten Personen möglich geworden. Daher sei an dieser Stelle den Projektmitarbeitern Manuel Hentschel und Markus Netzker vom Institut für Baubetriebswesen gedankt, ebenso wie den studentischen Hilfskräften Christian Steiner und Robert Jost sowie den Diplomanden Denis Gerbstädt, Christin Dümmel und Doreen Fiedler.

Besonderer Dank gilt Matthias Zocher, der mit seiner Diplomarbeit im Rahmen des Forschungsprojektes Textbeiträge zu den von ihm untersuchten und dargestellten Prozessen in der Fertigteilproduktion für die Kapitel 2, 3 und 4 lieferte.

Dresden, im August 2012

Inhaltsverzeichnis

Abbildungsverzeichnis

Tabellenverzeichnis

Abkürzungsverzeichnis

AHO	Ausschuss der Verbände und Kammern der Ingenieure und Architekten für die Honorarordnung e.V.
API	Application Interface
ATA	Air Transport Association
BGF	Bruttogeschossfläche
BIM	Building Information Modeling
BRI	Bruttorauminhalt
CADE	Commercial and Government Entity
CAFM	Computer-aided Facility Management
DIN	Deutsches Institut für Normung
DoD	Department of Defence
DODAAC	DoD Activity Address Code
ebd.	ebenda
EHIBCC	Health Industry Business Communication Council
EIRP	Equivalent Isotropically Radiated Power
EPC	Elektronische Produktcode
ERP	Equivalent Radiated Power
ERP	Enterprise Resource Planning
FAA	Federal Aviation Administration
FM	Facility Management
G	Antennengewinn
GIS	Geoinformationssystem
GS1	Global Standards 1
HF	High Frequency
HIBC	Health Industry Barcode
IATA	International Air Transport Association
IEC	International Electrotechnical Commission
IFA	Informationsstelle für Arzneimittelspezialitäten
i. M.	im Mittel
ISO	International Organization for Standardization
LBA	Luftfahrtbundesamt

LF	Low Frequency
LV	Leistungsverzeichnis
MP	Messpunkt
PKMS	Projekt-Kommunikationsmanagementsystem
PPP	Public Private Partnership (Öffentlich-Private Partnerschaft)
PZN	Pharmazentralnummer
RFID	Radio Frequenz Identifikation (engl. Radio Frequency Identification)
SHF	Short High Frequency
SHM	Structural Health Monitoring
Std.	Stunden
TGA	Technische Gebäudeausrüstung
TR	Technical Report (Technischer Bericht)
UHF	Ultra High Frequency
vgl.	vergleiche
z. B.	zum Beispiel

1 Einleitung und Aufgabenstellung

Die Radio-Frequenz-Identifikation-Technologie, kurz RFID-Technologie, ist eine sicht- und kontaktlose Identifikationstechnologie. Sie kommt seit einigen Jahren zur Optimierung der Prozesse in der Lagerhaltung und der Warenwirtschaft sowie der industriellen Herstellung von Gütern zur Anwendung. Im Bauwesen werden solche Systeme nur selten, wie zum Beispiel bei großen Erdbaumaschinen zur technischen Überwachung von Maschinen eingesetzt. Dabei können durch die Technologie das Fehler- und Störungsmanagement online durchgeführt und in Echtzeit automatisch lückenlos dokumentiert werden. Eine ganzheitliche Nutzung zur Optimierung des Gesamtprozesses „Herstellung eines Bauwerks" hat den Status der Forschung noch nicht abgeschlossen.

An der Fakultät Bauingenieurwesen, Professur für Bauverfahrenstechnik der Technischen Universität Dresden wird das Ziel verfolgt, durch eine Vielzahl „intelligenter" [1] Bauteile (alle tragenden und / oder raumabschließenden Bauteile eines Gebäudes wie beispielsweise Stahlbetonwände und -decken, Fertigteile oder Mauerwerkswände), eine dezentrale[2] Informationshaltung zu erreichen. Bei der Verwendung der RFID-Technologie im Bauwesen ist ein Lösungsansatz erforderlich, der eine ganzheitliche Nutzung über den gesamten Lebenszyklus eines Bauwerkes zulässt.

Eine Aufgabe des ersten Teilprojektes „RFID-IntelliBau 1" innerhalb der Forschungsarge „RFID-Technologie im Bauwesen"[3] war es, für die Lebenszyklusphasen von Bauwerken, wie Herstellung, Umbau, Modernisierung und die Nutzungsphase, den möglichen Nutzen auszuarbeiten und zu formulieren. Ein weiterer Arbeitsschwerpunkt bestand darin, die Randbedingungen für den Einsatz dieser Technologie in Bauteilen herauszuarbeiten und Anforderungen an die Hard- und Software zusammenzustellen. Die Untersuchungen zu den Randbedingungen und Anforderungen waren in diesem Teilprojekt zunächst vorzugsweise auf die Phase der Bauwerksherstellung ausgerichtet, da zu erwarten war, dass bei der Bauwerksherstellung die höchsten Anforderungen an das System zu stellen sind. Außerdem unterscheidet sich gerade die Phase der Gebäudeherstellung durch eine große Komplexität und Einzigartigkeit deutlich von den anderen Lebenszyklusphasen. Das Optimierungspotenzial durch den Einsatz der RFID-Technologie in dieser Phase ist sehr groß, da für viele der am Bau beteiligten Unternehmen mit einer angestrebten semi-dezentralen[4] Datenhaltung die

---

[1] Der Begriff „Intelligenz" ist hier als ein Synonym zu verstehen. Die Untersuchungen der Forschergruppe haben gezeigt, dass der Einsatz von Speicher zur dezentralen Datenhaltung erst der Anfang der Entwicklung ist. Die nächsten Entwicklungsschritte im Bereich der Transponder gehen zunehmend zu den so genannten Embedded Systems (eingebettete Systeme), bei denen kleine Computerchips, Sensoren und / oder Speichereinheiten sowie Kommunikationseinheiten in einem System zusammengefasst werden. Diese Embedded Systems kommunizieren untereinander und können Prozesse eigenständig auslösen und steuern.

[2] Dezentrale Datenhaltung: die Daten werden direkt auf den RFID-Transponder abgelegt, verwaltet und bearbeitet.

[3] www.RFIDimBau.de.

[4] Semi-dezentrale Datenhaltung: die Daten werden direkt auf den RFID-Transponder abgelegt und können parallel auf individuellen Baustellen-, Unternehmens- oder Immobilien-Bestandsservern semizentral verwaltet und bearbeitet werden.

Prozessabläufe dokumentiert, sowie die Steuerung und Kontrolle der Prozessschritte nachhaltig verbessert werden.

1.1 Abgrenzung innerhalb der ARGE – RFID-Technologie im Bauwesen

Die gesamte Forschung zum Einsatz der RFID-Technologie im Bauwesen erfolgt in einer Forschungs-Arbeitsgemeinschaft, kurz ARGE, mit folgenden Partnern:

- Lehr- und Forschungsgebiet Baubetrieb und Bauwirtschaft der Bergischen Universität Wuppertal,
- Fraunhofer Institut für Bauphysik aus Stuttgart,
- Institut für Numerische Methoden und Informatik im Bauwesen der Technischen Universität Darmstadt.

Die Partner untersuchen eigenständig unterschiedliche Einsatzschwerpunkte der RFID-Technologie im Bauwesen.

Das hier zusammengefasste Forschungsvorhaben „RFID-IntelliBau 2" weist Schnittmengen, insbesondere mit dem Forschungsprojekt „RFID-Baulogistikleitstand" auf. Dabei untersuchten die Mitarbeiter der Bergischen Universität Wuppertal erfolgreich den Einsatz der RFID-Technologie im Bereich der Baulogistik. Die Daten der Materialien oder Fertigteilelemente, wie beispielsweise eine eindeutige Kennnummer, die Materialdaten und weitere Herstellerinformationen, müssen über eine Schnittstelle in die Transponder der einzelnen Bauteile gelangen. Die Untersuchungen und Entwicklung einer solchen Schnittstelle war aber nicht Ziel der beiden Forschungsvorhaben, sondern kann nur im Anschluss an die Projekte der ARGE in der zweiten Forschungsphase erfolgen.

1.2 Idee und Grundlagenuntersuchung

In einem ersten Schritt des Forschungsprojektes „RFID-IntelliBau 2" wurden die Daten- und Informationsflüsse im Lebenszyklus eines Bauwerkes analysiert und diskutiert. Das klassische Datenflussmodell, in Abbildung 1 zum besseren Verständnis grafisch dargestellt, ist unterteilt in die Objekt- und Datenebene. Allein bei der Betrachtung der Datenebene ist eine Vielzahl sogenannter Medienbrüche zu finden, bei denen eine Umwandlung von digitalen Daten in analoge Daten oder umgekehrt stattfinden muss. Diese klassischen Abläufe sind fehleranfällig und regelmäßig mit Datenverlusten verbunden. Die Fehlerbehebung, beispielsweise durch eine aufwändige Bauwerksaufnahmen in der Nutzungsphase oder die Wiederbeschaffung der verlorenen Daten, sind mit erheblichen zusätzlichen Kosten verbunden. Der Einsatz der RFID-Technologie ermöglicht es, diese Medienbrüche zu vermeiden und die entstandenen Daten sicher und jederzeit verfügbar zu halten.

Wie in Abbildung 1 dargestellt, erfordert die Herstellung der Bauobjekte einen Datenaustausch zwischen der Objektebene (reales Objekt, Produktionsort) und der Datenebene (virtuelles Objekt, Bauleitung und Planung). Da die digitalen Schnittstellen bisher fehlen, werden alternativ die analogen Daten (zum Beispiel Lieferscheine oder Bautenstände) in den Unternehmen in digitale Systeme eingepflegt und umgekehrt digitale Daten aus der Planung oder aus Besprechungen auf Papier geplottet oder gedruckt und so in analoge Daten umgewandelt. Manche Informationen werden auch nur mündlich kommuniziert. Daraus resultieren

Verzögerungen oder Fehler. Planänderungen erreichen den Produktionsort Baustelle zu spät oder überhaupt nicht. Diese Defizite sind nur mit erheblichem Aufwand zu minimieren.

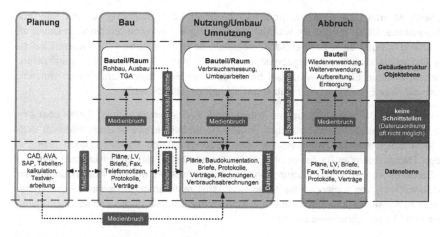

Abbildung 1: Klassischer Datenfluss[5]

Ziel des Forschungsvorhabens ist es, die Daten direkt am Bauteil zu speichern, die für die Bauphase benötigt und vorgehalten werden müssen beziehungsweise die während des Bauprozesses erzeugt werden, und für eine optimale Bauorganisation zur Verfügung zu stellen. Dazu sollen Transponder in alle raumabschließenden und tragenden Bauteile eingebaut werden. Die gesamten Daten können in die drei folgenden Gruppen eingeteilt werden:

- die Stammdaten, also die SOLL-Daten aus der Planung,
- die Materialdaten, die den während des Errichtens ergänzten Kennwerten des verbauten Materials entsprechen, und
- die Prozessdaten, welche die Herstellung mit Zeitpunkt, Qualität und anderen Eckdaten dokumentieren.

Durch die Kopplung der Bauteile (Objektebene) mit den zugeordneten Informationen (Datenebene) mittels der dezentralen Datenablage auf den eingebauten Transpondern wird die elektronische Welt mit der realen Welt verknüpft. Hieraus ergeben sich verschiedene Nutzenpotenziale. Über Algorithmen ist es möglich, mit den gespeicherten Stammdaten und den ergänzten Material- und / oder Prozessdaten einen Soll-Ist-Vergleich in Echtzeit durchzuführen. Die digitale Auswertung der Informationen (z. B. wer welches Material an welcher Stelle, zu welcher Zeit verbaut hat) verhindert beispielsweise Fehlmontagen von Fertigteilen oder lässt aktuelle Zwischenprüfungen der Arbeitsstände zu. Die Qualitätsverbesserung durch den Informationsgewinn gegenüber dem konventionellen Bauen wird nur möglich, da alle Material- und Prozessdaten direkt am Bauteil, also am Entstehungsort, ohne zeitlichen Verzug und ohne Medienbruch dokumentiert werden können. In Verbindung mit Sensortechnik

---

[5] Vgl. *Jehle et al. 2011.* S. 31.

sind weitere Automatismen bei der IST-Daten-Erfassung möglich. So können Sensoren kontinuierlich Umgebungstemperatur, Feuchtigkeit, Tragverhalten und vieles mehr aufnehmen.

Üblicherweise erfolgt ein erneuter, großer Medienbruch beim Übergang von der Bau- zur Nutzungsphase. Dabei werden die während der Bauphase gespeicherten digitalen Daten oft noch analog in Form einer Bauwerksdokumentation an den Bauherren übergeben. Eine sichere und vollständige Datenübergabe ist, in der heute üblichen Form, nicht zu garantieren. Bei jedem weiteren Eigentümerwechsel gehen dann weitere Objektinformationen verloren, die sich der neue Eigentümer oder Nutzer jeweils neu beschaffen muss.

Durch die in den Bauteilen eingebauten Transponder sind jederzeit wichtige Daten über einzelne Bauteile direkt am Bauteil abrufbar. Dazu gehören beispielsweise Bauteilidentität, Aufbau, Materialeigenschaften, Abmessungen oder Leitungsverläufe. Da diese Daten dezentral auf den Transpondern im Bauteil hinterlegt sind, ist die Gefahr des Datenverlustes sehr gering. Sensoren können in der Nutzungsphase weiterverwendet werden. Anwendungen wie die Überwachung von tragenden Bauteilen sind damit realisierbar. Zu jedem Zeitpunkt lassen sich so Aussagen über den aktuellen Zustand eines Bauteils treffen und so Rückschlüsse auf deren Leistungsfähigkeit ziehen.

In der letzten Lebenszyklusphase eines Gebäudes, dem Abbruch, fehlen regelmäßig die für die Abbruch- und die Entsorgungsplanung erforderlichen Bauteil- und Stoffinformationen. Daher ist bisher in der Regel eine genaue Analyse der Gebäudestruktur, Materialien, Nutzungen und Gefährdungen durchzuführen, was sehr aufwändig und mit vielen zusätzlichen Risiken behaftet ist. Der Mehraufwand bei der Honorarermittlung für die jeweilige Bestandsaufnahme und -bewertung wird von der AHO mit einem Zuschlag von i. M. 25 % für Besondere Leistungen auf Basis der anrechenbaren Kosten angegeben.[6] Der Nutzen dezentraler Datenhaltung mittels der RFID-Technologie wäre auch hier von großer Bedeutung.

Zusammenfassend ist also festzustellen, dass durch die RFID-Technologie die Bauteilinformationen dezentral immer verfügbar sind. Dies ermöglicht es, zu jedem Zeitpunkt die notwendigen Daten für Herstellung, Betrieb, Instandhaltung oder abschließend Abbruch, abzurufen und zu nutzen. Die Datenhaltung erfolgt, wie in Abbildung 2 veranschaulicht, kontinuierlich über alle Lebensphasen und ohne Medienbrüche hinweg. Die Dokumentation aller Arbeitsschritte erlaubt eine Nachverfolgung der einzelnen Prozesse und liefert die Grundlage einer ganzheitlichen Qualitätsüberwachung.

Durch die Kennzeichnung aller tragenden und raumabschließenden Elemente und die damit verbundene Ausstattung mit einem Datenträger entsteht die Basis für „intelligente" Bauteile. Die verschiedenen Einsatzmöglichkeiten der RFID-Technologie im Lebenszyklus eines Bauwerkes führen zu wichtigen Anforderungen an die Hardware, aber auch deren Positionierung im Bauteil. Die Transponder sind mit ihren verschlüsselten Daten vorzugsweise fest in das Bauteil einzubauen, um sie vor Diebstahl, Beschädigung und Manipulation zu schützen.

---

[6] Vgl. *AHO 2004*.

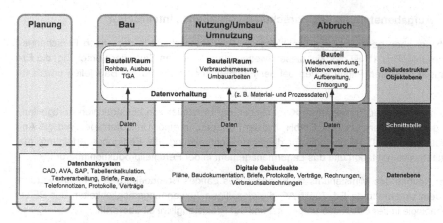

Abbildung 2: Datenflussmodell unter Verwendung der RFID-Technologie[7]

Für den Nachweis der Praxistauglichkeit wurden im Rahmen des Forschungsprojektes „Intelli Bau 1" [8] verschiedene objektorientierte Grundlagenuntersuchungen durchgeführt, um wesentliche Anforderungen an Transponder und Lesegeräte zu verifizieren und weitere zusätzliche Anforderungen zu formulieren. Zu nennen sind unter anderem:

- Anordnung und Position der Transponder im Raum,
- Anordnung und Lage der Transponder im Bauteil,
- Lesbarkeit im Raum,
- Einfluss der Trägermaterialien (Stahl, Holz, Kalksandstein, Ziegel, Porenbeton),
- Einfluss der unterschiedlichen Medienleitungen (Kommunikation, Strom oder Wasser),
- Einfluss von Menschen im Lesebereich,
- Einfluss von Geräten / Maschinen im Lesebereich,
- Beeinflussung der Transponder im Lesebereich untereinander (Antikollisionsverfahren),
- Einfluss aus Umgebungsbedingungen durch Bau, Montage und Nutzung,
- Ermittlung der notwendigen Sendeleistung, und
- Test verschiedener RFID-Komponenten (Reader, Transponder).

Die verwendeten Transponder waren dabei nicht speziell für die robuste Baustellenumgebung entwickelt, sondern frei am Markt erhältliche Produkte. Diese wurden vorrangig für Logistik- und Produktionsprozesse der stationären Industrie entwickelt. Während der ersten Messungen zeigte sich, dass ein großer Teil der eingesetzten Transponder den Anforderungen aus dem Bauablauf genügen konnte. Dennoch ist ein enormes Entwicklungspotenzial im Hinblick auf Dauerhaftigkeit, Reichweite und Speichergrößen vorhanden.

---

[7] Vgl. *Jehle et al. 2011.* S. 36.
[8] Vgl. *Jehle et al. 2011.*

1.3 Aufgabenstellung des Forschungsvorhabens „IntelliBau 2"

Nach der oben beschriebenen Ermittlung der Praxistauglichkeit in der ersten Forschungs-phase „IntelliBau 1"[9] ist das Ziel dieser zweiten, detaillierenden Stufe der Forschung, die Er-gebnisse an realen Pilotprojekten bei der Fertigteilproduktion und auf Baustellen umzuset-zen.

In den Werken der Praxispartner Klebl GmbH, ein Hersteller von konstruktiven Fertigteilen, und dem Betonwerk Oschatz GmbH, mit der Fertigung in einer Umlaufanlage, wird die An-wendung der RFID-Technologie für die Prozessoptimierung, die Fertigungsverfolgung, die Qualitätsdokumentation und das Lagermanagement in der Fertigteilproduktion überprüft.

Beim Neubau des Ministeriums für Finanzen des Landes Brandenburg in Potsdam werden mit dem Unternehmen Ed. Züblin AG die vielfältigen Anwendungsmöglichkeiten der RFID-Technologie in der Bauphase umgesetzt und auf Praxistauglichkeit überprüft.

Außerdem sollen Anwendungspotenziale in der Nutzungsphase von Gebäuden dargestellt und eine Abschätzung der monetären und personellen Konsequenzen im Bauablauf vorge-nommen werden.

---

[9] Vgl. *Jehle et al. 2011.*

2 Voruntersuchung

Die Planung von Einsätzen der RFID-Technologie im Fertigteilwerk und auf Baustellen bedingt eine sorgfältige Prozessanalyse. Durch diese Analysen können Datenflüsse, Schnittstellen, aber auch Defizite herausgearbeitet und zur Optimierung der Prozesse verwendet werden.

2.1 Prozessanalysen Fertigteilwerk

Eine umfassende Prozessanalyse ist notwendig, um die Datenflüsse im Unternehmen zu analysieren. Dazu gehört neben der Analyse der Fertigung auch die Untersuchung der anderen notwendigen Geschäftsprozesse, die für die Auftragsabwicklung zwingend erforderlich sind. Die Komplexität eines solchen Prozessablaufes kann im Rahmen dieses Berichtes nur anhand der übergeordneten Prozesse sowie einiger Beispiele verdeutlicht werden. Weiterhin können lediglich grobe Strukturen zur Übersicht und zum Verständnis wiedergegeben werden, da sensiblen Unternehmensdaten nicht zur Veröffentlichung freigegeben sind. Für die Modellentwicklung erfolgten umfassende Prozessaufnahmen.

2.1.1 Auftragsabwicklung im Fertigteilwerk[10]

Die Auftragsabwicklung wird generell in die vier folgenden Phasen unterteilt:

- die Auftragsbeschaffung,
- die Auftragseinplanung,
- die Auftragsdurchführung und Auslieferung sowie
- die Auftragsabrechnung

Die Ausschreibung der Fertigteile eines Bauauftrages erfolgt entweder durch das Bauunternehmen oder den Bauherrn. Nach der Angebotsabgabe und dem Zuschlag für das Fertigteilwerk beginnen die Planung des Fertigungsauftrages und die Produktion.

Erst nach endgültiger Fertigung der Bauteile und dem Transport dieser auf die Baustelle, können sie durch das Montageunternehmen montiert werden.

In den folgenden Abschnitten werden die vier Phasen der Auftragsabwicklung näher erläutert.

2.1.1.1 Die Auftragsbeschaffung

Die Auftragsbeschaffung umfasst alle Maßnahmen und Bemühungen, die zu einem Auftrag für das Fertigteilwerk führen. Verantwortlich dafür ist die Akquisition des Fertigteilwerkes.

Die Basis für ein Angebot ist eine Leistungsbeschreibung oder ein Leistungsverzeichnis. Das Angebot beruht auf einer Angebotskalkulation, die durch das Fertigteilwerk erstellt wird. Nach Abgabe und Prüfung der Angebote durch den Ausschreibenden lädt dieser zum Vergabegespräch, welches auch als Auftragsverhandlung angesehen wird, ein. Im Laufe des

---

[10] Nach *Zocher 2008*, Diplomarbeit im Rahmen des Forschungsprojektes.

Vergabegespräches kann sich die ausgeschriebene Leistung und Menge ändern. Weiterhin wird der Ausschreibende versuchen, die Preise zu verhandeln, so dass es nach Beendigung des Vergabegespräches erhebliche Abweichungen zur Angebotskalkulation geben kann. Erst mit Auftragserteilung werden die Leistungen, die Menge und der Preis festgeschrieben. Die Auftragskalkulation wird Bestandteil des Vertrages zwischen Auftraggeber und Fertigteilwerk und ist Grundlage für die Arbeitskalkulation, Nachtragskalkulation und Nachkalkulation.

2.1.1.2 Auftragseinplanung

Nach der Auftragserteilung wird der Auftrag in einzelne Produktionsabschnitte unterteilt und zeitlich in die vorhandene Produktionsplanung eingearbeitet. Das bedeutet, es muss ein Produktionsplan erstellt werden, der Auskunft über den zeitlichen Ablauf der Produktion für die zu fertigenden Aufträge gibt. Neben der eigentlichen Fertigung ist der zeitliche Rahmen für die Lieferung der Fertigteile inklusive der Lagerungsdauer im Fertigteilwerk mit zu berücksichtigen, um Liefertermine nicht zu überschreiten.

Die Auftragskalkulation bildet die Grundlage für alle Planungsschritte und Steuerungsmaßnahmen in der Fertigung. Aus ihr ergeben sich die kalkulierten Kosten ebenso, wie die zeitliche Dauer für die Produktion, welche direkt in die Planung der Produktion übergehen. Daneben ergeben sich weitere Randbedingungen bezüglich des zu verwendenden Materials, der Geräte und des Personals. Falls bereits eine Ausführungsplanung vorliegt, ist diese ebenfalls Grundlage für die Fertigungsplanung.

Zur Fertigungsplanung können die folgenden Arbeitsschritte gezählt werden:

- die Vorbereitung der Fertigungsplanung,
- die Planung der Hauptfertigung sowie
- die terminliche Abstimmung der Vorfertigung, Beschaffung und Planlieferung.

Zur Vorbereitung der Fertigungsplanung gehört zum einen die Schalungsoptimierung. Diese beinhaltet, dass alle die Fertigteile zusammengefasst werden, welche mit einer Grundschalung und wenigen Umbauten hergestellt werden können. Zum Anderen muss das Fertigteilwerk festlegen, welche Leistungen der Vorfertigung und Hauptfertigung des Werkes selbst ausgeführt und welche an Fremdunternehmen abgegeben werden können bzw. müssen.

Die Planung der Hauptfertigung beinhaltet sowohl die zeitliche als auch die räumliche Anordnung der herzustellenden Bauteile im Fertigteilwerk, auf deren Grundlage die Personal- und Gerätekapazitäten für die Fertigung abgestimmt werden. Um die Platzkapazitäten der einzelnen Fertigungsorte nicht zu überschreiten, müssen zusätzlich entsprechende Produktionspläne erstellt werden. Diese geben Auskunft darüber, in welcher Zeit sich ein Bauteil am zugewiesenen Fertigungsplatz befinden darf. Damit soll eine zeitliche Überschreitung der Platzkapazitäten verhindert werden, die zu einem Verzug im gesamten Produktionsablauf führten.

Die Terminvorgaben der Hauptfertigung sind gleichzeitig die Randbedingungen für die Beschaffung und die Vorfertigung. Die Vorfertigung von Bewehrungskörben und Einbauteilen sowie die Herstellung von Frischbeton ist Voraussetzung, um die Bauteile überhaupt herstellen zu können. Hier ist vorgelagert die Beschaffung aller Baustoffe und Einbauteile zu berücksichtigen.

Da in der Regel dem Fertigteilwerk in der Angebotsphase keine Ausführungspläne vorliegen, dienen die Massen und Bauteileigenschaften, welche in der Leistungsbeschreibung oder dem Leistungsverzeichnis enthalten sind, als Grundlage für die Rahmenplanung. Erst mit Lieferung der Ausführungspläne können die Annahmen aus der Rahmenplanung konkretisiert und aktualisiert werden. Jedoch soll an dieser Stelle darauf hingewiesen werden, dass die gelieferte Ausführungsplanung sich bis zum Produktionsbeginn jederzeit ändern kann und wird. In der Praxis ist dies auch regelmäßig erfolgt. Die Folge ist, dass die Produktionsplanung des Auftrages ständig aktualisiert und fortgeschrieben werden muss, um den Auftrag erfolgreich und termingerecht abwickeln zu können.

2.1.1.3 Auftragsdurchführung

Die Auftragsdurchführung beginnt mit der Lieferung der Ausführungspläne. Auf Grundlage der Angebots- und Auftragskalkulation wird die Arbeitskalkulation erstellt. In der Arbeitskalkulation werden alle tatsächlich auftretenden Kosten und Leistungen erfasst. Weiterhin dient sie für den Soll-Ist-Vergleich und als Grundlage für die Hochrechnung des Ergebnisses eines Auftrags.

Neben der eigentlichen Herstellung der Fertigteile zählen zur Auftragsdurchführung die folgenden Prozessschritte:

- die Feinterminplanung (bei verspäteter Lieferung der Ausführungspläne),
- der Fertigungsauftrag,
- die Produktionskontrolle und Produktionssteuerung,
- die Endkontrolle sowie
- die Auslieferung.

Entsprechend der Lieferung der Ausführungspläne muss die Fertigungsplanung durch einen Feinterminplan detailliert werden. Dabei orientiert man sich am Planvorlauf und stellt den Zeitplan der Fertigung für die kommenden ein bis zwei Wochen detaillierter als bei der Auftragseinplanung auf.

Der Start / Beginn der eigentlichen Fertigung erfolgt durch die Herausgabe der Fertigungstermine, die Ausführungspläne und des Fertigungsortes an den Verantwortlichen in Form eines Fertigungsauftrags.

Als Controlling-Maßnahmen erfolgt zeitgleich mit der Ausführung ein Soll-Ist-Vergleich. Auftretende Störungsmeldungen und Abweichungen vom Soll-Plan sollen durch das verantwortliche Personal zeitnah erkannt und durch entsprechende Reaktionen gegengesteuert werden. Dies kann bedeuten, dass in die Fertigung eingegriffen werden muss.

Ein weiterer wichtiger Punkt bei der Fertigungssteuerung ist die Sichererstellung der Leistungserfüllung des Erzeugnisses durch die entsprechende Qualitätsüberwachung. Zur Kontrolle der Qualität gehört neben der Überwachung der einzelnen Arbeitsschritte auch die Kontrolle des Endproduktes. Am Endprodukt werden zum Beispiel die Abmessungen, die Oberflächenqualitäten und die Betonfestigkeiten geprüft.

Mit der Auslieferung der Fertigteile ist die Auftragsdurchführung beendet. Im Anschluss kann der Auftrag abgerechnet werden.

2.1.1.4 Auftragsabrechnung

Auf Basis der Arbeitskalkulation und der vertraglich vereinbarten Preisen wird das Ergebnis des Auftrages unter Berücksichtigung der ausgeführten Mengen ermittelt. Das Ziel der Auftragsabrechnung ist das Erstellen der Schlussrechnung. Mit dem Legen und Versenden der Schlussrechnung wird diese fällig und das Fertigteilwerk bekommt seine Leistung vom Auftraggeber vergütet.

Zur Auftragsabrechnung gehört auch die Nachkalkulation. In dieser werden nach Auftragsabwicklung die Soll-Werte mit den Ist-Werten verglichen, um die Kalkulationsansätze der Angebotskalkulation überprüfen zu können. Dazu werden die benötigten Kosten und Arbeitsstunden mit den kalkulierten Werten verglichen, um Rückschlüsse für spätere Aufträge ziehen zu können.

2.1.2 Die Herstellung von Fertigteilen[11]

Die Herstellung von Stahlbetonfertigteilen wird in die Vorfertigung, die Hauptfertigung und Hilfsvorgänge differenziert. Jeder dieser Prozesse beinhaltet, wie in der folgenden Abbildung 3 dargestellt, weitere Prozessschritte und eine eigene Organisation.

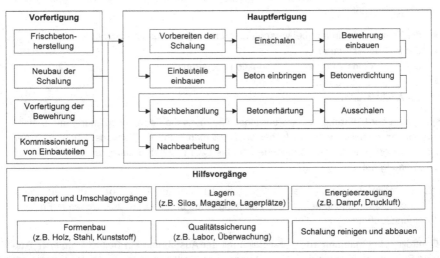

Abbildung 3:   Gliederung der Produktionsprozesse im Fertigteilwerk[12]

Die Vorfertigung beinhaltet die Frischbetonherstellung, die Vorfertigung und Kommissionierung von Einbauteilen, der Schalung sowie der Bewehrung. Es werden alle Materialien her-

---

[11] Nach *Zocher 2008*, Diplomarbeit im Rahmen des Forschungsprojektes.
[12] Nach *Bindseil 1998*. S. 31.

gestellt beziehungsweise vorbereitet, die für die Produktion des Fertigteils benötigt werden. Alle Prozesse der Vorfertigung laufen unabhängig voneinander ab.

Bei der Hauptfertigung werden alle vorgefertigten Teile „verheiratet", das Bauteil gefertigt und anschließend nachbehandelt. Dabei laufen alle notwendigen Arbeiten am jeweiligen Fertigungsort beziehungsweise an der Fertigungsstation ab. Handelt es sich bei der Schalung um ein variables Schalungssystem oder um Schalungsumbauten, und besteht eine enge Verflechtung mit dem Fertigungsort, dann wird der Schalungsbau der Hauptfertigung zugeordnet.[13]

In den folgenden Abschnitten werden die einzelnen Vorgänge kurz dargestellt und erläutert. Dabei wird vorausgesetzt, dass alle drei nachfolgenden Teilbereiche der Vorfertigung separat arbeiten. Außerdem können sowohl die Bewehrungsarbeiten, wie auch die Vorfertigung der Einbauteile fremd vergeben werden und müssen nicht in Eigenleistung ausgeführt werden.

2.1.2.1 Vorfertigung der Bewehrung

Zur Vorfertigung der Bewehrung gehört das Schneiden und Biegen sowie das Flechten von Bewehrungskörben. Nicht dazu zählt das Verlegen der Bewehrung im Bauteil. Dieser Arbeitsgang wird der Hauptfertigung zugeordnet. Abhängig vom Fertigteilwerk können die Bewehrungsstähle im Werk zugeschnitten und gebogen oder bereits fertig angeliefert werden.

Die Vorfertigung der benötigten Bewehrungskörbe wird meist in der werkseigenen Eisenflechterei realisiert. Die fertigen Bewehrungskörbe werden im Anschluss über ein Transportsystem von der Eisenflechterei oder einem Zwischenlager zum Einbauort in die Schalung transportiert, wo sie dann eingebaut werden können. In Ausnahmefällen ist es erforderlich, die Bewehrungskörbe direkt am Fertigungsort des Bauteils zu flechten. Das ist zum Beispiel der Fall, wenn der Transport von der Eisenflechterei zum Fertigungsort aufgrund der Größe sehr schwierig oder gar nicht möglich ist. Die Produktivität für das Flechten der Bewehrungskörbe ist vom Personal abhängig.

Der zu verarbeitende Stahl wird in verschiedenen Durchmessern in der Eisenflechterei vorgehalten. Um die Gefahr der Verwechslung von unterschiedlichen Stählen zu verringern, wird heute hauptsächlich nur noch eine Stahlgüte verwendet. Die Vorhaltemenge der einzelnen Durchmesser richtet sich nach den Produktions- / Auftragsschwerpunkten des jeweiligen Fertigteilwerkes.

Die Herstellung der Bewehrungskörbe hängt von den individuellen Bauteilen des jeweiligen Auftrags ab und wird in der Eisenflechterei vor dem Einbau in die Schalung ausgeführt. Die genaue Bereitstellungszeit der Körbe für die Hauptfertigung resultiert aus der geplanten Herstellungszeit des Bauteils.

---

[13] Vgl. *Häberle 1991.* S. 26f.

2.1.2.2 Vorfertigung - Frischbetonherstellung

Der Beton wird unmittelbar vor dem Betonieren des Fertigteils durch den Verantwortlichen der Hauptfertigung bei der Betonmischanlage bestellt, dort dann hergestellt und geliefert. Der Mischmeister hat neben der Aufgabe des Betonmischens regelmäßig die Vorhaltemengen für die Gesteinskörnung, Zemente, Zusatzstoffe und -mittel zu überwachen. Die Leistungsfähigkeit des Betonmischens hängt von der technischen Leistung der Mischanlage, einschließlich seiner Transporteinrichtungen, ab.

2.1.2.3 Vorfertigung - Kommissionierung der Einbauteile

Die Einbauteile werden in auftragsneutrale und auftragsbezogene Positionen unterschieden. Die auftragsneutralen Positionen sind Standardbauteile, die unabhängig vom Auftrag im Werk vorgehalten werden und entsprechend der Lagerhaltung nachbestellt oder in der werkseigenen Schlosserei auf Lager hergestellt werden. Bei den auftragsbezogenen Einbauteilen handelt es sich um Sonderbauteile, die je nach Auftrag gesondert hergestellt oder bestellt werden müssen. Besonderes Augenmerk ist dabei auf die Lieferzeiten der Einbauteile zu legen, damit diese rechtzeitig vor Produktionsbeginn im Werk sind.

2.1.2.4 Die Hauptfertigung

Nachdem in der Vorfertigung die Schalung, die Bewehrung und die Einbauteile vorbereitet worden sind, werden diese in der Hauptfertigung zusammengefügt („verheiratet"). Dabei wird zuerst die Schalung vorbereitet und das Bauteil eingeschalt. Dazu zählen auch das Herstellen aller erforderlichen Aussparungen und Öffnungen. Danach wird der vorgefertigte Bewehrungskorb eingehoben und anschließend die Einbauteile fixiert. Von den Verantwortlichen ist an dieser Stelle genau zu kontrollieren, ob alle vorgefertigten Teile zu dem herzustellenden Bauteil gehören.

Sind diese vorbereitenden Arbeiten abgeschlossen und von einer entsprechenden Person abgenommen, erfolgt das Einbringen des Betons. Dieser wird verdichtet und kann dann erhärten. Um den Beton bei der Erhärtung zu unterstützen und die Qualität sicherzustellen, werden die ungeschalten Oberflächen nachbehandelt. Sobald der junge Beton eine ausreichende Festigkeit erreicht hat, folgen das Ausschalen, das Reinigen und das Abbauen der Schalung. Am neuen Betonfertigteil sind parallel Nacharbeiten erforderlich. Dazu zählen das Reinigen oder beispielsweise das Entfernen von Styroporkernen, die als Aussparungsschalung verwendet werden. Bestehen besondere Wünsche an die Oberfläche des Betons, muss diese entsprechend nachbearbeitet werden. Beispiele sind hierfür das Waschen, Feinwaschen, Schleifen und Sandstrahlen der Oberfläche.

Die Leistung der Hauptfertigung hängt von der Personalkapazität und den technischen Voraussetzungen ab. Personelle und technische Leistung sind unabhängig voneinander und beeinflussen sich nicht gegenseitig. Bei der Standfertigung ist zusätzlich die Erhärtung des Betons zu berücksichtigen.

2.1.3 Fertigungsverfahren innerhalb der Pilotversuche[14]

Die Herstellungsverfahren von Stahl- und Spannbetonfertigteilen unterscheidet man grundsätzlich in die Standfertigung und in die Fließfertigung.

Das Merkmal der **Standfertigung** ist es, dass sich das zu produzierende Bauteil immer am gleichen Standort im Werk befindet. Die Arbeitskolonnen wandern von Bauteil zu Bauteil. Beispiele für diese Fertigungsart sind die Fertigung auf Kipptischen, in stationären Schalungen und auf langen Bahnen.

Die **Fließfertigung** ist dadurch gekennzeichnet, dass die jeweilige Arbeitsstation im Fertigteilwerk fest an einem Ort installiert ist, die Arbeiter immer am gleichen Ort die gleiche Tätigkeit durchführen und die Bauteile sich während der Herstellungsphase zwischen den Stationen bewegen. Ein Beispiel für die Fließfertigung ist das Umlaufverfahren.

Die Untersuchungen im Rahmen dieser Arbeit erfolgten in zwei Werken. Im Werk der Unternehmung Klebl GmbH in Gröbzig werden konstruktive Fertigteile mit der Standfertigung hergestellt. Bei der Unternehmung Betonwerk Oschatz GmbH werden Wand- und Deckenplatten als Halbfertigteile in einer Umlaufanlage gefertigt.

2.1.3.1 Standfertigung – Fertigung auf stationären Schalungen

Die Standfertigung ist dadurch gekennzeichnet, dass alle Arbeitsschritte der Hauptfertigung eines Bauteils am gleichen Standort im Werk, einem festgelegten Fertigungsplatz, stattfinden. Der gesamte Materialtransport muss dabei durch das Werk erfolgen. Die jeweiligen Arbeitskolonnen bewegen sich von Bauteil zu Bauteil und die Fertigungsgeräte müssen an jeder Arbeitsstation vorgehalten werden. Bedingt dadurch muss das Fertigteilwerk mehr Maschinen vorhalten. Im Vergleich zur Umlaufanlage sind die Geräte in der Regel mit weniger Leistung ausgestattet, da die Anschaffungsinvestitionen für mehrere statt für eine Maschine benötigt werden. Der Vorteil der Standfertigung ist, dass jedes Fertigteil individuell erstellt werden kann und im Vergleich zur Umlaufanlage eine flexiblere Fertigung möglich ist.

Die Standfertigung wird hauptsächlich dann eingesetzt, wenn mehrere unterschiedliche Fertigteile in einer Produktionshalle hergestellt werden sollen. Gekennzeichnet durch die „Fertigteilgröße, der wechselnden Produktmischung, des niedrigen Serienfaktors, der kundenspezifischen Teileanpassung und der handwerklichen Fertigungsmethoden"[15] hat sich die Standfertigung für den konstruktiven Fertigteilbau als wirtschaftlich günstig herausgestellt.

2.1.3.2 Das Umlaufverfahren

Das Umlaufverfahren ist hauptsächlich für große Serien gleichartiger und einfacher Bauteile wie Decken- und Wandelemente geeignet, die einen hohen Automatisierungsgrad zulassen. Daneben können auch Treppenelemente und stabförmige Bauteile hergestellt werden. Es werden die Randabschalung, die Bewehrung, die Einbauteile und der Beton auf einer fahrba-

---

[14] Nach *Zocher 2008*, Diplomarbeit im Rahmen des Forschungsprojektes.
[15] Vgl. *Häberle 1991*. S. 32.

ren Palette zu einem Bauteil zusammengefügt. Die Palette kann auf Rollen oder auf Schienen durch das Werk von Arbeitsgang zu Arbeitsgang gefördert werden und ist üblicherweise aus Stahl hergestellt.

Die Anlage ist fest installiert, an jeder Station wird ein Arbeitsgang durchgeführt. Jedes Gerät muss nur einmal für den jeweiligen Fertigungsschritt vorgehalten werden. Die im Vergleich zur Standfertigung eingesparten finanziellen Mittel können in leistungsfähigere Maschinen investiert werden, was sich positiv auf die Qualität der Produkte auswirkt. Desweiteren finden keine inneren Transportvorgänge statt, da jedes Material an der gleichen ortsfesten Station gebraucht wird. Vorteilhaft kommt hinzu, dass jeder Mitarbeiter immer die gleiche Arbeit an der gleichen Station ausführt.

Die Produktion verläuft meist auf einer horizontalen Ebene, was sich nachteilig auf den Grundflächenbedarf auswirkt. Jedoch gibt es auch vertikale Anlagen. Bei diesen Anlagen sind neben den Längsbändern der einzelnen Ebenen Hub- und Absenkstationen vorhanden. „Die eigentliche Fertigung erfolgt auf dem oberen Band, während das Aushärten in tunnelartigen Bändern in der unteren Ebene geschieht."[16] Vorteil einer vertikalen Umlauffertigungsanlage ist, dass weniger Platz für die Produktionsanlage selbst bereitgestellt werden muss.

Mit dem Blick auf den Einsatz der RFID-Technologie ist ein weiterer Unterschied zur Standfertigung hervorzuheben. Die Umgebungsbedingungen bei der Herstellung der konstruktiven Fertigteile in der Standfertigung sind durch baustellenähnliche Bedingungen gekennzeichnet. Bei der Umlaufanlage ist das anders. Diese Umgebung ist durch große fahrbare Stahlpaletten sowie große Maschinen und Geräte für die Automatisierung verschiedener Prozessschritte geprägt. Diese Stahlteile können die Nutzung der RFID-Technologie einschränken.

2.1.4 Der Datenfluss im Fertigteilwerk

Während der Pilotphase spielen neben den beschriebenen Abläufen der Fertigung auch die Datenverläufe der Fertigteilwerke Klebl GmbH Gröbzig und Betonwerk Oschatz GmbH eine maßgebende Rolle. Die Analysen der Datenverläufe beginnen bei der Akquisition des Auftrags über die Auslieferung der Bauteile bis hin zur Erstellung und Versendung der Rechnung. Dabei werden, bedingt durch die unterschiedlichen Herstellungsverfahren, die unterschiedlichen Arten der Organisation bei der Auftragsabwicklung und der Produktion in beiden Fertigteilwerken erfasst und analysiert.

2.1.4.1 Datenstruktur[17]

In diesem Abschnitt sind die Ursprünge der Daten und deren Verwendung in einem Fertigteilwerk erläutert. Auf Grund der Komplexität soll die Datenstruktur an dieser Stelle anhand der Qualitätssicherung dargestellt werden.

Um den Auftrag erfolgreich abwickeln zu können, muss die Fertigung geplant und gesteuert werden. Dazu ist es wichtig, den Datenfluss, die Datenstruktur und die Verwaltung der Daten

---

[16] Vgl. *Steinle & Hahn 1998*. S. 142.
[17] Basierend auf *Zocher 2008*, Diplomarbeit im Rahmen des Forschungsprojektes.

zu kennen. Diese Daten können sowohl im Fertigteilwerk durch Planer, Arbeitsvorbereiter und durch die Fertigung entstehen, als auch außerhalb des Werkes durch Planer und Bauherr. Demzufolge wird nach der Entstehung in „externe" und „interne" Daten unterschieden, welche in der folgenden Tabelle 1 definiert sind.

Bei der Zusammenstellung des Datenflusses wird im Fertigteilwerk in sogenannte Vorgangs-, Grund- und Zieldaten unterschieden, welche in der folgenden Tabelle 2 definiert sind. Grundlage für die Vorgangsdaten sind die externen Daten. Diese werden im Laufe der Planung und Produktion im Fertigteilwerk ergänzt, erweitert und verbessert.

	interne Daten	externe Daten
Definition	<ul><li>Entstehen im Fertigteilwerk,</li><li>Basieren auf externen oder internen Daten</li></ul>	<ul><li>Entstehen außerhalb des Fertigteilwerkes</li><li>Sind vorgegeben und dürfen nicht verändert werden</li></ul>
Beispiele	<ul><li>Aufwandswerte</li><li>Materialbedarf</li><li>Fertigungszeitdauer</li></ul>	<ul><li>Leistungsbeschreibung</li><li>Bewehrungspläne</li><li>Liefertermine</li></ul>

Tabelle 1: Vergleich interner und externer Daten[18]

	Vorgangsdaten	Grunddaten	Zieldaten
Definition	<ul><li>werden nach jedem Produktionsschritt an den nächsten übermittelt</li><li>Auftragsabhängig</li></ul>	<ul><li>dienen zur Kontrolle der Produktion von übergeordneter Stelle</li></ul>	<ul><li>werden von übergeordneter Stelle an die Produktion gegeben</li><li>beschreiben das Leistungssoll</li></ul>

Tabelle 2: Definition Vorgangs-, Grund- und Zieldaten[19]

Für einen durchgängigen Datenfluss ist es wichtig, die externen Daten so aufzubereiten, dass später auch intern mit diesen gearbeitet werden kann. Dabei ist die größte Herausforderung, die Daten aus dem Leistungsverzeichnis in eine für das Fertigteilwerk nutzbare Form zu importieren.

Während die externen Daten von vielen Beteiligten in unterschiedlichster Form übergeben werden und somit für den Gebrauch im Fertigteilwerk aufgearbeitet werden müssen, unter-

---

[18] Nach *Häberle 1991*. S. 59f.
[19] Nach *Häberle 1991*. S. 60.

liegen interne Daten keiner Beeinflussung von außen und müssen daher nicht übersetzt werden.

Die meisten Daten haben am Ende der Produktion keine weitere Funktion und entfallen. Einige wenige Daten sind für spätere Geschäftsprozesse wichtig. Sie dienen zum Beispiel der Qualitätssicherung oder für die Auswertung der Leistung des Werks.

2.1.4.2 Einsatz von Software zur Steuerung der Produktion

Die Verbindung zwischen den Daten der Fertigung und der kaufmännischen Verwaltung stellt üblicherweise die Software zur Planung und Steuerung der Produktion dar. Beispiel einer solchen Software ist PRIAMOS der Firma GTSdata GmbH & Co. KG. Diese Software wurde zum Zeitpunkt der Untersuchung bei dem Praxispartner Klebl GmbH Gröbzig eingesetzt. Auch der Praxispartner Betonwerk Oschatz GmbH hatte diese Software bereits im Einsatz, bevor man sich für eine andere Lösung entschied.

Sobald ein Auftrag akquiriert wird, legt die Technische Abteilung diesen in PRIAMOS an. Ist die Ausführungsplanung sowie die Arbeitsvorbereitung abgeschlossen, werden diese Daten in PRIAMOS eingepflegt. Die Einarbeitung der Informationen aus dem Produktionsplan, der vom Hallenmeister erstellt wird, erfolgt ebenfalls durch die Technische Abteilung.

Der Hallenmeister erhält eine sogenannte Produktionsliste[20] zusammen mit dem Bauteiletikett[21]. Änderungen hinsichtlich des Materialbedarfs und der Materialgüte sowie die Fertigstellung der Bauteile werden auf der Produktionsliste vermerkt und am Folgetag in die Technische Abteilung zurückgegeben. Die durch die Fertigung ergänzten Angaben werden dann händisch in PRIAMOS eingepflegt.

2.1.5 Zusammenfassung und Darstellung der Optimierungspotenziale

Die folgende Abbildung 4 enthält nur einen kleinen Ausschnitt für den klassischen Prozessablauf und Datenfluss im Fertigteilwerk. Die notwendigen Daten für die Vorfertigung und die Herstellung werden in analoger Form an die Produktionsorte ausgeliefert. Einen Rücklauf mit Statusbericht kommt bestenfalls erst nach abgeschlossener Herstellung, also nach Betonieren, Ausschalen und der Betonsanierung in Form der Produktionsliste in die Technische Abteilung. Die Produktionsschritte werden nicht in Echtzeit verfolgt. Somit stehen für Prozesssteuerung, Prozessanpassung oder Qualitätsnachweise keine Echtzeitinformationen bereit.

Der klassische Prozessablauf mit den analysierten sowie identifizierten Datenströmen und somit den Informationsflüssen eröffnet eine Reihe von Optimierungspotenzialen, welche durch den effektiven Einsatz moderner Informationstechnologie ausgeschöpft werden können. Im Folgenden sind die wichtigsten Möglichkeiten zusammengefasst.

---

[20] Produktionsliste: Tagesliste der zu fertigenden Bauteile mit Eckdaten, wie beispielsweise Abmessungen, Schalungsnummer und Kubatur.
[21] Bauteiletikett: Papierkennzeichnung der Fertigteile, welche auf der Oberfläche der Fertigteile befestigt ist, Inhalt sind zum Beispiel: Auftragsnummer, Projekt, Bauteil, Abmessungen und Fertigteilgewicht.

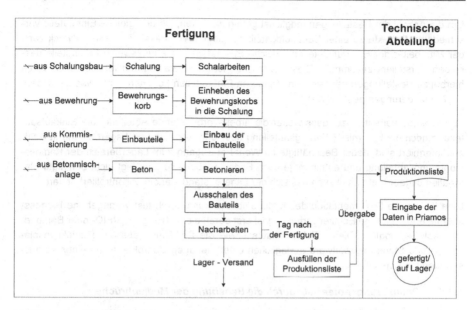

Abbildung 4: Beispiel des Prozessablaufes des Datenflusses im Fertigteilwerk

2.1.5.1 Optimierungspotenzial bei der Kalkulation

Die tatsächlich aufgewendeten Arbeitszeiten für die Erstellung eines Bauteils und der exakte Materialverbrauch werden nicht erfasst. Die der Kalkulation zugrunde gelegten Aufwandswerte werden also nicht in einem Soll-Ist-Vergleich überprüft. Der Kalkulator nutzt somit zur Preisermittlung für die Angebotskalkulation ausschließlich Material- und Zeitaufwandswerte, welche er je nach den Gegebenheiten und anhand seiner Erfahrungswerte an das zu kalkulierende Projekt anpasst.

Bei Bedarf können lediglich durchschnittliche Zeitaufwendungen genutzt werden, welche sich aus der Auswertung von Stundenlohnzetteln ableiten. Die auf den Stundenlohnzetteln erfassten Arbeitszeiten lassen sich jedoch nicht eindeutig den einzelnen Fertigteilen und häufig auch nicht den einzelnen Projekten zuordnen. Eine Nachkalkulation ist somit nicht möglich.

Eine zukünftige Kopplung der Produktion mit der Software zur Planung und Steuerung der Produktion über die RFID-Technologie ermöglicht eine lückenlose Dokumentation der verbrauchten Materialmengen und der benötigten Zeiten. Diese Werte stehen in Echtzeit und für jedes produzierte Bauteil bereit und dienen als Grundlage für eine exakte Nachkalkulation.

2.1.5.2 Optimierungspotenziale beim Einkauf und in der Kommissionierung

Der Einkauf erhält von den unterschiedlichen Projektbeteiligten projektbezogene Materialanforderungen in Papierform. Außerdem fordert der Mitarbeiter der Kommissionierungsabteilung fehlende Materialien bei der Einkaufsabteilung an. Hierbei handelt es sich in der Regel um Standardteile, welche immer in einer bestimmten Anzahl im Werk vorrätig sein sollen.

Um die Anzahl der Bestellungen möglichst gering zu halten, werden gleiche Einbauteile verschiedener Projekte zu einer Sammelbestellung zusammengefasst. Zu diesem Zweck zählt der Mitarbeiter der Einkaufsabteilung gleiche Einbauteile beziehungsweise Einbauteile desselben Herstellers zusammen. Dieses Vorgehen ist zeitaufwendig und fehleranfällig, da es hierbei zu Bestellungen der falschen Menge an Einbauteilen kommen kann, was besonders bei Planänderungen deutlich wird.

Erschwerend kommt hinzu, dass weder die arbeitsvorbereitende Abteilung, die Einkaufsabteilung noch die Kommissionierungsabteilung über den tatsächlichen Lagerbestand in Echtzeit informiert sind. Jeder Beschäftigte im Werk hat Zugang zum Lagerbereich der Kommissionierungsabteilung und entnimmt je nach Bedarf Einbauteile oder legt nicht benötigte Materialien ungeordnet zurück, so dass sich der Lagerbestand ständig unkontrolliert ändert.

Eine lückenlose Dokumentation des Materialflusses kann durch fest vorgegebene Prozessabläufe erfolgen. Eine Echtzeitverfolgung ist erst durch die Nutzung der RFID- oder Barcode-Technologie möglich. Dieser Echtzeitstatus sowie die Soll-Daten aus der Produktionsplanungs- und Steuerungssoftware ermöglichen einen genauen Überblick sowie einen vorausschauenden Einkauf.

2.1.5.3 Optimierungspotenziale durch die Behebung der Medienbrüche

Der Datenfluss in einem Fertigteilwerk ist geprägt von sogenannten Medienbrüchen, also der Umwandlung von analogen in digitale Daten und umgekehrt. Diese Medienbrüche führen nicht selten zu Informationsverlusten, deren Wiederbeschaffung zeit- und kostenintensiv ist.

Im Fertigteilwerk werden Informationen vorwiegend schriftlich in Papierform von den einzelnen Abteilungen an die verschiedenen zuständigen Personen und Stellen weitergegeben. Diese ergänzen oder ändern die Informationen auf dem Papier häufig. Die Dokumente kommen daraufhin zu der Ausgangsstelle zurück. Hier werden die Dokumente entweder mit zusätzlichen Informationen versehen und wieder in den Umlauf gegeben oder in eine digitale Form umgewandelt. Dazu werden die Informationen der Dokumente manuell in eine Software eingegeben.

Diese fehleranfälligen Wechsel von analogen und digitalen Daten können nur durch eine konsequente Nutzung digitaler Medien eliminiert werden. Die Nutzung der Software zur Planung und Steuerung der Produktion ist dabei ein erster Schritt. Können dann alle Abteilungen auf dieses System zugreifen und entsprechend ihrer Rechte auch Änderungen vornehmen, ist ein weiterer Schritt zum medienbruchfreien Informationsaustausch vollzogen.

Die Nutzung der RFID-Technologie in der Produktion stellt die Schnittstelle zwischen der Produktion (reale Welt) mit dem Softwaresystem (digitale Welt) dar. Der Datenfluss ist dann medienbruchfrei zwischen den einzelnen Beteiligten und der Produktion möglich.

2.1.5.4 Optimierungspotenziale bei der Bauteilkennzeichnung sowie Informationenweitergabe

Jeder Fertigteilhersteller hat jedes einzelne Fertigteil dauerhaft zu kennzeichnen und daneben eine technische Dokumentation für jedes Bauteil anzulegen, vorzuhalten und teilweise an den Auftraggeber zu übermitteln. Geregelt ist die Kennzeichnung und die Dokumentation in der *DIN EN 13369*.

Die Kennzeichnung eines Bauteils erfolgt heute über das Bauteiletikett. Auf diesem können, sofern es groß genug ausgebildet ist, alle geforderten Informationen dargestellt werden. Aus ästhetischen Gründen wird dieses Bauteiletikett an nicht sichtbaren Stellen, wie zum Beispiel im Fugenbereich, befestigt. Es bleibt bis zur Montage des Bauteils sichtbar. Danach sind diese Informationen nicht mehr zugänglich. Eine dauerhafte Kennzeichnung, wie sie die Norm fordert, ist so nicht möglich.

Ein verbauter Bauteil-Transponder kann hier Abhilfe schaffen. Zum einen sind die Informationen, die auf einem Bauteiletikett vorhanden sind, bereits während des Herstellungsprozesses dauerhaft auf dem Transponder gespeichert. Zum anderen ist der Transponder prinzipiell so verbaut, dass er auch in der Nutzungsphase des Gebäudes ausgelesen werden kann. Die Informationen sind somit dauerhaft zugänglich.

Ein weiterer Vorteil des Bauteil-Transponders ist die Möglichkeit, mehr Informationen an den Auftraggeber zu liefern als es heute üblich ist. Die oben genannte Norm macht bereits heute Vorgaben zur technischen Dokumentation, welche auch Anweisungen für die Handhabung, die Lagerung, den Transport sowie Montageanweisungen für den Einbau vor Ort beinhaltet.

Diese umfangreiche Informationssammlung kommt bei dem Montageteam auf der Baustelle derzeit in den seltensten Fällen vollständig an. Gründe dafür sind zum Beispiel:

- das Bauteiletikett wurde beim Transport beschädigt oder abgerissen,
- das Bauteiletikett ist nicht vollständig ausgefüllt,
- die Montageanleitung kommen nicht auf der Baustelle an oder
- die Montageanleitung ist zu allgemein und nicht für das entsprechende Bauteil gültig.

Sind die Daten allerdings auf dem Bauteil-Transponder hinterlegt, können der Lagerarbeiter, der Transporteur und der Monteur mit mobilen Lesegeräten die Informationen direkt nutzen.

2.2 Prozessanalysen Baustelle

Im Rahmen des Geschäftsmanagements sind Prozessanalysen ein integraler Bestandteil der Bewertungs- und Entscheidungsgrundlagen, um durch eine zielgerichtete Steuerung der Geschäftsprozesse eine Optimierung des Ressourceneinsatzes und der damit erzielten Wertschöpfung zu erzielen. Hierbei stellen Prozessanalysen eine Methode dar, um komplexe Strukturen von Unternehmen oder Projekten zu beschreiben. Unter der Maßgabe von Betrachtungsschwerpunkten und Untersuchungsparametern wird so eine Modellierung möglich, die zur Beschreibung des Ist-Zustandes dient. Durch die Verwendung von vergleichenden Kenngrößen kann das bestehende Prozesssystem bewertet, bezüglich ähnlicher Prozesse und Prozesssysteme abstrahiert und eingeordnet werden. Aufbauend auf ein solches abstraktes Abbild der Geschäftsprozesse kann eine Optimierung hinsichtlich ihrer Effektivität untersucht und ihre Einführung ermöglicht werden. Dies kann bei vorhandenen Prozesssystemen vor allem durch die Identifizierung der Schwachstellen einer Prozesskette und die Auszeichnung von Einsparpotentialen erfolgen.

Allerdings hat sich durch die Vernetzung der einzelnen Unternehmen und der Informations-
wege ein hoher Grad an Flexibilisierung der Erhebungsgrundlagen entwickelt. Bei der Abbildung von Geschäftsprozessen in ein für Bewertungen heranziehbares Modell hat dies eine
enorme Komplexität erzeugt. Zudem wird ebenfalls im Output solcher Analysemethoden zunehmend die flexible Anpassungsfähigkeit an die unternehmerische Entscheidung erforderlich.[22]

2.2.1 Besonderheiten der Prozesse im Bauwesen

Gerade im Bauwesen, in dem sich die Unternehmen, die Produktionsbedingungen und das
Produkt projektbezogen entwickeln, muss die Flexibilität für Prozessanalysen über die Projekte hinweg sehr hoch sein. Daher sind im Rahmen des Projektmanagements die für das
Prozessmanagement erstellten Analysen nur in den eng gesteckten Grenzen, meist sogar
nur in der Einzelfallanwendung, gültig. Ein vollumfängliches Prozessmodell von Bauprojekten ist also nur schwer darstellbar und bildet nur spezifische Lösungen ab, da die zugrunde
gelegten Randbedingungen jeweils selbst im höchsten Maße spezifisch sind.

Bei allen Besonderheiten der Bauproduktion wiederholen sich jedoch gewisse Grundstruktu-
ren in den Bauprozessen. Das gilt sowohl bei der Realisierung der unterschiedlichsten Objekte unmittelbar auf der Baustelle als auch im Planungs- und Baubüro.

So lässt sich für diese Teilbereiche der Geschäftsprozesse trotz der voran geschilderten In-
dividualität eine Systematik entwickeln, die als Grobmodelle für die Abwicklung von Projekten dienen können. Dies gilt vor allem für die Prozesse am und um das Werkstück, die von
der Kommunikation, d. h. dem Ermitteln, Transportieren, Verarbeiten und Dokumentieren
von Informationen, abhängig sind. Im Gegensatz zur stationären Industrie, wo die Herstellung von Mustern die Optimierung von detaillierten Prozess- und Steuerungsentwürfen ermöglicht[23], werden im Bauwesen Strategien angewandt, die sich für die Abwicklung von ähnlichen Projekttypen bewährt haben. So können die Leistungsphasen nach HOAI unabhängig
von der rechtlichen Verbindlichkeit als äußerst grobes Prozesssteuerungsmodell der Haupt-
beteiligten in den einzelnen Projektphasen verstanden werden. Darin beschrieben ergeben
sich beispielsweise über die Vorgabe des Lieferzeitpunktes und -umfangs für Planungs- oder
Ausschreibungsinformation Vorgaben für die Kommunikationsprozesse, die in der Regel bei
einer unbeschränkten Ausschreibung beliebig viele Beteiligte[24] zulassen kann.

Für die folgenden Betrachtungen sind Prozessabläufe im Zusammenhang mit der Kommunikation am und um das Bauteil interessant. Hierbei sollen ausgewählte Prozesse einzeln betrachtet werden. Diese bestehen aus einer Abfolge von Prozessschritten, die eine Aufgaben-
kette bilden und teils wiederholt, teils parallel ausgeführt werden können. Durch das Zusam-
menwirken von Mitarbeitern, Betriebsmitteln, Materialien und Informationen (Input) leistet jeder Prozess einen Wertschöpfungsbeitrag (Output) zum Gesamterfolg des Unternehmens.[25]
Hierbei werden Prozesse, die Bestandteil der Fertigung sind, als Primärprozesse, Kernpro-

---

[22] Vgl. *Eicker et al. 2007.*
[23] Vgl. *Pahl et al 2007. S. 5.*
[24] In dem Falle der Ausschreibung wären dies beispielsweise die Bieter.
[25] Vgl. *Best & Weth 2009. S. 63.*

zesse oder auch primäre Wertschöpfungsaktivitäten[26] bezeichnet.[27] Prozesse, die der Unterstützung und Steuerung der primären Prozesse dienen, werden den Sekundär- oder je nach Unterteilung auch den Tertiärprozessen zugeordnet und liefern somit einen indirekten Beitrag zur Wertschöpfung.[28]

Der Schwerpunkt der folgenden Betrachtungen liegt somit bei den Sekundärprozessen, die neben der Auswahl geeigneter Materialien und effektiver Fertigungsverfahren ausschlaggebend für den Erfolg von Projekten sind. Ein Schwerpunkt dieser Sekundärprozesse bei Bauprojekten ist das Erheben, Verarbeiten und Weitergeben von fertigungsbegleitenden Informationen als Grundlage für die Steuerung.

2.2.2 Kommunikationsformen und -prozesse auf der Baustelle

Die Baustelle ist ein temporär begrenzter Fertigungsort für ein bauherrenbezogenes, meist einmaliges Projekt. Durch diesen Status wir die Kommunikation vor Ort erheblich geprägt. Die Baustelle als Schnittstelle der verschiedensten am Bau Beteiligten, ist in diesem Zusammenhang als weitgefasster Raum aufzufassen, der nicht mit dem eingefriedeten Baufeld gleichzusetzen ist. Die Baustelle ist vielmehr als Systemraum des Projektes zu verstehen. Diese *Baustelle* ist aufgrund der vielen einzelnen Aufgaben mit dem Projektfortschritt Veränderungen unterworfen. Dies führt dazu, dass Informationen zur Bearbeitung meist nur zeitlich und lokal beschränkt verfügbar sind. In Abhängigkeit von der Archivierung können sie jedoch gegebenenfalls aufwändig beschafft werden. Immer wieder gehen auch Informationen verloren.

„Die Kommunikation im Unternehmen läuft in der Regel nach einem festen Ablauf ab. Für einige Vorgänge sind dabei [unternehmensinterne bzw. auch projektspezifische] feste Berichte vorgesehen. Viele Fragen werden auch im direkten Kontakt zwischen den jeweiligen Mitarbeitern geklärt."[29] Als problematisch wird durch *Kordowich 2010* auch festgestellt, dass gerade durch die Beteiligung von mehreren beteiligten Bearbeitern Informationen nicht schnell genug weitergegeben werden. Insbesondere scheint „die Informationsweitergabe bei notwendigen Änderungen kritisch zu sein."[30] Dies trifft vor allem auf noch offene Tätigkeiten oder die oft sehr späte Kommunikation von auftretenden Problemen zu. Ursächlich wird die fehlende Disziplin bei der Erstellung der Berichte angegeben.

Hierbei wird allerdings vernachlässigt, dass sich die Kommunikation bei der Bearbeitung eines Bauprojektes wesentlich vielschichtiger darstellt. So ist abhängig von der Kommunikationsebene die Form der Erfassung und Weitergabe von Informationen unterschiedlich.

---

[26] Vgl. *Schenk 2010*. S. 17.
[27] Im Lean Construction werden die Prozesse analog in Wertschöpfungsaktivität und Prozessaktivität unterteilt.
[28] Vgl. *Gadatsch 2010*. S. 187.
[29] Vgl. *Kordowich 2010*. S. 127.
[30] Vgl. *Kordowich 2010*. S. 128.

Kommunikationsformen:

- **Besprechung:**
  Besprechungen können persönlich, telefonisch oder auch als Videokonferenz erfolgen. Die Ergebnisse müssen meist als Protokoll während der Besprechung oder gesondert im Anschluss erfasst werden. Hierbei müssen dann mündliche Aussagen in Schriftform transformiert werden. Da die Informationsweitergabe unmittelbar erfolgt, sind Besprechungen bei einer geringen Anzahl von Beteiligten sehr effektiv, vor allem wenn nicht nur eine Informationsweitergabe, sondern auch eine Verarbeitung in Form von Entscheidungen gewünscht ist. Mit steigender Anzahl der Informationen und Beteiligten sinkt jedoch die Effizienz.

- **Schriftverkehr:**
  Dieser erfolgt in Briefform, Fax oder zunehmend auch elektronisch. Die Ergebnisse liegen in fixierter Form vor, so dass sie ohne Verlust immer wieder rekapituliert, unverändert im Fortgang interpretiert, vervielfältigt und weitergeleitet werden können. Je nach Form ist diese Kommunikation juristisch verwertbar und durch die Zuordnung von Verfasser, Adressat und Kopieempfänger hinsichtlich des Kommunikationsflusses nachvollziehbar.

- **Umlaufpost bzw. Checklisten, Einschreibelisten:**
  Ein vorgeschriebener Kommunikationsablauf ermöglicht durch vorgefasste Informationsschemen die effektive Datenerhebung. Hierbei kann der Schwerpunkt sowohl in der Datenerfassung liegen, als auch im kontrollierten Informationsfluss, wie ihn spezielle Umlaufpost mit vorgegebenen Empfängern erzielt. Abweichende zusätzliche Information oder Kommunikationen sind schwer zu integrieren und müssen meist gesondert außerhalb dieser Kommunikationsform erfolgen.

- **Planungsläufe (Planmanagementsystem, Verwaltung und Verteilung):**
  Planungsläufe und Planmanagement stellen eine dem Bau und Maschinenbau eigene Kommunikationsform dar, die der enormen Informationsdichte der Pläne geschuldet ist. Hierbei werden Informationen in Plänen zeitlich eingefroren und während der Planungsphase freigegebene Planungsstände im Umlauf weitergegeben.

Unabhängig von der Kommunikationsform kann die Informationsweitergabe in verschiedensten Zwischenstufen bis hin zu virtuellen Projekträumen (PKMS)[31] abgewickelt werden. Die einzelnen Kommunikationen sind dann nicht nur bei den jeweiligen Beteiligten in ihrer internen Archivierung, sondern für alle Zugriffsberechtigte zentral abgelegt verfügbar. Zu berücksichtigen ist hierbei die rechtliche Relevanz und Nachweisbarkeit. So ist die Authentizität und Autorisierung von Informationen nicht nur bei der Wahl der Kommunikationsform sondern auch bei der Vorhaltungsform von enormer Bedeutung.

---

[31] PKMS – Projekt-Kommunikations-Managementsystem

Ein Hauptziel der Kommunikation besteht darin, Information so zusammenzutragen und weiterzugeben, dass den Fachkräften gemäß Bauablaufplan Ausgangstoffe oder vorgefertigten Bauelemente in geeigneter Form und Qualität mit den benötigten Werkzeugen und Geräten zur Verfügung stehen. Somit ist während der Ausführung die Kommunikation auch integraler Bestandteil der Fertigungslogistik.

In der Realität werden heute Informationen manuell zusammengetragen und zugeordnet. Das bedeutet, dass eine Information erfasst, im Kontext ausgewertet und dann zur Weitergabe aufbereitet wird. Hierbei wird die Information transformiert, d. h. meist komprimiert und analog oder digital gespeichert. Das deutlichste Beispiel hierfür sind die zahlreichen Pläne, die analog mit Markern oder auch digital mit Texten, Schraffuren und Skizzen komplettiert werden. Nach der Weitergabe der Informationen an andere Beteiligte oder zu einem anderen Zeitpunkt muss die Information aus den gespeicherten Daten wieder extrahiert und im Kontext interpretiert werden. Aufgrund der verschiedenen Formen und Kommunikationsebenen werden bei den aktuell eingesetzten Mitteln Widersprüche und Informationsdefizite nur schwer und spät erkannt.

2.2.3 Logistikprozesse

Die Logistikprozesse auf der Baustelle an sich stellen ein mikrologistisches System[32] dar. Jedoch muss das logistische System Baustelle unter Berücksichtigung der zahlreichen am Bau Beteiligten, die die Ver- und Entsorgung direkt oder über Logistikdienstleister sicherstellen, und der damit verbundenen Konsequenzen für den Informationsfluss, als ein metalogistisches System[33] angesehen werden. Hierbei erfolgt die Steuerung der einzelnen logistischen Prozesse hierarchisch abgestuft und in den seltensten Fällen zentral koordiniert. Für die Anlieferung von Baumaterialien und -elementen, Maschinen und eventuell Personal müssen mit zunehmender Größe, steigendem Leistungsumfang sowie bei besonderen Anforderungen[34] Zugangswege, Zwischenhalte und Lager zentral geplant und kontrolliert werden. Die langfristige Planung der Abrufe von Teillieferungen, die Berücksichtigung von Mindestvorhaltemengen und die Einbindung der Montageprozesse von Bauelementen erfolgt unter den groben Vorgaben von Feintermin- und Abschnittsablaufplänen. Die die Logistik betreffenden Informationen werden gesondert erfasst und Kollisionen in Abstimmung mit der entsprechenden Detailplanung im Bauablauf gelöst.

---

[32] Vgl. *Arnold 2008*. S. 4: "Ein mikrologistisches System ist das logistische System eines Unternehmens oder ein Subsystem davon. Dazu gehören als Prozesse alle Transporte zu, in und von dem Unternehmen sowie die Lager- und Umschlagprozesse im Unternehmen. Diese Prozesse erbringen Dienstleistungen für die primären Leistungsprozesse Beschaffung, Produktion und Absatz." Im Gegensatz dazu beschreibt ein makrologistisches System beispielsweise ein Verkehrssystem einer Region oder Volkswirtschaft.

[33] Vgl. *Arnold 2008*. S. 4: „Große Bedeutung für die Kooperation von Unternehmen hat die Betrachtung unternehmensübergreifender Logistiksysteme, z. B. eines Industrieunternehmens seiner Lieferanten, Kunden und der beauftragten LDL [Logistikdienstleister]." Solche interorganisatorischen Beziehungen, bei denen gemeinschaftliche Absprachen und Vereinbarungen unter Beibehaltung der rechtlichen Selbstständigkeit der Unternehmen bestehen, werden nach *Pfohl 2010* als metalogistische Systeme bezeichnet.

[34] Bem.: Besondere Anforderungen können beispielsweise auch die besondere Sicherstellung der Zutrittskontrolle der Baustelle zum Schutz vor Spionage, Sabotage und Diebstahl sein.

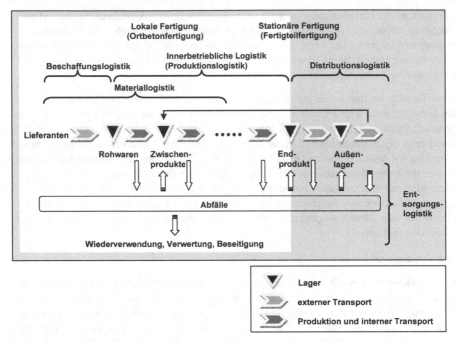

Abbildung 5:   Grobprozesse der Logistikkette[35]

In Abweichung zu anderen Industriezweigen endet das logistische System einer Baustelle mit der Produktionslogistik, da das Produkt bzw. Werkstück am Produktionsort verbleibt und durch seine Immobilität charakterisiert ist. Eine Distributionslogistik[36] ist somit im Baugewerbe nicht vorhanden (vgl. Abbildung 5). Das logistische System verschiedener Bauprojekte endet mit der Fertigstellung der Endprodukte. Diese Definition kann auch bei der Erweiterung der Betrachtungsweise über den gesamten Lebenszyklus angewandt werden, da ebenso sämtliche Dienstleistungen, Instandhaltungen, Instandsetzungen, An-, Um-, und Neubauten der Immobilität des Endproduktes unterworfen sind. Somit ist ein wichtiger Bestandteil des logistischen Systems die Materiallogistik, die die Anlieferung der gesamten Bau- und Bauhilfsstoffe beinhaltet. Hierbei endet die Materiallogistik mit der Übergabe an die Baustelle und wird von der Produktionslogistik fortgesetzt, d. h. im Bezug auf Materialien werden Transportprozesse durch Förderprozesse abgelöst. Nur bei Zwischenlagerung von Material und Vorfertigung von Bauelementen auf der Baustelle erfolgt Materiallogistik auf der Baustelle.

Die Produktionslogistik beinhaltet den Materialfluss auf der Baustelle. Hierbei werden Ausgangsstoffe in das Werkstück eingebracht und verändert. Somit besteht die Anforderung, nicht nur die Information zur Qualität der Ausgangsmaterialien, sondern auch Kenndaten der

---

[35] In Anlehnung an *Arnold 2008*. S. 5.
[36] *Arnold 2008*: "Die Distributionslogistik befasst sich mit der Lieferung der Endprodukte an die Kunden."

Verarbeitung bis zum vertraglich vorgegebenen Zustand zu übermitteln und zu überwachen. Abschließend müssen die Material- und Prozesskenndaten so abgelegt werden, dass Informationen von nachgelagerten Überwachungs- oder Produktionsprozessen bruchfrei zugeordnet und verarbeitet werden können. Somit besteht an die Logistik der Anspruch, stofflich assoziierte und informative Prozesse sicher und nachvollziehbar abzuwickeln.

Sowohl bei der Material- als auch Produktionslogistik sind den einzelnen Prozessen Verantwortliche zugeordnet, die sich aus dem Geflecht der vertraglichen Bindung ergeben. In der Regel herrscht hierbei allerdings nur selten ein Durchgriffsrecht, d. h. ein Besteller eines Bauobjektes hat selten vertraglich Zugriff auf die Lieferanten des Errichters. Er hat nur einen Anspruch auf den vertragsgemäßen Zustand des Bauobjektes. Somit ist der Besteller rechtlich auf die Zuarbeit seines Errichters, und dieser auf die Zuarbeit seiner Subkontraktoren angewiesen. Bedingt durch die verschiedenen Kommunikationsebenen und Informationssysteme führt die hohe Anzahl einander folgender Beteiligter in der Logistik zu einem erheblichen Informationsverlust.

Heute ist die Menge und Qualität von Material als Input einer Baustelle theoretisch erfassbar, auch wenn dies in der Regel nicht vollumfänglich umgesetzt wird. Grund dafür ist, dass die vollständige Erfassung im hohem Maße ressourcenintensiv und deren Ergebnis nicht direkt vergütungswirksam ist. Ausnahmen bilden Projekte mit höchsten Sicherheitsanforderungen, bei denen jedoch nicht die Erfassung des eingebrachten Materials, sondern der Schutz vor unberechtigtem Zutritt und Installation von unberechtigten Geräten im Vordergrund steht. Neben den Unsicherheiten des Inputs über Menge, Zeit und Umfang wird die baustelleninterne Logistik bis hin zum Einbauort nicht dokumentiert. In den seltensten Fällen greift ein Logistikkonzept in der Herstellung so weit in die Fertigung der Errichter ein. Die Produktionsdaten der Baustoffe, aber auch Bauelemente werden somit nicht bauteilgenau erfasst und dokumentiert.

Eine der Hauptaufgaben ist die Steuerung des Materialtransportes und des Lagerbestandes auf der Baustelle bzw. am Einbauort. Hierbei bestehen zum einen ökonomisch begründete Bestrebungen, den Materialbestand auf der Baustelle möglichst gering zu halten und die damit verbundene Kapitalbindung zu reduzieren. Ebenso wirken die örtlich meist beschränkten Lagerkapazitäten am Einbauort und im Zwischenlager limitierend. Zum anderen muss über den Lagerbestand sichergestellt sein, dass durch gewöhnliche Störungen in der Logistik die Materialzufuhr in der Fertigung keine wirksamen, ungeplanten Unterbrechungen erfährt. Zur effektiven Steuerung ist daher eine hohe Informationstiefe innerhalb der Logistikkette mit minimal einzusetzenden Ressourcen erforderlich.

2.2.4 Systemgrenzen der Baustelle

Bezüglich der Wege und des zeitlichen Ablaufs erfolgt der Großteil des Transports von sachlichen Gütern entkoppelt von Informationen. Durch diese Trennung kann, wenn die Zuordnung bei einer Übergabe innerhalb der Logistikkette verloren geht, die Information nur noch teilweise oder gar nicht mehr verwertet werden. Selbst mitgelieferte und fixierte Lieferscheine können nur so lange zugewiesen werden, bis die Gebinde geöffnet und aufgeteilt werden. Erfolgt dies in einer Vorkommissionierung auf der Baustelle, ist die Dokumentation des Einbaus kaum noch möglich. Hinsichtlich der sachlichen Transporte kann unabhängig von der praktisch erfolgenden Umsetzung der Dokumentation von einem geschlossenen System ausgegangen werden, dessen Systemgrenzen die Baustelleneinfriedung darstellt. Die verschiedensten Materialien und Hilfsstoffe werden durch die unterschiedlichsten Beteiligten auf die Baustelle verbracht und eingebaut. Durch die vielen Projektbeteiligten ist ein Bauobjekt informationstechnisch ein offenes System. Somit gelten momentan für den stofflichen Transport andere Systemgrenzen als für den Informationsfluss. Auf der Informationsebene ergeben sich die Systemgrenzen aus den vertraglichen Konstellationen der Beteiligten, so dass diese abhängig von den Projektphasen ständigen Veränderungen unterworfen sind. Die erste Verknüpfung der Informations- und Objektebene erfolgt bei der Errichtung manuell durch die Bauleitung und andere vor Ort Beteiligte. Diese momentane Zuordnung erfolgt über verbale Beschreibungen, Referenzierungen in Plänen oder Koordinatensysteme innerhalb der Planung, indem die einzelnen Informationen konkret einzelnen oder mehreren Bauteilen zugeordnet werden. Sind diese Zuweisungen nicht mehr oder auch gerade nicht verfügbar, ist die Information nicht mehr nutzbar. Gerade im Übergang von der Fertigstellung in die Nutzung treten in der Regel viele neue Beteiligte am Bauwerk in Erscheinung. Raumbezeichnungs- und Koordinatensysteme der Ausführungsplanung sind den Nutzern später meist unbekannt, so dass von diesen ortsbezogene Informationen aus der Ausführung nicht verstanden werden können.

Aus den verschiedenen Systemgrenzen der Informations- und Objektebene heraus resultieren die unterschiedlichen Erfassungsgrenzen bezüglich des In- und Outputs. Momentan erfolgt die Verknüpfung in der Bau- und in der Objektdokumentation durch manuelle Zusammenstellung gemäß individuell vereinbarter Dokumentationsrichtlinien (beispielsweise Dokumentationsrichtlinie[37] des BBR für Vergaben des Bundes). Die Zusammenstellung erfolgt hierbei meist nachgelagert zu den Produktionsprozessen, so dass mit einer unvollständigen bzw. ungenauen Erfassung zu rechnen ist.

2.2.5 Prozessbeteiligte

Aufgrund der individuellen Situation beim Entstehen eines Bauprojektes entwickeln sich in der Abwicklung unterschiedlichste Konstellationen an Beteiligten. Bei Hochbauprojekten in Deutschland können die unterschiedlichen Beteiligten meist jedoch den nachfolgend dargestellten Gruppen zugeordnet werden. Die gegenseitigen Befugnisse werden vertragsrechtlich entweder im Rahmen der Verdingungsordnung für Bauleistung oder privatrechtlich auf Grundlage des BGB geregelt. Unabhängig vom rechtlichen Status erfolgen Abstimmungen und Vereinbarungen in allseitigem Einverständnis auch außerhalb der entsprechenden Zuordnung der Beteiligten. Hierbei ist die Einbindung der verschiedenen Beteiligten ein dynamischer Prozess, d. h. viele Beteiligte werden, abhängig von ihren Aufgaben im Projekt, erst mit Fortschritt und selten bis zum Ende des Lebenszyklus des Bauwerkes integriert.

---

[37] Vgl. *BBR 2004*.

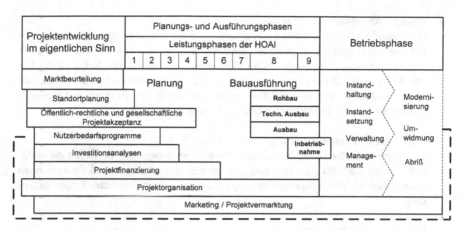

Abbildung 6: Projektphasen[38]

Im Folgenden werden die Beteiligten gemäß Projektfortschritt kurz vorgestellt.

1. Planungsphase

In dieser Betrachtung soll die Planungsphase, beginnend mit der Projektidee über die Projektentwicklung bis hin zum Abschluss der Genehmigungsplanung[39], betrachtet werden. Symptomatisch für diese Phasen ist die theoretische Bearbeitung des Projektes mit der entsprechend breiten Auswertung, beginnend vom Variantenstudien bis hin zur beschiedenen Genehmigungsplanung inklusive Grüneintragungen des Bauamtes. Hierbei wird mit und durch die folgenden verschiedenen Beteiligten das zu errichtende Bauwerk beschrieben, visualisiert und simuliert. Ergebnis dieser Prozesse sollte eine ausreichende und vollständige Datenbasis sein, die eine detaillierte Ausführungsplanung ermöglicht. Die folgend beschriebenen Beteiligten stellen juristische Personen dar, d. h. sie können durch Gesellschaften, Bevollmächtigte oder natürliche Personen abgebildet sein. Ebenso können einzelne juristische Personen mehrere Beteiligte gleichzeitig abbilden.

- **Bauherr und seine Erfüllungsgehilfen:**
  Der Bauherr (teils baufremd) definiert den Bedarf, der durch das Bauwerk abgedeckt werden soll. Neben den normativen und juristischen Einschränkungen bilden diese Vorgaben die Hauptdefinition für das Bausoll. Wenn der Bauherr fachlich oder personell nicht ausreichend befähigt ist, seine Aufgaben und Bedürfnisse wahrzunehmen, bedient er sich individuell bevollmächtigten Erfüllungsgehilfen, wie Projektsteuerern, bauleitendem Architekt (auch als Objektüberwacher bezeichnet) und anderer Sach- und Fachkundiger.

---

[38] Nach *Zimmermann 2007*. S. 7.
[39] Phase 4 nach HOAI.

- **Planer – Architekten und Fachplaner:**
  Der Planer, im Hochbau meist ein Architekt, setzt die Vorgaben des Bauherren unter der Berücksichtigung des geltenden Rechts, üblicher Sitte und in Abstimmung mit den entsprechenden Behörden in die Genehmigungsplanung um. Aufgrund der hohen Komplexität bedienen sich Planer in einzelnen Fachgebieten anderer spezialisierter Fachplaner und nehmen dann gegenüber Dritten die Funktion des Generalplaners ein, der die Teilplanungen zusammenführt und koordiniert.

- **Behörden und Trägerschaften:**
  Im Rahmen des Baurechts überwachen die baugenehmigenden Behörden die rechtliche Zulässigkeit des Bauvorhabens. Sie können über Auflagen und Verweisungen andere fachlich zuständige und befähigte Behörden oder öffentliche Träger einbinden.

- **Investoren und Kapitalgeber:**
  Die Investoren oder Fremdkapitalgeber sind meist vertragsrechtlich an den Bauherren gebunden, nehmen jedoch teilweise auch abhängig von der Integrationstiefe auf den Entwurf Einfluss.

Abhängig von der Abwicklungsform und den Randbedingungen des Bauprojektes können bereits in der Planungsphase die anderen, im Folgenden aufgeführten Beteiligten eingebunden werden. Üblich sind hier beispielsweise Generalübernehmerverträge, bei denen die Erwirkung einer Baugenehmigung Leistungsbestandteil eines ausführenden Unternehmens sein kann.

2. Ausführungsphase

- **Ausführende (Unternehmer und Nachunternehmer):**
  Zu den vorher erwähnten Beteiligten werden in der Ausführungsphase durch den Bauherren mindestens ein, meist jedoch mehrere Ausführende gebunden. Diese können, sofern dies im Vertragsverhältnis zum Bauherrn nicht beschränkt ist, ihrerseits Nachunternehmer binden. Die ausführenden Unternehmen errichten das Bauwerk beziehungsweise erbringen dazu notwendige Vor- oder Nebenleistungen. Hierbei können sie unter Berücksichtigung des vertraglichen Solls und normativer sowie juristischer Vorgaben ihre unternehmerische Freiheit ausnutzen und beispielsweise bei Einhaltung des Leistungssolls die Fabrikatsfestlegung treffen.

3. Nutzungsphase

Spätestens mit der Abnahme erfolgen die Inbetriebnahme des Bauwerks und die sukzessive Einbindung der folgend Beteiligten:

- **Eigentümer:**
  Der Eigentümer erwirbt das Bauwerk vom Bauherren beziehungsweise wird als Bauherr selbst mit der Abnahme ein solcher.

- **Mieter:**
  Im Vertragsverhältnis mit dem Eigentümer erhält der Mieter Rechte zur Nutzung. Der Eigentümer kann innerhalb dieses Vertragsverhältnisses Verpflichtungen an den Mieter übertragen.

- **Betreiber:**
  Zur Erfüllung von Verpflichtungen aus dem Eigentums- oder Vertragsverhältnis sowie zur Erbringung von Dienstleistungen Dritten gegenüber können sich sowohl Eigentümer als auch Mieter eines oder mehrerer Betreiber bedienen, um die Nutzung des Bauwerks oder damit verbundener Leistungen sicherzustellen.

- **Nutzer:**
  Die Nutzer sind all diejenigen natürlichen oder juristischen Personen, die sich innerhalb des Bauwerks bewegen oder Leistungen durch das Bauwerk beziehen. Dabei kann in ortskundige und ortsunkundige Nutzer unterschieden werden. Als Beispiel können die Nutzer einer Behörde betrachtet werden, wobei die Mitarbeiter ortskundig und die Besucher ortsunkundig sind.

- **Dienstleister und Versorger:**
  Durch Eigentümer, Mieter, Betreiber und / oder Nutzer können Dienstleister dauerhaft oder einmalig zur Bereitstellung von speziellen Leistungen gebunden werden. Beispielhaft dafür sind Ver- und Entsorgung mit verschiedenen Medien, aber auch Reinigung oder Bewachung zu nennen.

Der Umbau beziehungsweise die Umnutzung von Bauwerken ist, abhängig vom Umfang, analog zur Ausführungsphase zu betrachten.

4. Flächenrecycling

Der Abbruch ist bezüglich der Beteiligten äquivalent der Ausführungsphase zu betrachten.

Neben den vorstehend beschriebenen können weitere Beteiligte wie Nachbarn, regionale oder thematische Interessensvertretungen etc. auf das Bauwerk sowie die Geschäftsprozesse Einfluss nehmen. Diese sind meist jedoch einem der oben beschriebenen Beteiligten nachgeordnet und sollen in diesem Zusammenhang nicht näher betrachtet werden.

2.2.6 Prozesssteuerung

Die Prozesssteuerung bei der Erfüllung verschiedenster Aufgaben am Bauwerk über alle Lebenszyklusphasen des Gebäudes hinweg ist stark aufgabenbezogen strukturiert. So obliegt die grobe Prozesssteuerung bei der Bauwerkserstellung der ausführenden Bauleitung, die feinstrukturierte Prozesssteuerung den Ausführenden und in der Nutzungsphase beispielsweise dem Betreiber. Symptomatisch sind allen Vorgängen hierbei die Informationsflusssysteme. Wenn vor Ort am Objekt Daten erforderlich werden, müssen sie erst aus der zentralen Ablage exportiert werden. In der Regel bedeutet das, dass der Verantwortliche sich zurück ins Büro begeben, aus dem jeweiligen System die Information auslesen, sie ausdrucken oder anderweitig zum Transport aufbereiten (Ablage als pdf-Dokument auf dem Smartphone etc.) und wieder zum Objekt zurückkehren muss. In der praktischen Bauleitung führt dieser Umstand u. a. dazu, dass Ausführungsfehler und -mängel spät erkannt, gerügt und korrigiert werden. Durch den Medienbruch bei der Verarbeitung und der Vorhaltung von Daten und beim Übergang zwischen verschiedenen Lebenszyklusphasen kann nicht verhindert werden, dass erforderliche, bereits vorhandene Daten verloren gehen. Diese Vorgehensweise lässt für die Bestandsbauten im Hochbau auf einen massiven Datenverlust schließen.[40]

2.2.7 Qualitätssicherung und Dokumentation

Im Folgenden soll der für den späteren Betrieb erheblich relevante Teilbereich Qualitätssicherung und Dokumentation in der Ausführung näher betrachtet werden.

Zur Qualitätssicherung während der Ausführung ist der Vergleich des SOLLs mit dem IST unter Berücksichtigung der zulässigen Toleranzen erforderlich. Hierbei ist das SOLL bei heute üblicher Planung meist in einer Vielzahl von Dokumenten definiert, deren Ablage bei gut organisierten Projekten zentral abrufbar ist. Das Zusammentragen und Zuordnen erfolgt jedoch manuell und kann aufgrund der aktuellen technischen Zugriffsmöglichkeit in der Regel nur aus dem Büro erfolgen. Somit ist bei der Erstellung eines Bauteils die Planung auszuwerten und die Information vor Ort zu transportieren. Nach der Fertigstellung sind Abweichungen zu ermitteln, auszuwerten und zu dokumentieren. Der Ort der Vorhaltung der Leistungsdokumentation und der Ort der Leistungserbringung sind somit strikt lokal getrennt.

Elementarer Bestandteil der Qualitätssicherung ist die Überwachung der Baustoffe und -elemente. So müssen Baustoffe technischen Lieferbedingungen entsprechen, die einerseits aus den vertraglichen Regelungen zwischen Besteller und Lieferant, andererseits aus der Normierung und rechtlichen Vorgaben resultieren. So dürfen in Deutschland nur zugelassene Materialien und Produkte verwendet werden, die zudem ungebraucht sind. Hierbei besteht die Verpflichtung des Errichters, entsprechende Eignungsnachweise beizubringen, die die technische Kontrolle bezüglich der ausgeschriebenen und von der Normung (beispielsweise DIN) geforderten Qualitätsmerkmale dokumentieren. Die Qualität dieser Eignungsnachweise sollte es theoretisch für jedes Bauteil oder -element ermöglichen, die Einhaltung der vorgegebenen Parameter bei der Herstellung nachzuvollziehen. So sind Baustoffe der Bauregelliste A, B und C[41] der regelmäßigen Güteüberwachung[42] unterworfen. Andere Baustoffe und –elemente sind über Bauaufsichtliche Zulassungen und Prüfzeugnisse zugelassen. Materialien ohne gültige Eignungsnachweise dürfen in Deutschland nicht eingebaut oder verwendet werden.

Somit sollte die vollständige Materialdeklaration fester Bestandteil der Qualitätssicherung in der Ausführung sein. Mit der durchgängigen, vollständigen Erfassung der Materialinformationen aller ausgeführten Leistungen und einer für den Gebäudebetrieb nachvollziehbaren Dokumentation dieser Produkte können Reinigung, Wartung, Instandhaltung und Erneuerung

---

[40] Vgl. Abschnitt 1.2.
[41] Die Bauregellisten werden vom DIBt überarbeitet, herausgegeben und in den DIBt-Mitteilungen jährlich veröffentlicht.
[42] Beispielsweise durch die Ü-Kennzeichnung nachgewiesen.

optimiert werden. Diese Dokumentation ist Grundlage für einen nachhaltigen Gebäudebetrieb und aller daraus ableitbaren Dienstleistungen am Bauwerk. Somit stellt die Materialdeklaration nicht nur den Nachweis der fach- und ordnungsgerechten Errichtung dar, sondern sie ist ebenso Voraussetzung für die sachgerechte Benutzung des Bauwerks.

Die Prüfungen und Nachweise erfolgen in der Praxis durch die Trennung des Informationsflusses vom Materialfluss meist nicht umfassend. Bezüglich der Kennwerte erfolgt die Prüfung nur auf Grundlage der verfügbaren und eingeforderten Dokumente. Materialgüte und -eigenschaften werden nur stichprobenhaft kontrolliert und können selten bauteilgenau zugeordnet werden. Auswahl und Tiefe der sachlichen Proben sind meist vom praktischen Erfahrungsschatz der Vertreter des Bestellers abhängig.

2.3 Prozessanalysen Nutzungsphase

An dieser Stelle sollen einige kritische Punkte hinsichtlich des Datenflusses und der Datennutzung in der Nutzungsphase eines Gebäudes zusammengestellt werden. Eine detaillierte Betrachtung geschieht als Hinführung zu Lösungsvorschlägen und Anwendungsszenarien im Kapitel 6 *Anwendungspotenziale in der Nutzungsphase von Gebäuden.*

Bei der Betrachtung der Prozesse für den Betrieb eines Gebäudes in der Nutzungsphase fällt auf, dass häufig die erforderlichen Informationen nicht vorliegen oder erst beschafft werden müssen. Sind die Daten vorhanden oder beschafft worden, sind sie in der Regel in einem Facility Management-Programm, einer Datenablage im PC des Betreibers oder analog hinterlegt, so dass sie für Inspektionen, Wartungsarbeiten etc. ausgedruckt / kopiert zum Einsatzort mitgenommen werden müssen. Direkt am / im Objekt liegen keine Informationen dazu vor, weder zur Art und Historie des zu betrachtenden Bauteils noch zu den erforderlichen Arbeiten, Wartungszyklen oder besonderen Anforderungen.[43]
Nach Abschluss der Arbeiten im Objekt müssen die Daten händisch erfasst (= aufgeschrieben) und später in die Software eingegeben werden. Wie alle mehrstufigen Datenerfassungs- und -pflegesysteme ist dies mit Datenverlusten und Fehlern verbunden.

Es ist zu beobachten, dass häufig die Daten zu einem Bauteil auch nicht vollständig erfasst und dokumentiert werden. In der Regel werden nur die Daten beschafft, die der jeweilige Dienstleister / Nutzer für seine Maßnahmen benötigt.[44] Die Datenerfassung ist also abhängig vom Nutzer der Daten (Betreiber, Bewohner des Gebäudes etc.). Daraus folgt, dass auch die Fortführung der Datenbestände und deren Aktualisierung nur in den Bereichen erfolgt, die den Nutzer der Daten betreffen.

Beim Verkauf des Objekts oder einem Betreiberwechsel besteht oft das Problem, dass die gesammelten Daten nicht in vollem Umfang weitergegeben werden. Zum Teil können Daten durch die Art der Übergabe (analog in Papierform, CDs) oder unterschiedliche Programme zur Verwaltung und Nutzung der Daten verloren gehen. In manchen Fällen sollen jedoch Informationen aus dem Betrieb des Gebäudes aus Gründen des Betriebsgeheimnisses bzw.

---

[43] Bei technischen Anlagen liegt dagegen in der Regel ein Betriebsbuch vor.
[44] Vgl. *Floegl 2003.*

persönlichen Motiven des Betreibers nicht weitergegeben werden, wodurch auch allgemein für das Objekt gültige Daten einer Übergabe vorenthalten werden.

Das Fehlen von vollständigen, nutzerunabhängigen Informationen und ihrer Fortschreibung wirkt sich auch auf Umbauten / Sanierungsarbeiten und somit auch auf die letzte Lebensphase eines Gebäudes, den Abbruch, aus: da keine oder nur wenige (meist unvollständige) Informationen zum Objekt, seiner Nutzung und Instandhaltung vorliegen, entsteht eine große Unsicherheit in der Planung der Maßnahmen. Daher muss vor solchen tief in die Gebäudestruktur eingreifenden Maßnahmen eine kostspielige Bauwerksanalyse durchgeführt werden, um beispielsweise die statische Struktur des Bauwerks sicher zu bestimmen oder schadstoffbelastete Bereiche ausfindig zu machen.

Auch Mieter und Nutzer eines Bauwerkes spüren das Fehlen von Informationen. Sie bekommen regelmäßig beim Bezug ihres Objektes nur einfache Grundrisspläne ausgehändigt, die oft nicht einmal aktuell sind. Aus diesen Plänen geht nicht hervor, aus welchen Materialien die bezogenen Objekte bestehen oder wie sie gepflegt / gewartet werden müssen. Beispielsweise ist die Beachtung von Unverträglichkeiten zwischen verschiedenen Beschichtungssystemen bei Renovierungsarbeiten durch den Nutzer des Objektes von hoher Bedeutung, um Schäden zu vermeiden und die Funktionalität der vorhandenen Beschichtungen sicherzustellen. In vielen Fällen wäre z. B. die Angabe über das Material der Wände hilfreich, um die richtigen Befestigungsmittel für Möbel auszuwählen. Auch Wartungsintervalle von technischen Anlagen oder das Intervall zum Streichen von Heizkörpern sind oft nicht bekannt. Dies mündet entweder in einem Probieren seitens der Nutzer, dass zu Schäden am Bauwerk und der Einrichtung der Nutzer führen kann, oder aber die Arbeiten werden unterlassen.

Ein weiteres Problem in der Nutzungsphase eines Gebäudes liegt in der fehlenden Nachweisbarkeit von erbrachten Leistungen. Gravierendste Beispiele sind Reinigungs- und Sicherheitsdienste. Ob der Sicherheitsdienst seine Rundgänge tatsächlich durchgeführt hat, ist derzeit kaum nachzuvollziehen. Bei der Reinigung von Objekten ist dies einfacher, wenn erkennbare Verschmutzung vorhanden sind, die nach der Reinigung entfernt sind. Leichte Verunreinigungen sind jedoch auf den ersten Blick nicht erkennbar, und so kann der Nutzer kaum nachprüfen, ob in seinem Raum z. B. tatsächlich Staub gesaugt wurde oder nicht. Dem Betrug durch Abrechnung von nicht erbrachten Leistungen steht demnach nur wenig im Wege. Ein System zum Nachweis der erbrachten Leistungen würde also nicht nur dem Nutzer Sicherheit geben, auch die Dienstleister können sich so gegen den Nutzer absichern.

Weiterhin ist das Auftragssoll häufig statisch in den Verträgen mit dem Betreiber und den Dienstleistern festgelegt. Änderungen oder die Anordnung von zusätzlichen Leistungen erfordern je nach Vertragsgestaltung oft die Schriftform und damit verfahrensbedingt ein gewisses Maß an Zeit bis zu ihrer Umsetzung. Kurzfristige Änderungen oder Anordnungen zusätzlicher Leistungen sind so nur begrenzt möglich.

Häufig führt der Mangel an verfügbaren, aktuellen Informationen zu Komforteinschränkungen, aber auch zu ernsthaften Problemen. Die Feuerwehr verwendet in Großobjekten wie dem Frankfurter Flughafen Laufkarten aus Papier, die erst gesucht werden müssen und immer wieder nicht schnell genug an allen Standorten aktualisiert werden (z. B. im Bau- / Umbauzustand). So kann es durchaus vorkommen, dass in einem Einsatz der Rettungstrupp den vorgesehenen Weg zum Einsatzort nicht gehen kann, da während oder nach einem Umbau die Gebäudestruktur verändert ist und z. D. Türen nicht mehr an der angestammten Stelle zu finden sind. Das kostet Zeit, um einen neuen Weg zum Einsatzziel zu finden, und dadurch unter Umständen auch Leben.

Die Steuerung von Besucherströmen in großen Objekten (z. B. Kliniken) erfolgt über statische Karten und Beschilderung. Wird durch Baumaßnahmen o. ä. ein Durchgang / Weg gesperrt, ist das an diesen Karten nicht erkennbar. In den seltensten Fällen werden die Einschränkungen / Änderungen an den vorhandenen Auskunftspunkten (Karten, Beschilderung) kommuniziert. Zudem müssen sich Besucher den Weg von einer Karte, die meist nur im Eingangsbereich zu finden ist, bis zum Ziel merken. Unterwegs sind kaum weitere Informationen verfügbar. Grundsätzlich kann der Besucher sich den Weg bis zu einer gewissen Weite merken und dann nachfragen, aber dies ist ein wenig komfortable Lösung.

Neben den unzureichend aktualisierten Informationen zum Objekt und den Wegen darin stehen dem Besucher und / oder Rettungskräften auch keine Kontextinformationen zur Verfügung: Rettungskräfte benötigen Informationen über den Feuerwiderstand und das Material von Bauteilen, für Besucher eines Objektes sind Öffnungszeiten, Ansprechpartner etc. von Bedeutung.

Zusammengefasst lässt sich erkennen, dass in der Nutzungsphase eine Vielzahl von Informationen fehlt oder zumindest nicht aktualisiert vorliegt. Dies führt zu erhöhten Zeitaufwänden und Kosten für die Beschaffung der Informationen und die Durchführung von Dienstleistungen, sowie zu geringerem Komfort für die Nutzer. Im Bereich Dienstleistungen würde eine höhere Informationsdichte und –qualität die Sicherheit und Transparenz für alle Beteiligten erhöhen.

3 Modellerstellung

Der Einsatz der RFID-Technologie zur Optimierung der Prozesse bedingt deren Analyse und Anpassung. Nach der Analyse der tatsächlichen Prozesse im Fertigteilwerk bei der Vorfertigung und auf der Baustelle bei der Erstellung des Bauwerkes im vorherigen Kapitel kann nun eine Modellierung der optimierten Prozesse erfolgen, die die Grundlage für den Versuchsaufbau darstellt.

3.1 Modellerstellung für den Einsatz in der Vorfertigung[45]

Die Steuerung einer Umlaufanlage erfolgt bereits zentral. Somit ist der Nutzen, welcher durch den Einsatz der RFID-Technologie entsteht, bei der Umlaufanlage deutlich geringer als bei der Standfertigung. Aus diesem Grund ist im folgenden Kapitel das Modell für den Einsatz der RFID-Technologie bei der Standfertigung dargestellt. Bei dieser Fertigungsvariante erfolgen die Teilbereiche der Vorfertigung, wie der Schalungsbau, die Bewehrungsvorbereitung und die Kommissionierung der Einbauteile, an unterschiedlichen Arbeitsplätzen und die Herstellung des Bauteils an einer weiteren festgelegten Station. Dabei kommt weder eine zentrale, noch eine dezentrale industrielle Steuerung zur Anwendung. Die größten Nutzenpotenziale, welche durch den Einsatz der RFID-Technologie entstehen, sind also bei der Standfertigung zu erwarten.

Im nachfolgenden Abschnitt wird ein Modell für den Einsatz der RFID-Technologie im Fertigteilwerk bei der Standfertigung beschrieben. In das Modell wird die Verwendung der Software Priamos einbezogen. Der Modellbeschreibung sind die derzeitige Nutzung von Priamos sowie Überlegungen, welche Daten auf dem Transponder gespeichert werden sollen, vorausgestellt. Das Modell umfasst eine Technische Abteilung, was ein Technisches Büro oder / und ein Technisches Sekretariat sein kann, sowie die Arbeitsvorbereitung und alle Vorfertigungsprozesse, die Hauptfertigung und die Lagerung der Bauteile.

3.1.1 Zentrale und dezentrale Steuerung bei der industriellen Fertigung

In der industriellen Fertigung wird zur Steuerung einer Fertigungsanlage zwischen zwei Steuerungskonzepten unterschieden: die zentrale und die dezentrale Steuerung. Beide basieren auf den gewonnenen Objektdaten.

Bei der **zentralen** Steuerung erfolgt die Übertragung von Informationen zum Produktionszustand fortlaufend an den Hauptrechner. Anhand dieser Daten kann die Produktion zeitgenau gesteuert werden. Die Zustandserfassung erfolgt über Barcode, RFID oder andere automatische Informations- und Identifikationssysteme. Die zentralen Steuerungssysteme kommen dann zur Anwendung, wenn gleichzeitig Informationen von unterschiedlichen Produktionsorten benötigt werden, der aktuelle Produktionsfortschritt von einer Stelle gebraucht wird oder fortlaufend Produktionsdaten gespeichert werden müssen.

Bei der **dezentralen** Steuerung werden die Daten, die während des Produktionsfortschrittes entstehen, nicht an den Hauptrechner übermittelt. Hier führt jedes Produkt seine eigenen In-

---

[45] Basierend auf *Zocher 2008*, Diplomarbeit im Rahmen des Forschungsprojektes.

formationen mit sich. Diese werden an der jeweiligen Station ausgelesen und gegebenenfalls mit weiteren Informationen ergänzt. Infolgedessen besitzt jedes Produkt die gesamten Informationen seiner Herstellung. Jedoch besteht zusätzlich auch die Möglichkeit, die Daten der Produkte an der jeweiligen Arbeitsstation dem Zentralrechner zu übermitteln. Die Daten werden dort gespeichert und dienen zur Überwachung des Produktionsprozesses.

Die dezentrale Steuerung, mit dem Ein- und Auslesen der Daten am Produkt, kann nur durch die RFID-Technologie realisiert werden. Dadurch erreichen dezentral gesteuerte Prozesse eine höhere Fertigungsgeschwindigkeit. Die Daten stehen über die RFID-Technologie direkt an der nächsten Station zur Verfügung, während bei der zentralen Steuerung die jeweiligen Daten erst vom Hauptrechner abgerufen werden müssen. Diese Datenübertragung stellt einen Geschwindigkeitsverlust dar. Der Nachteil der dezentralen Steuerung ist die umfangreiche Planung der Koordination zwischen den einzelnen Stationen, an denen das Lesen und Beschreiben der Transponder erfolgt. Dadurch erhöht sich die Komplexität der Vernetzung der einzelnen Stationen im Fertigungsablauf untereinander.

3.1.2 Der Meilensteinplan der Software Priamos

Priamos bietet die Möglichkeit, den Status der Planung und der Fertigung eines Bauteils zu dokumentieren und zu verfolgen. Dazu dienen Meilensteine und die sogenannte Plantafel (vgl. Abbildung 7).

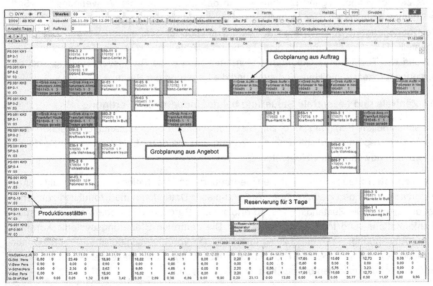

Abbildung 7:　Plantafel aus PRIAMOS Pro[46] mit Erläuterungen

---

[46] Nach *PRIAMOS Pro 2009*. S.26.

Durch diese Plantafel und die Meilensteine wird der Bearbeitungsstand des jeweiligen Bauteils ersichtlich. Auf diese Weise kann die Steuerung der Fertigung transparenter gestaltet und somit erheblich vereinfacht werden. Voraussetzung für die Nutzung dieser Funktionalität ist die kontinuierliche Pflege und Aktualisierung der Daten. Aus den eingepflegten Ereignisdaten, wie beispielsweise der ausgefüllten Produktionsliste, werden die Meilensteine automatisch in der Plantafel generiert. Um diese schneller zu erkennen, sind den einzelnen Meilensteinen neben den verschiedenen Nummern auch unterschiedliche Farben zugeordnet.

Bei den Meilensteinen in Priamos, von denen die wichtigsten in Tabelle 3 zusammengefasst sind, wird zwischen manuellen und automatischen Meilensteinen unterschieden.

Nr.	Meilenstein Bezeichnung	Funktion beziehungsweise Ereignis	Nutzung
0	o. Planung / EBT v. Magazin	das Bauteil ist in Priamos angelegt	wenn der Auftrag die Kalkulation verlässt
30	Grobplanung	keine Funktion zugewiesen	manueller Meilenstein, wird nicht genutzt
40	Planposition angelegt	dem Bauteil ist eine Produktionsposition zugeordnet	automatischer Meilenstein
45	Plan beim Prüfstatiker		
55	Schalung frei		
60	Bewehrung frei		
65	Schalung fertig	keine Funktion zugewiesen	manuelle Meilensteine, werden nicht genutzt
70	Bewehrung fertig		
75	Produktion frei		
80	eingeplant	dem Bauteil sind ein Fertigungsstandort und ein Fertigungstermin zugewiesen	automatischer Meilenstein
85	gefertigt / auf Lager	das Bauteil ist fertig und befindet sich auf dem Lager	automatischer Meilenstein
90	Nachbearbeitung		
100	Produktion abgeschlossen		
105	abgerufen	keine Funktion zugewiesen	manuelle Meilensteine werden nicht genutzt
110	Ausschuss		
140	Lieferschein erstellt	der Lieferschein ist erstellt, aber noch nicht ausgedruckt	automatischer Meilenstein
150	geliefert	der Lieferschein ist ausgedruckt – das Bauteil ist ausgeliefert	automatischer Meilenstein

Tabelle 3: Übersicht der wichtigsten Meilensteine in Priamos

Die Aktualisierung der manuellen Meilensteine erfolgt durch einen Nutzer von Hand, indem dieser den Meilenstein an das Bauteil vergibt. Dieser zusätzliche Arbeits- und Zeitaufwand ist dann oft der Grund dafür, dass die Pflege des Meilensteinplans vernachlässigt oder nicht zeitnah durchgeführt wird. Außerdem sind für die automatischen Meilensteine Ereignisse notwendig, welche zumeist durch die Eingabe von Daten aus der Produktion ausgelöst werden müssen.

Hauptsächlich werden diese Daten durch die technische Abteilung in Priamos eingegeben. Allein daraus ergibt sich ein nicht unerheblicher Zeitversatz. Die Produktionsliste kommt zum Beispiel erst am nachfolgenden Tag aus der Fertigung. Erst dann kann das Bauteil in Priamos als fertig gemeldet werden.

Das Ziel muss also sein, alle manuellen Meilensteine an Ereignisse zu binden, so dass sich diese automatisch aktualisieren. Weiterhin müssen die derzeit manuell generierten Ereignisse für die automatischen Meilensteine ebenfalls automatisiert werden. Ansonsten wird der Meilensteinplan nur unzureichend aktualisiert und der Status der Bauteile ist nicht aktuell. Die Folge ist wiederum, dass der Plan nicht zur Steuerung der Fertigung genutzt werden kann.

3.1.3 Der Schalungsbau

Soll die Fertigung der Schalung über einen zentralen Rechner gesteuert werden, muss der Schalungsbau Zugriff auf den Meilensteinplan von Priamos haben.

Ist die Planfreigabe abgeschlossen, bekommt das Bauteil in Priamos den Status „Schalung frei" zugeordnet. Anhand dieser Angabe ist ersichtlich, dass die Pläne freigegeben sind und die Schalung gefertigt und montiert werden kann. Zusätzlich sind der geplante Fertigungstermin und der Fertigungsort sowie die weiteren Arbeiten der nächsten Tage erkennbar.

Da die Schalung üblicherweise erst am Fertigungsstand komplettiert wird, erfolgt auch dort die Fertigstellungsmeldung. Dazu wird jeder Fertigungsstand mit einem stationären Lesegerät ausgestattet, welches direkt mit dem zentralen Rechner verbunden ist.

Bisher unterschreibt der Arbeiter nachträglich auf dem Bewehrungsetikett. In der Regel wird es aber vergessen, da dies erst möglich ist, wenn sich der Bewehrungskorb in der Schalung befindet und der Schalungsbauer jedoch bereits an der nächsten Schalung arbeitet. Bei der Verwendung der RFID-Technologie muss der verantwortliche Arbeiter (Schalungsbau) sich nach Beendigung der Arbeiten entweder durch die Eingabe einer Kennziffer oder über das Einlesen einer Chipkarte / eines Transponders verifizieren und kann dann seine Arbeitsleistung als „Fertig" registrieren. Dazu wird die Zuordnung zum Bauteil ebenfalls über einen Transponder vereinfacht. Dieser ist immer wieder verwendbar und wird nur zur Kennzeichnung der Schalung genutzt. Priamos setzt dann automatisch den Status für das Bauteil auf „Schalung fertig".

Der zuständige Hallenmeister kann an der Arbeitsstation die Schalung anhand der eingebauten Transponder kontrollieren und über dasselbe Lesegerät die Schalung als „abgenommen" melden. Ist eine Qualitätskontrolle durch die Qualitätsstelle vorgesehen, kann der Prüfer seine Ergebnisse direkt vor Ort digital erfassen und auf dem zentralen Rechner speichern. Die Labor- und Qualitätsstelle kann die Protokolle jederzeit vom Rechner abrufen und einsehen.

Auch hier erfolgt die Registrierung des Hallenmeisters oder des Prüfers über eine Kennziffer, eine Chipkarte oder einen Transponder.

Fehlt die Registrierung des Schalungsbauers oder des Prüfers, wird erstens die Schalung nicht als fertig oder abgenommen gemeldet und zweitens muss eine Sperre integriert werden, die ein weiteres Arbeiten an dem Bauteil blockiert oder darauf hinweist, dass die Registrierung bzw. Freigabe fehlt.

3.1.4 Die Bewehrungsfertigung

Die Bewehrungsfertigung ist für die Vorfertigung des Bewehrungskorbes zuständig. Dieser wird hergestellt, zum Fertigungsstandort gefördert und dann ins Bauteil eingehoben.

Die Arbeiter in der Bewehrungsfertigung erfahren aus dem gelieferten Ausführungsplan (Bewehrungsplan) alle notwendigen Informationen. Weiterhin bekommen sie einen Produktionsplan von der Fertigung, anhand dessen erkennbar ist, wann welche Bauteile gefertigt werden müssen.

In Zukunft bekommt das Bauteil mit der Planfreigabe in Priamos den Status „Bewehrung frei". Dadurch erkennt die Bewehrungs-Abteilung, dass die Ausführungspläne freigegeben sind und der Bewehrungskorb gefertigt werden kann. Außerdem erkennt sie den geplanten Fertigungstermin und den Fertigungsort.

An den einzelnen Arbeitsstationen in der Bewehrungsvorfertigung werden Monitore installiert. Auf diesem sind täglich der Reihenfolge nach alle abzuarbeitenden Aufträge dargestellt. Diese werden infolge der Fertigungstermine, die in Priamos gespeichert sind, automatisch vom Zentralrechner geordnet und an den Arbeitsstationen bereitgestellt. Der Arbeiter der jeweiligen Station ruft die Aufträge der Reihe nach ab und bearbeitet sie. Dabei kann der Rechner gleichzeitig den Verbrauch an Bewehrungseisen erfassen.

An Stelle des Bewehrungsetiketts soll ein Transponder an den Bewehrungskorb befestigt werden. Dieser wird in der Technischen Abteilung mit den notwendigen Daten beschrieben. Die Übergabe des Transponders findet nach Planfreigabe statt.

Wird der Status „Bewehrung frei" in Priamos angezeigt, kann der Leiter der Bewehrungsabteilung die Pläne sowie den Transponder (Bauteil-Transponder) an den Arbeiter, der den Bewehrungskorb flechten soll, übergeben. Voraussetzung für das Flechten des Korbs ist, dass die vorgefertigten Eisen verfügbar sind.

Die Fertigstellungsmeldung des Korbs erfolgt an dem Ort, an dem er geflochten wurde. Dazu sind in der Bewehrungshalle verschiedene Plätze mit stationären sowie mobilen Lesegeräten und einem Kontrollstand eingerichtet. Ebenso wie am Fertigungsstandort ist diese Station mit dem zentralen Rechner verbunden.

Am Kontrollstand ist ersichtlich, welcher Bewehrungskorb zu flechten ist. Entweder wird der Station das automatisch zugeordnet oder der Arbeiter aktiviert die Kontrollstation durch die Erfassung des passenden Bauteil-Transponders. Anschließend ruft der Kontrollstand die zugehörigen Bauteildaten vom zentralen Rechner ab.

Der verantwortliche Arbeiter muss nach der Fertigstellung des Bewehrungskorbes seine Arbeit als „Fertig" melden. Durch die Eingabe seiner Kennziffer oder der Registrierung mittels Chipkarte oder Transponder, sowie die Zuordnung seiner Fertigmeldung zum Bauteil über den Bauteil-Transponder entsteht automatisch der Meilenstein „Bewehrung fertig" in Priamos. Damit entfällt der vorherige Status „Bewehrung frei".

Die Prüfung der Maßhaltigkeit und Stabilität des Bewehrungskorbs erfolgt entweder durch den Hallenmeister oder einem Prüfer der Qualitätsstelle. Dieser dokumentiert die Abnahme oder Prüfung ebenfalls an der Kontrollstation durch die Verifizierung seiner Person (Kennziffer, Chipkarte oder Transponder) und die Zuordnung zum Bauteil durch den Bauteil-Transponder. In Priamos wird automatisch der Status „Bewehrung abgenommen" generiert.

Fehlt die Registrierung des Arbeiters nach der Erstellung des Bewehrungskorbs, wird er nicht als fertig gemeldet. Weiterhin können die nachfolgenden Arbeiten nicht weiter dokumentiert werden, da eine Sperre enthalten ist, die erst gelöst wird, wenn sich der Arbeiter der Bewehrung registriert hat.

Zeitgleich mit der Registrierung des Arbeiters werden diese Daten auf dem Transponder gespeichert. Auch wird nach Eingabe der Prüfwerte aus der Abnahme des Bewehrungskorbs der Nachweis der Bewehrungsabnahme auf dem Transponder gespeichert. Mit jeder Datenübertragung auf den Transponder prüft das Erfassungsgerät, ob die Identifikationsdaten des Transponders mit dem im zentralen Rechner übereinstimmen. Ist dies nicht der Fall, erscheint eine Fehlermeldung.

3.1.5   Die Kommissionierung

Die Aufgabe der Kommissionierung ist es, die Einbauteile, die Abstandhalter und den Spannstahl für die Fertigung bereitzustellen.

Der Lagerbestand wird bei auftragsneutralen Einbauteilen und Abstandhaltern üblicherweise durch Sichtkontrollen erfasst. Auftragsbezogene Einbauteile werden speziell für jeden Auftrag bestellt. Weder die Arbeitsvorbereitung noch der Einkauf haben derzeit Einsicht in die Lagerbestände. Auch ist es für die Arbeitsvorbereitung nicht ersichtlich, ob die bestellten Einbauteile rechtzeitig geliefert sind.

Diese Defizite könnte ein modernes Lager-Management-System beheben. Dazu müssen alle Bestandteile des Lagers, sowohl die auftragsneutralen als auch die auftragsbezogenen Einbauteile, sowie die Verbrauchsstoffe bei Wareneingang erfasst und bei Ausgabe an die Fertigung ausgebucht werden.

Wird die Fertigung durch einen zentralen Rechner gesteuert, ist es sinnvoll, auch die Kommissionierung mit dem digitalen Lagermanagement in das System einzubinden. Dazu ist ein Monitor an der Arbeitsstation der Kommissionierung zu installieren. Auf diesem sind täglich der Reihenfolge nach alle abzuarbeitenden Aufträge dargestellt. Diese werden infolge der Fertigungstermine, die in Priamos gespeichert sind, automatisch vom Rechner geordnet und an der Kontrollstation bereitgestellt. Die Mitarbeiter der Kommissionierung rufen die Einbauteileliste für das jeweilige Bauteil der Reihe nach ab und stellen die Teile bereit. Gleichzeitig bucht der Rechner die entnommenen Einbauteile aus dem Lagerbestand aus und ordnet diese dem Bauteil zu.

Der Abruf der Einbauteileliste durch die Kommissionierung ist erst möglich, wenn für das Bauteil die Planfreigabe erfolgt ist. Dann bekommt das Bauteil den Status „Einbauteileliste frei" zugeordnet. Sind alle Einbauteile bereitgestellt, wird dieser durch den Status „Einbauteile fertig" ersetzt. Beide Meilensteine werden dem Bauteil separat zugeordnet.

Mit der Einführung des Meilensteins „Einbauteile fertig" sehen die Fertigung und die Arbeitsvorbereitung, dass alle Einbauteile für die Fertigung bereitgestellt sind.

Die Einbauteile werden pro Bauteil in Transportbehältern zusammengestellt und dann zur Fertigung an den jeweiligen Fertigungsstandort gefördert. Sind die Transportbehälter mit Transpondern ausgestattet, kann in der Fertigung eine weitere Kontrolle erfolgen. Der Arbeiter an der Fertigungsstation prüft vor dem Einbau der Einbauteile, ob der Transportbehälter auch zur Station gehört. Ein Verwechseln ist somit nahezu ausgeschlossen.

3.1.6 Die Fertigung

Die Fertigung umfasst die Aufbereitung der Schalung, den Einbau des Bewehrungskorbes und der Einbauteile, das Betonieren und das Ausschalen des Bauteils sowie die Betonkosmetik. Die Voraussetzung für die Fertigung sind die Vorfertigung der Schalung, die Vorfertigung des Bewehrungskorbes, die Bereitstellung der Einbauteile und die Betonaufbereitung.

Um einen großen Nutzen durch die zentrale Steuerung der Fertigung zu erhalten, sollte bereits der Hallenmeister seinen Produktionsplan direkt in Priamos eingeben. So hätte jeder Beteiligte eine Echtzeit-Übersicht, was in den kommenden Wochen gefertigt werden soll. Außerdem wird ein zusätzlicher Arbeitsschritt, das Eingeben des Produktionsplanes in Priamos durch die technische Abteilung, eingespart.

Durch den Priamos-Meilensteinplan erhöht sich die Transparenz des Fertigungsprozesses. Der Hallenmeister hat jederzeit einen aktuellen Überblick, wann die Schalung und der Bewehrungskorb fertig hergestellt und abgenommen, sowie die Einbauteile bereitgestellt sind. Für das Bauteil liegen die Meilensteine: „Schalung abgenommen", „Bewehrung abgenommen" sowie „Einbauteile fertig" vor.

Ist zum Fertigungstermin einer der drei oben genannten Meilensteine nicht vorhanden, muss beim Hallenmeister eine Fehlermeldung erscheinen. So bekommt er die Möglichkeit, zeitnah die Fehlerquelle zu suchen und gegenzusteuern.

An jedem Fertigungsstandort ist ein stationäres Lesegerät kombiniert mit einem Kontrollstand installiert. Am Kontrollstand kann das jeweilige Bauteil mit Auftrags- und Bauteilnummer sowie die Bauteildaten abgerufen werden. Ebenso ist der Status des Bearbeitungsstandes des Bauteils für die Arbeiter sichtbar. Die Zuordnung des Bauteils zum Fertigungsstandort und den Fertigungstermin entnimmt der Arbeiter dem Produktionsplan in Priamos.

Der gesamte Fertigungsprozess beginnt mit dem Aufbau der Schalung, dem Einbringen der Aussparungsschalung sowie dem Trennmittelauftrag. Vor dem Auftrag des Trennmittels erfolgt die Abnahme der Schalung. Danach folgen die Abstandhalter, die Einbauteile sowie das Einheben des Bewehrungskorbes in die Schalung. Voraussetzung dafür ist die Abnahme des Bewehrungskorbes.

Durch den Bauteil-Transponder am Bewehrungskorb, dem Transponder an der Schalung sowie dem Transponder an der Transportbox der Einbauteile ist eine schnelle Kontrolle der Zusammengehörigkeit möglich. Diese Kontrolle sollte automatisch ablaufen. Alle Einzelteile kommen aus der Vorfertigung zum Fertigungsstandort, wobei sie am Lesegerät der Station vorbei geführt müssen. Die Transponder werden erfasst und der zentrale Rechner kontrolliert, ob die Transponder zu diesem Fertigungsstandort gehören.

Durch die Förderung des Bewehrungskorbes kann sich dieser, falls er nicht formstabil ausgebildet ist, verkleinern oder vergrößern. Der Bewehrungskorb ist dann für die Schalung zu klein oder groß, was vor dem Einbau und dem Betonieren korrigiert werden muss. Um das zu prüfen, hat die Qualitätsstelle an diesem Herstellungspunkt eine Kontrolle durch den Hallenmeister oder einen Prüfer vorgeschrieben. Im Rahmen dieser Kontrolle wird geprüft, ob die Abmessung des Bewehrungskorbs zur Abmessung der Schalung passt und die festgelegte Betondeckung eingehalten werden kann. Ist die Prüfung durch die Qualitätsstelle vorgeschrieben, muss ein Prüfprotokoll erstellt werden.

Die Abnahme der Bewehrung in der Schalung oder die Erfassung der Prüfergebnisse erfolgen, wie in den bisherigen Schritten beschrieben, digital an dem Kontrollstand der Fertigungsstation unter Zuhilfenahme des Bauteil-Transponders und der Verifizierung der kontrollierenden Person. Dieses Ereignis führt in Priamos automatisch zu einem Meilenstein „Bewehrung in Schalung abgenommen". Das Prüfprotokoll wird digital auf dem zentralen Rechner erstellt und gespeichert. Zeitgleich erfolgt die Speicherung des Nachweises über die Abnahme der Bewehrung in der Schalung auch auf dem Bauteil-Transponder.

Nachdem die Einbauteile montiert sind, meldet der verantwortliche Arbeiter die Fertigstellungen über den Kontrollstand der Fertigungsstation. Dazu verifiziert er seine Person und die Leistung über eine Kennziffer, eine Chipkarte oder einen Transponder und verbindet diese Informationen digital über das Auslesen des Bauteil-Transponders mit dem Bauteil. Anschließend erfolgt, wie vorher beim Bewehrungskorb, die Prüfung der korrekten Lage der Einbauteile. Die Ergebnisse der Prüfung werden sofort digital erfasst sowie auf dem zentralen Rechner und dem Bauteil-Transponder gespeichert.

Auf dem Bauteil-Transponder fehlen noch die Ergebnisse der Prüfung der Schalung. Diese Daten sind auf dem zentralen Rechner vorhanden und sind mit dem Schreibvorgang, bei dem die Prüfungsergebnisse der Einbauteile- Prüfung auf den Bauteil-Transponder kommen, zu synchronisieren.

Bei Spannbetonbauteilen muss der Spannstahl eingebaut und vorgespannt werden. Die Dokumentation der Ergebnisse des Spannprotokolls erfolgt ebenfalls digital über der Arbeitsstation auf dem zentralen Rechner und dem Bauteil-Transponder.

Ist das Bauteil durch den Hallenmeister oder den verantwortlichen Arbeiter für die Betonierung freigegeben, muss der Beton im Mischwerk bestellt werden. In Priamos besitzt das Bauteil nun den Status „Produktion frei" und die Daten[47] für die Betonherstellung gelangen

---

[47] Betonrezepturnummer, Betonmenge, Fertigungsstandort, Auftrags- und Bauteilnummer.

automatisch zur Betonmischanlage. Der Beton wird gemischt, der Mischmeister bestellt das Mischfahrzeug und teilt dem Fahrer den Fertigungsstandort mit.

Zur Dokumentation der Betonherstellung erstellt die Betonmischanlage automatisch Chargenprotokolle. Diese Chargennummern und -protokolle sind im zentralen Rechner dem Bauteil zugeordnet.

Im Zuge des Betonierens entnimmt ein Prüfer der Qualitätsstelle Frischbeton und prüft diesen entsprechend der geltenden Vorschriften. Die Prüfungen werden im Labor zeitversetzt durchgeführt. Da die Computer im Labor ebenfalls mit dem zentralen Rechner verbunden sind, besteht die Möglichkeit, die Prüfergebnisse digital zu erfassen und dem Bauteil zu zuordnen.

Nach Abschluss des Betoniervorgangs meldet der verantwortliche Arbeiter, unter Zuhilfenahme der bereits beschriebenen Prozedur, die Arbeiten als abgeschlossen. Das Bauteil bekommt in Priamos den Status „Produktion abgeschlossen" zugeordnet. Gleichzeitig wird der Zeitpunkt der Meldung als sogenannte Betonierzeit gespeichert. Anhand dieser gespeicherten Zeit kann der Hallenmeister später festlegen, ab wann das Bauteil auszuschalen ist.

Mit der Meldung „Arbeiten abgeschlossen" werden diese Informationen sowie die im zentralen Rechner gespeicherten Chargennummern des Betons und die Betonierzeit auf dem Bauteil-Transponder gespeichert.

Bei Spannbetonbauteilen wird nach dem Ausschalen und vor dem Aufbringen der Vorspannung die Betondruckfestigkeit geprüft. Die gemessenen Festigkeiten werden im Spannprotokoll dokumentiert, das, wie oben beschrieben, digital an der Arbeitsstation erstellt wird. Die Daten werden sowohl auf dem zentralen Rechner, als auch auf dem Transponder gespeichert.

Ist das Bauteil ausgeschalt, wird es für die Auslieferung vorbereitet. Die sogenannte Betonkosmetik umfasst die Beseitigung von beschädigten Stellen am Bauteil, das Verschließen der Ankerplatten[48] bei Spannbetonbauteilen mit Mörtel und das Aufkleben des Bauteiletiketts am Bauteil. In einigen Fällen kann auch das nachträgliche Betonieren von Konsolen dazugehören, die gesondert nach dem Ausschalen am Bauteil ergänzt werden müssen.

Abschließend wird das Bauteil, entsprechend des Prüfplans, auf seine Maßhaltigkeit, den Sitz und Lage der Einbauteile und auf ihre Bewehrungsanschlüsse geprüft. Die Erfassung der Prüfergebnisse erfolgt wie bisher über einen Kontrollstand mit mobilen Lesegerät digital auf dem zentralen Rechner und dem Bauteil-Transponder. Mit dieser Kontrolle nimmt der Hallenmeister das Bauteil ab. Diese Abnahme und die digitale Meldung führen in Priamos zu dem Status „abgenommen".

Um das Bauteil zu identifizieren, wird heute das Bewehrungsetikett durch ein Bauteiletikett ersetzt. Das Bewehrungsetikett wird als Nachweis archiviert. Durch die Integration des Bau-

---

[48] Die Ankerplatte dient zur Lasteinleitung ins Bauteil, dabei muss diese eine ausreichende Steifigkeit besitzen, um die Druckkräfte der Vorspannung ins Bauteil einleiten zu können.

teiltransponders ist kein Bewehrungsetikett mehr vorhanden. Die Daten, wie Prüfergebnisse und Freigaben, sind digital auf dem zentralen Rechner und dem Bauteil-Transponder archiviert. Zur Identifizierung ohne Lesegerät ist es aber weiterhin sinnvoll, ein Bauteiletikett zu verwenden.

Der verantwortliche Arbeiter, der das Bauteiletikett am Bauteil anbringt, synchronisiert mit einem mobilen Lesegerät noch einmal die Daten zwischen dem zentralen Rechner und dem Bauteil-Transponder. Bei diesem Datenabgleich werden nicht nur Daten auf dem Transponder hinzugefügt, sondern unternehmensinterne Daten, wie zum Beispiel Fertigungszeiten, werden gelöscht. Dieser Vorgang setzt den Bauteil-Status in Priamos aber noch nicht auf „gefertigt / auf Lager". Um diesen Status zu erreichen, ist zwingend die Meldung des Lagerortes erforderlich. Nur beide Meldungen führen zu diesem Status. Damit ist sichergestellt, dass das Bauteil die Halle verlässt und auf dem Lagerplatz ankommt.

3.1.7 Die Lagerhaltung

Der Ort der Lagerung eines Bauteils hängt häufig von der Bauart, der Geometrie und dem Auftrag, aber auch vom Gewicht des Bauteils ab. Nicht immer können alle Krane auf dem Lager die gleichen Lasten heben.

Die Bauteile werden auf Fördereinrichtungen aus der Fertigungshalle gezogen und mittels Kran auf ihren Lagerplatz und später vom Lagerplatz auf das Transportfahrzeug gehoben.

Der Lagerungsort der Bauteile wird vom Vorarbeiter über sein mobiles Lesegerät dokumentiert und direkt an den zentralen Rechner gesendet. In Priamos entsteht automatisch der Status „gefertigt / auf Lager".

Der Mitarbeiter der Versandabteilung, der für die Bestellung des Transportes verantwortlich ist, erkennt anhand des Meilensteins „abgerufen", dass das Bauteil vom Auftraggeber angefordert ist. Weiterhin ist in Priamos ersichtlich, ob das Bauteil gefertigt und auf Lager ist oder welchen Fertigungsstand das Bauteil besitzt. Vor dem Transport wird durch den Mitarbeiter der Versandabteilung der Lieferschein in Priamos erstellt. Automatisch wird in Priamos dem Bauteil der Status „LS erstellt" zugeordnet.

Beim Verladen des Bauteils wird mittels eines mobilen Lesegerätes, das der Vorarbeiter des Lagers mit sich führt, das Bauteil aus dem Bestand ausgebucht. Dazu liest er den Bauteil-Transponder und dessen Identifikationsdaten und meldet das Bauteil als „geliefert". Diese Daten werden durch das Erfassungsgerät an Priamos übermittelt und setzten das Bauteil auf den Status „geliefert".

3.1.8 Das Modell „Fertigteilwerk"

Die bisher beschriebenen Vorgänge in den einzelnen Produktionsschritten, die Informationsübermittlung und die Nutzung der RFID-Technologie sind in der folgenden Abbildung 8 und der Abbildung 9 als Modell zusammengefasst. Dabei sind die einzelnen Vorgänge in den jeweiligen Abteilungen, beginnend bei der Kalkulation bis hin zur Auslieferung der Fertigteile, zusammenhängend dargestellt. Der Datenaustausch mit dem zentralen Rechner sowie die einzelnen Meilensteine spielen ebenfalls eine wichtige Rolle in diesem Modell.

Zur Umsetzung des Modells sind neben dem Bauteiltransponder weitere Transponder notwendig. Die Bauteiltransponder werden im Technischen Sekretariat mit den ersten Daten beschrieben und in die Bewehrungsfertigung gegeben. Diese Transponder durchlaufen, am Bewehrungskorb befestigt, die gesamte Produktion und verlassen das Werk mit dem Bauteil.

Die Schalung wird ebenfalls mit einem Transponder gekennzeichnet. Dieser Transponder wird immer wieder neu zur Kennzeichnung der Schalung verwendet. Sobald der Transponder an der Schalung befestigt ist, ist die Schalung einem Bauteil zugeordnet.

Ein weiterer Transponder ist an der Kiste, in welchem die Einbauteile kommissioniert werden, befestigt. Dieser Transponder und somit die Kiste wird bei Beginn der Zusammenstellung der Einbauteile vom Mitarbeiter der Kommissionierung einem Bauteil zugeordnet. Im zentralen Rechner gehören jetzt neben den Bauteil-Transpondern ein Schalungstransponder und ein Einbauteiletransponder zum Bauteil.

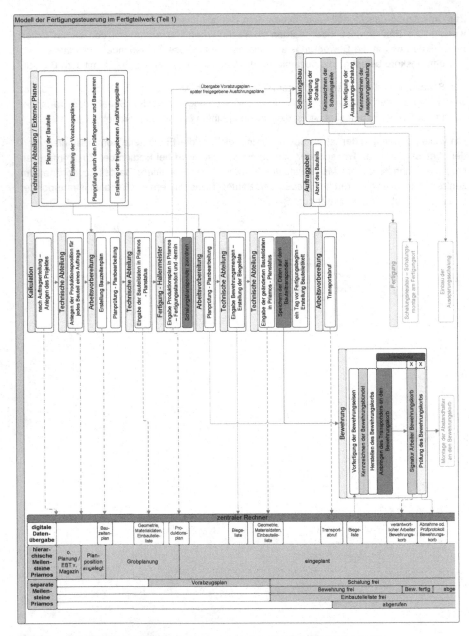

Abbildung 8: Modell der Fertigungssteuerung im Fertigteilwerk (Teil 1 von 2)

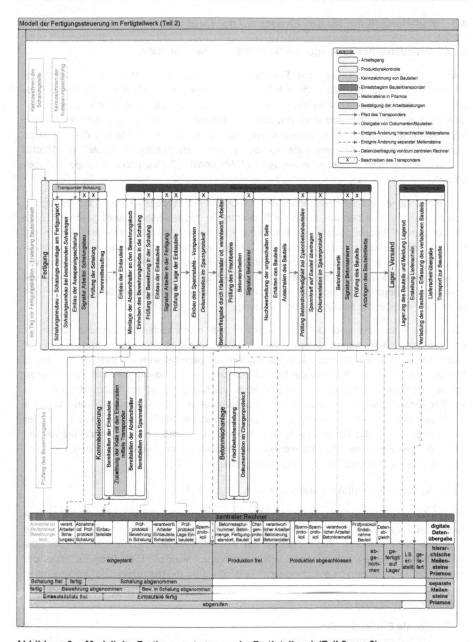

Abbildung 9: Modell der Fertigungssteuerung im Fertigteilwerk (Teil 2 von 2)

3.2   Modellerstellung für den Einsatz auf der Baustelle

3.2.1   Grundidee des „Intelligenten Bauteiles" auf der Baustelle

Bereits in der ersten Phase des Forschungsvorhabens „RFID-IntelliBau 1" wurde ein Datenflussmodell für bauteilbezogene Informationen über die verschiedenen Lebenszyklusphasen eines Bauwerkes entwickelt. Dabei wurde festgestellt, dass bisher sowohl der Übergang zwischen den einzelnen Phasen als auch die Zuordnung zwischen Objekt- und Informationsebene durch Medienbrüche gekennzeichnet ist. Durch die Entwicklung einer digitalen Schnittstelle, die eine Datenvorhaltung und -verarbeitung im Bauteil ermöglicht, können diese Brüche überwunden werden (vgl. Abschnitt *1.2 Idee und Grundlagenuntersuchung)*.

Zum einen stehen die erforderlichen Daten am Objekt zur Prozesssteuerung zur Verfügung und zum anderen bleiben sie, durch die Einbettung in das jeweilige Bauteil geschützt, über den gesamten Lebenszyklus des Bauwerks mit hoher Aktualität erhalten. Durch die bauteilgenaue Erfassung und Vorhaltung können wesentlich detailliertere Informationen sicher erhoben werden. So wird eine qualitativ bisher nicht vorhandene Dokumention und Steuerung der Bauprozesse erreicht. Die lokale Verfügbarkeit der Daten reduziert durch die effektivere Datenbeschaffung und –vorhaltung bei vielen Prozessen den Aufwand und verringert Fehler in der Ausführung und Nutzung.

Durch den Einbau von RFID-Transpondern in alle raumabschließenden und tragenden Bauteile kann diese digitale Schnittstelle zur Verfügung gestellt werden. Hierbei soll der Transponder so in die Grundstruktur der Bauteile eingebettet werden, dass er zum einen frühzeitig für die ersten Prozesse der Bauteilerstellung zur Verfügung steht und zum anderen vor Beschädigung während der weiteren Ausführung und Nutzung des Gebäudes geschützt ist. Der Einbau und die Anordnung des Transponder muss dabei so erfolgen, dass die Kommunikation zwischen Transponder und Lesegerät nicht gestört wird und der Transponder durch das Einbringen von Installationen und anderem nicht beschädigt werden kann. Desweiteren muss der Transponder so positioniert sein, dass er zum Lesen und Beschreiben leicht erreichbar und einfach auffindbar ist.

3.2.2   Vollständig digitaler Datenaustausch

Der Informationsfluss ist essentiell für die Steuerung und Überwachung der Fertigungsprozesse im Einzelnen und von Bauabläufen im Allgemeinen. Hierbei reicht es nicht, nur die informellen Verknüpfungen der Projektbeteiligten herzustellen, sondern die Informationen müssen entsprechend valide übertragen werden. Dies bedeutet, dass der Kontext der Information von entscheidender Bedeutung für die Nutzbarkeit der Informationen ist. Dabei treten bei der Bearbeitung von Projekten folgende Schwierigkeiten bei der Informationsweitergabe auf:

1.   **Lokale Eindeutigkeit:**
       Da bei der Extratktion der Daten aus Planung, Ausführung und Nutzung der lokale Bezug für die Zuweisung der Informationen fehlt, ist mit einem erheblichen Verlust der Detailgenauigkeit zu rechnen. Hierbei ergeben sich bei den bisher eingesetzten Werkzeugen Differenzen sowohl bei der eindeutigen Zuordnung aus dem

Informationsspeicher zum Bauteil, viel mehr jedoch aus dem Bauteil in die Informationsspeicher.

2. Aktualität:
Bei der Erfassung von Entwicklungen können mehrere temporäre Zustände der Informationen nicht mit gesicherter Aktualität in Anwendung und Umlauf sein.

3. Bauteilgenaue Detaillierung:
Das Erfassen, Speichern und Transportieren von bauteilgenauen Informationen vor Ort (z. B. Bauzustände, Leistungsstände oder Leistungsfeststellungen) und das Auswerten im Büro gestaltet sich mit den heutigen Mitteln sehr aufwändig und fehleranfällig.

4. Inkompatibilität der analogen und digitalen Speicherformen:
Durch das Vorliegen von Information in analoger (bzw. digital nicht verwertbarer) und digitaler Form sind viele Aus- und Verwertungen der Informationen softwaretechnisch nicht möglich. Daher ist eine manuelle und somit fehleranfällige und ressourcenintensive Bearbeitung erforderlich.

Die dargestellten Schwächen der bisherigen Verfahren und Werkzeuge, mit Informationen zu Bauwerken umzugehen, beruhen auf den in Kapitel 2.2 *Prozessanalysen Baustelle* dargestellten Besonderheiten bei Bauprojekten, insbesondere den entkoppelten Ebenen des Material- und Informationsflusses. Hierbei zeigt sich, dass die bisher eingesetzten Informationsträger für den praktischen Einsatz auf der Baustelle ihren eigentlichen Anforderungen hinsichtlich der Integration in die heute eingesetzten Kommunikationsmittel nicht gerecht werden. So ist über einen Anschluss an eine digital datentransferierende Infrastruktur ein Zugriff auf entsprechend verwertbare Informationen lösbar. Dies ist jedoch mit einem umfangreichen Vorhaltesystem verbunden (z. B. Server für Plandaten in einem Baustellenbüro). Der Lückenschluß zwischen Baubüro und Bauwerk kann jedoch nur über einen Informationsexport, bisher meist auf ein analoges Medium, erfolgen. Informationen vom Bauteil können bisher nur manuell erhoben und über eine ebenso manuelle Schnittstelle in die digitale Planungs-, Verwaltungs- und Dokumentationswelt eingepflegt werden.

Die begrenzende Einflussgrösse ist hier die mangelnde direkte Verknüpfung zwischen Information und Objekt. Während viele Maschinen Informationen empfangen, verarbeiten und ausgeben können, indem sie mit geeigneter Sensorik, Speichermedien und Rechenleistung ausgestattet werden, ist eine Speicherung von Daten im Bauobjekt bisher nicht möglich gewesen. Vorteil bei solch vernetzten Maschinen ist die Möglichkeit, diese an rechentechnisch gestützte Systeme anschließen zu können, die eine effiziente Erfassung, Verarbeitung und Vorhaltung von Daten ermöglichen. In der technischen Gebäudeausrüstung wird eine solche Vernetzung zwischen Bauwerksbestandteilen bereits angestrebt und umgesetzt.

Eine Schnittstelle zwischen Büro und Bauteil, beispielsweise über die RFID-Technologie, ermöglicht den Anschluss der Objektebene an die Informationsebene, so dass innerhalb der Bauprozesse andere effektivere Abläufe ermöglicht werden. Über automatisch durchführbare

Routinen werden Aufwendungen eingespart und Abläufe können mit geringeren Toleranzen ausgeführt werden.

Ein Entfall der mehrstufigen Transformation von Information in digitale und analoge Datenformen reduziert das Risiko des Informationsverlustes erheblich. Bei der Erhebung objektbezogener Daten in digitaler Form kann die Auswertung automatisch erfolgen und softwaregestützt mit minimalem Aufwand für Aufgaben der Steuerung und des Controllings verwendet werden.

Hierbei sind die besonderen Anforderungen der Abläufe und Situationen auf der Baustelle und am Bauwerk zu berücksichtigen, bei denen die Primärprozesse aufgrund ihrer Lokalität schlechter an die Sekundär- und Tertiärprozesse angebunden sind.

3.2.3 Beschreibung des Systems

3.2.3.1 Bauwerk, Bauteil und Bauelement

Ein Bauwerk besteht aus einzelnen Bauteilen, die als raumabschließende Objekte begriffen werden. So bestehen beispielsweise quaderförmige Räume in der Regel aus sechs raumabschliessenden Bauteilen[49], ergänzt durch eventuelle Stützen- oder Trennwandbauteile. Jedes dieser einzelnen Bauteile besteht wiederum aus bis zu „n" Bauelementen, die eineindeutig dem Bauteil zugewiesen sind. Als Bauelemente versteht man hier Bestandteile und Konstruktionen des raumanschliessenden Bauteiles in Form von Ausmauerung, Fenstern oder Türen und ähnlichem, die in sich abgeschlossene Elemente darstellen. Diese können aber durchaus selbst aus einer Vielzahl von Unterelementen bestehen.

Jedes Bauteil besitzt in Abhängigkeit von seiner raumtrennenden Funktion einen bzw. zwei Transponder mit einer das Bauteil betreffenden Zuweisung. Dieser Transponder kann in Form eines Datensatz als virtuelles Bauteil innerhalb der Planung entworfen und informativ „gefüllt" werden.

3.2.3.2 Halbwandverfahren

In der Entwurfsentwicklung werden im Bauwerksmodell werden den Nutzungseinheiten (Räumen) Bauteile zugeordnet. Diese Räume können als Container innerhalb der Bauwerkshülle betrachtet und nach Erfordernis manipuliert werden. Innerhalb der Bauwerkshülle wird das umbaute Volumen vollständig durch Räume ausgefüllt und diese durch die begrenzenden Bauteile definiert. Mit der fortgeschriebenen Planung werden diese Raumcontainer mit den entsprechenden planerischen Details gefüllt und so die Anforderungen und Festlegungen der Bauteile präzisiert. Ausgehend von der Betrachtung aus den Räumen eines Bauwerkes heraus setzt sich also das Bauwerk aus einer Vielzahl an raumbegrenzenden und raumzugewiesenen Bauteilen zusammen.

---

[49] Vier raumabschliessenden Wände, ein Deckenbauteil und ein Bodenbauteil.

Die Bauteile, die hierbei raumtrennend sind, werden hälftig den entsprechenden Räumen zugeordnet. Dies betrifft vor allem Wand- und Deckenbauteile, so dass einem herkömmlichen, quaderförmigen Raum vier Halbwände, eine Halbdecke und ein Halbbodenbauteil zugewiesen werden. Diese Bauteile werden mit den entsprechenden raumseitigen Aufbauten auf die Rohbau- oder raumbildende Konstruktion beschrieben. Dies führt dazu, dass die klassischen raumbildenden Bauteile zwei Transponder besitzen, die das Bauteil aus Sichtweise der beiden benachbarten Räume beschreiben. Kritisch hierbei ist bei unsymmetrischen Bauteilen die Festlegung der trennenden Ebenen zwischen den zwei Halbbauteilen, die eineindeutig und nachvollziehbar erfolgen muss. Diese Beschreibung muss von allen Beteiligten eingehalten und verwendet werden.

3.2.3.3 Rohbauraum

Eine andere Möglichkeit ist die Anordnung von Bauteilen im Bauwerk, die nur referenzierend den einzelnen Räumen zugeordnet werden. Die raumbildenden Bauteile werden lagegenau innerhalb des Bauwerks definiert und beschrieben. Dann werden sie Räumen zugeordnet. Vorteil dieser Herangehensweise ist die realitätsnähere Betrachtungs- und Vorgehensweise bei der Beschreibung der tragwerksrelevanten Bauteile, die unabhängig von einer nachfolgend flexibel anpassbaren Feingliederung in die kleinsten Nutzungseinheiten, d. h. Räume, erfolgen kann. Hierbei entfällt eine virtuelle Aufteilung der Bauteile, die unabhängig von der nutzungsbasierenden Raumausbildung beschrieben werden können. Eine aktuelle softwaretechnische Lösung[50] umgeht diese Problematik, in dem die einzelnen Räume mit den zugeordneten Bauteilen innerhalb eines übergeordneten Rohbauraumes angeordnet werden, der die tragswerksrelevanten Bauteile raumunabhängig enthält und nur geometrisch in den einzelnen Räumen Berücksichtigung findet.

3.2.3.4 Dreidimensionales, objektorientiertes Planungsmodell

Der Ursprung bauteilgenauer Information wird mit der für das Bauwerk verwendeten Planungstechnik festgelegt. Aufgrund der steigenden Komplexität der Bauwerke im Hochbau, sowie des auch daraus resultierenden steigenden Umfangs der an einer Planung Beteiligten, wird die dreidimensionale Planung konsequenter eingesetzt. Hierdurch ist die Planung greifbarer und die Koordination der Teilplanung einfacher und effektiver. Dabei entwickelte sich die CAD-technische Darstellung vom reinen, im dreidimensionalen Koordinatensystem beschriebenen Volumenkörper zum objektorientiertem Entwurf. Das teilweise auch als BIM[51] (oder 5D-Modell) beschriebene Bauwerksabbild enthält positionierte Objekte, denen Eigenschaften und Informationen zugeordnet werden. Über die Zuordnung der geometrischen Eigenschaften zu den Objekten entsteht so der raumbildende Entwurf. Vorteil dieser Vorgehensweise ist die Möglichkeit, den Bauteilen weitere Anforderungen und Eigenschaften zuzuordnen und so die Planung eines Bauwerkes innerhalb eines Modelles

---

[50] Programm ALLbudget® des Projektpartners BIB GmbH Offenburg – Waltersweier.
[51] Building Information Modeling - Die Planung wird in einem gemeinsamen Modell nicht nur grafisch dargestellt, sondern es werden die einzelnen Informationen im Kontext verknüpft. Der Begriff wurde von Autodesk geprägt, ist jedoch mittlerweile von den weiteren Softwareherstellern übernommen worden.

integriert darzustellen. Bisher mussten Teilplanungen der verschiedenen Teil- und Fachplaner, die in eigenständigen Bauwerksmodellen entwickelt worden sind, durch den Generalplaner integriert und koordiniert werden. Unter solchen Teil- oder Fachplanungen sind beispielsweise Brandschutz- und Fluchtwegplanung, Schallschutz- und Akustikplanung, Lüftungplanung etc. zu verstehen. Die einzenen Teilplanungen mußten gegenseitig manuell auf Kollisionen geprüft werden und diese meist iterativ durch Anpassung der beteiligten Teilplanungen gelöst werden. Die späte Präzisierung, Änderungen in der Ausführungsplanung und die gegenseitige Beeinflussung von Planungsparametern durch die erst in der Ausführung mögliche eindeutige Produktfestlegung führt zu einem sehr hohen Aufwand für die Planungsfortschreibung. Dabei ist die Erfassung der vollständigen Auswirkung von komplexen Planungdetails bei der aufgeteilten und nicht integrierten Planung kaum möglich. Durch die Planung innerhalb eines einzigen und realitätsnah abbildenden Planungsmodells können Abhängigkeiten schneller erfasst und Kollisionen effektiver und beständiger gelöst werden.

Aus einem solchen objektorientierten Planungsansatz heraus können bauteilbezogene Informationen zu referenzierten Datensätzen zusammengestellt und den einzelnen Transpondern zugewiesen werden. Die Bauteile können durch eine Speichermöglichkeit direkt im Bauteil eine entsprechende Zuweisbarkeit erhalten, die eine Übertragung der gesamten relevanten Daten oder zumindest einer Referenz aus der virtuellen Planungswelt in die Objektebene ermöglicht.

3.2.3.5 *Bauteil und Information*

Unter der voran beschriebenen Herangehensweise und dem eingeführten Modell-verständnis, in dem Bauteile bezüglich Material und Information eine untrennbare Einheit bilden, beginnt die Erstellung eines Bauteils im erweiterten Sinne bereits mit dem Entwurf. Über die verschiedenen Lebenszyklusphasen der Bauwerke durchlaufen die Bauteile selbst ebenso Phasen, in denen sowohl die informelle als auch die stoffliche Ebene komplettiert, verändert und schliesslich entsorgt wird. Der Ursprung der Informationen zu jedem Bauteil ist in der Planung zu finden. Von dort können die Daten dann in das Bauteil importiert werden. Durch die Vorhaltung der Daten am Bauteil können fachliche Entscheidungen auf Basis der mit umfangreicher Planung unterfütterten Informationen auch direkt vor Ort erfolgen. Durch die Kommunikation über das Bauteil ist sichergestellt, dass alle Beteiligten beim Erbringen der Leistungen den aktuellsten Informationsstand am Bauteil vorfinden.

Über die verschiedenen Projektphasen innerhalb des Lebenszyklus eines Bauwerks durchläuft der Informationsfluss idealerweise folgende Schritte:

Bauwerksplanung

Bei der Entwicklung der Planung bis hin zur Ausführungsplanung erfolgt die Erstellung der bauteilrelevanten und zuzuordnenden Informationen in einer zentralen Sammlung, die beispielsweise einem erweiterten Planungsmodell (BIM oder 5D-Modell) entsprechen kann. Bis zur Ausführung kommunizieren die Beteiligten innerhalb dieses Modells.

Ausführung

Mit der beginnenden Erstellung des Bauteils, beispielsweise der Bewehrung eines Stahlbetonbauteiles, erfolgt der Export der Informationen aus der Ausführungsplanung und der Import in das Bauteil. Die informative Schnittstelle verschiebt sich vom Modell in das Objekt. Die Bearbeitung der Daten kann abhängig von den jeweiligen Informationen parallel am Bauteil oder im Modell erfolgen. Hierbei werden voraussichtlich Planer und örtlich entfernte Beteiligte über das Modell, dagegen die Ausführenden direkt am Bauteil kommunizieren. Aufgabe der Bauleitung ist hierbei, zumindest organisatorisch, sicherzustellen, dass über einen kontinuierlichen Austausch zwischen Bauteil und Modell die Aktualität der Informationen gewahrt bleibt.[52] Durch die eineindeutige Zuweisung von Bauteil und Information erfolgt diese Synchronisation automatisch. Für die „Erstbeschriftung" des Bauteiles, beziehungsweise für die Aktualisierung des Datensatzes ausgewählter Bauteile, ist eine exportfähige Vorbereitung der Datensätze zentral über eine definierte Schnittstelle erforderlich. Ebenso muss die Auswertung der auf dem Transponder vorgehaltenen Informationen für die Anwendungen möglich sein. Für einige Prozesse kann der Datenexport aus dem Bauteil nicht notwendig sein. Dies betrifft beispielsweise das Vorhalten von Fertigungszwischenergebnissen, um innerhalb einer Leistung Zwischenschritte zu koordinieren (wie Zeitpunkt, Art und Anzahl der Anstriche bei bestimmten Malerleistungen). Ebenso gilt dies für all jene Informationen, die für weitere Beteiligte zur Verwendung in anderen Applikationen unerheblich, sowie deren bauteilferne Vorhaltung zu aufwendig wäre.

Während der Ausführung werden die Festlegungen von Anforderungen aus der Planung mit den realen Eigenschaften der Materialien ergänzt. Zusätzlich werden Informationen des Fertigungsprozesses selbst, sowie der Prozesssteuerung am Bauteil hinterlegt und bearbeitet.

Fertigstellung

Die Fertigstellung stellt im Rahmen der Lebenszykusbetrachtung keine Phase dar, sondern ein Ereignis in Form des Überganges von der Ausführung in den Betrieb. Sie ist jedoch bezüglich des Informationsflusses und der Veränderung der Informationsrelevanz so schwerwiegend, dass sie im Zusammenhang dieses Modells praxisnah als Zwischenphase verstanden werden soll.[53] Zu der Fertigstellung gehören die folgenden Prozesse, die teilweise parallel erfolgen:

- die Koordination der Restleistung,
- der Nachweis der Leistungserbringung,
- die Qualitätsüberwachung, im Speziellen die Mängelverfolgung,
- die Bauwerks- und Bestandsdokumentation,

---

[52] Dies erfolgt bereits heute durch die Arbeitsanweisungen der Bauleiter und Poliere mithilfe analoger Hilfsmittel wie Pläne oder deren Ausschnitte, Markierungen und Beschriftungen am Bauteil oder Abhak-Listen.

[53] Ebenso wie die Abnahme, die abweichend vom juristischen Verständnis in der praktischen Ausführung ebenfalls keinen reinen Zeitpunkt darstellt, sondern ebenfalls als Prozess verstanden werden sollte.

- die Inbetriebnahme und
- das beginnende Gewährleistungsmangement.

Mit der erfolgten Abnahme sollten die Bauteilinformationen so gefiltert und extrahiert werden, dass für die späteren Phasen nicht erforderliche Daten gelöscht oder gesondert extern gespeichert werden. Dies ermöglicht einen effektiven Umgang mit den Informationen in den weiteren Lebenszyklusphasen und vermeidet eine Datenflut. Hierbei sollten gezielt unternehmensinterne Daten gesichert und der Nachkalkulation sowie der internen Projektbewertung zur Verfügung gestellt werden. Bei aktuellen Projekten erfolgt dies mit teils erheblichem Aufwand analog, beziehungsweise semianalog durch die Zusammenstellung der Bestandsdokumentation. Mit der Inbetriebnahme werden die Bauteildaten mit Betriebsinformationen erweitert.

Betrieb und Nutzung

Grundlage für einen effektiven Betrieb eines Bauwerks ist die genaue Kenntnis der Funktionalität und der Anfordungen eines Bauwerks. Durch das Auslesen der Bestandsdokumentation, die Fortschreibung von Betriebskenndaten aus der Inbetriebnahme und das Einpflegen weiterer Informationen aus der Instandhaltung, Instandsetzung, sowie kleinerer Umbaumaßnahmen entsteht eine Art interaktive und vor allem aktuelle Bauwerksakte.

Weitere wertschöpfende Anwendungsszenarien im Zusammenhang mit Dienstleistungen um und am Bauwerk für Nutzer, Mieter und Eigentümer sind denkbar (vgl. Kapitel 6 *Anwendungspotenziale in der Nutzungsphase von Gebäuden*).

Umbau / Umnutzung / Wechsel der Beteiligten

Viele Bauwerke erleben bereits aus der Erstnutzung heraus eine Anpassung an veränderte oder erweiterte Anforderungen der Nutzer. Hier erfolgt zukünftig durch das Auslesen der aktuellsten Daten am Bauteil oder aus einer entsprechenden Spiegelapplikation eine effektive, vollumfängliche und stimmige Erfassung der Bauwerksdaten zur Verwendung in der Planung. Die Umbaumaßnahme erfolgt hinsichtlich Informationsfluss und Prozesssteuerung äquivalent zur Ausführung und Fertigstellung. Sie kann auch nur auf einige Bauwerksteile beschränkt sein. Das Einpflegen des neuen Sachstandes bildet die Grundlage für die fortführende Anwendung im Betrieb. Durch einen definierten Export und Reimport der Informationen nach einem einheitlichen Standard ist es nicht erforderlich, das Bauwerksmodell des Entwurfs, beziehungsweise die dabei verwendenten Werkzeuge zu benutzen.

Abbruch und Flächenrecycling

In der letzten Phase des Bauwerks oder der Bauwerkskomponenten sind für den Abbruch bzw. auch den Teilabbruch Informationen über die verwendeten und eingetragenen Stoffe, sowie das Bauteilverhalten erforderlich. Das Erfassen der Massen, der Stoffe und der

Konstruktion durch das Auslesen der Bauteilinformationen ermöglicht nicht nur die sichere Planung der Abbruchmaßnahme. Durch Kenntnis der Produkthistorie und der Inhaltsstoffe wird auch das Recycling ohne Downcycling[54] möglich. Im Zuge der zunehmenden Bedeutung der Ressourcenschonung aus ökologischer, aber auch ökonomischen Erfordernis wird ein hinreichend hoher Wiedergewinnungsgrad der Materialien nur mit einem (heute noch nicht zur Verfügung stehenden) validen und konsistenten Informationsumfang möglich sein.

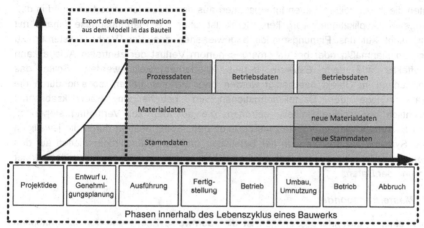

Abbildung 10: Entwicklung der Bauteilinformationen über die Projektphasen

3.2.3.6 Semidezentrale Speicherung

Aus dem neuen Kommunikationsmodell im Bauteil ergibt sich somit zwangsläufig eine neue Systematik der Datenvorhaltung. Beim überwiegenden Teil der aktuellen Projekte werden aus zentralen Vorhaltungen der einzelnen Projektbeteiligten die projektbezogenen Informationen in Teilbereichen extrahiert und zu Bauwerksdokumentationen zusammengetragen. Hierbei werden verschiedenste Formen und Formate zur Ablage von Informationen und den daraus resultierenden Daten verwendet. Der Stand der Technik bei aktuellen Dokumentationen reicht von der Ablage der einzelnen Dokumente in Papierform mit beigelegten Dateien auf CD / DVD, bis hin zu serverbasierten Ablagesystemen, auf denen die Dokumente digitalisiert und teilweise mit Verweisen verknüpft abgelegt werden. Diese Dokumentationen werden meist ab einem bestimmten Zeitpunkt mit der jeweiligen Aktualität erstellt. Da diese Dokumentationen zum einen getrennt zu den Vorgängen am Bauwerk erstellt werden, und sich zum anderen bei der Nutzung der Papierform die Aktualisierung entsprechend aufwendig gestaltet, sind solche Ablagesysteme im Hinblick auf Aktualität und Vollständigkeit unsicher. Zusätzlich bergen diese extern gespeicherten Daten über die lange Vorhaltezeit des gesamten Lebenszyklus eines Bauwerkes eine hohe Gefahr

---

[54] Downcycling ist die stoffliche Verwertung von Abfällen, bei der die entstehenden Rohstoffe oder Materialien nicht mehr die ursprüngliche Qualität erreichen.

des Verlustes, z. B. durch den Wechsel der Beteiligten (Eigentümer, Mieter, Nutzer, Betreiber).

Die Überlegenheit eines Systems, das Bauteilinformationen am Objekt speichert, gegenüber heutigen Dokumentationsstrukturen liegt in der Verknüpfung der Informationen mit der Existenz des Bauteils. Da die Planung in einem zentralen Bauwerksmodell erfolgt, sind die Informationen bei entsprechendem Datenumlauf sowohl zentral im Modell als auch dezentral am Objekt verfügbar. Für weitere zentrale Anwendungen können die verschiedenen Beteiligten die ihnen freigegebenen Informationen aus den Bauteilen exportieren und in den ihnen eigenen Applikationen vorhalten. Somit ist über die Planungsphase hinaus mit anderen, nicht auf das Planungsmodell angewiesenen zentralen Vorhaltesystemen zu rechnen. Ob planmäßig oder bei unvorhergesehenem Verlust der zentralen Ablage kann diese effektiv aus dem Bauwerk heraus wiederhergestellt werden. Sollte das Speichermedium im Objekt beschädigt werden oder verloren gehen, so sind durch die dezentrale Ablage der Bauteilinformationen im betreffenden Bauwerksabschnitt voraussichtlich nur wenige Bauteile betroffen, die aus den zur Verfügung stehenden zentralen Systemen wiederhergestellt werden könnten. Somit besteht durch die jeweiligen zentralen Systeme auf den Servern der Beteiligten und den Bauteilinformationen auf den Transponder im Bauteil ein redundantes Informationsvorhaltungssystem mit semidezentraler Speicherung der Daten.

3.2.3.7 Mastertransponder

Bezüglich einiger Anwendungsszenarien ist die raumweise Zuordnung von Informationen vorteilhaft. Die betrifft vor allem Anwendungen aus der Nutzung und dem Betrieb heraus. Um eine wirklich durchgängige und valide Datenvorhaltung zu gewährleisten, dürfen diese Informationen am Objekt nur einen eindeutig definierten Ablageort zugewiesen bekommen. Hier empfielt es sich, einen der Bauteiltransponder zum Mastertransponder zu bestimmen oder einen solchen zusätzlich zu installieren. Am ehesten praktikabel erweist sich die Verwendung des Wandtransponders in der Wand mit dem Raumzugang. Neben dem Speicherumfang zur Vorhaltung der Bauteilinformationen wäre für diesen Transponder zusätzlicher Speicherplatz für die raumbezogenen Informationen erforderlich.

Eine ausschliessliche Verwendung von Mastertranspondern als „Raumtransponder" bewirkt den Verlust der Zuweisbarkeit von Informationen zu Bauteilen und entspräche so dem heutigen Vorgehen. Dieser Verlust der Zuweisbarkeit führt also zu Informationsbrüchen. Gerade in der Herstellung der Bauteile ist diese Zuweisbarkeit notwendig, um die entsprechenden Material- und Prozessdaten anwendungsnah vorhalten und ablegen zu können. Für Systeme, die rein zur Dokumentation und Steuerung von Dienstleistungen im Betrieb der Immobilie nachinstalliert würden, ist eine solche Vereinfachung mit den entsprechenden Einschränkungen denkbar.

3.2.4 Anforderung an das Bauteilinformationssystem

Um die beschriebenen Abläufe für die verschiedenen Baubeteiligten zu ermöglichen, sind von der Technologie und den damit verbundenen Verfahren Voraussetzungen zu erfüllen. Im Rahmen der ersten Phase dieses Forschungsvorhabens wurde unter Laborbedingungen der Einsatz der RFID-Technologie im UHF-Bereich untersucht. Das System der semidezentralen

Datenvorhaltung mittels „Intelligenter Bauteile" und das daraus entwickelte Informations-flussmodell mit den entsprechenden Anwendungsszenarien sind nicht an die RFID-Technologie gebunden. Die RFID-Technologie besitzt durch einen von einer Spannungsver-sorgung unabhängigen Speicher und den sicht- und berührungslosen Datenaustausch ein Alleinstellungsmerkmal. Durch diese Eigenschaften erweist sich die RFID-Technologie für die Umsetzung des medienbruchfreien Informationsaustausches über das Bauteil als am besten geeignet.

Die am Bauteil hinterlegten Informationen müssen durch eine offene Schnittstellstelle frei durch verschiedenste Anwender des Systems auszuwerten sein. Nur so können die vielen am Bauwerk Beteiligten vom Mehrwert eines solchen Systems profitieren. Die offenen Schnittstellen betreffen das Auslesen der Daten und deren Interpretation zu Informationen. Diese Interpretation der Daten wird in den verschiedenen Applikationen umgesetzt, die die an das System angebundenen Beteiligten verwenden. Aufgrund der verschiedensten Soft-warelösungen, die im Bauwesen und Immobiliensektor Anwendung finden, scheint dies nur über eine definierte Schnittstelle realistisch, auf die die Softwarehersteller freien Zugang ha-ben. Die verschiedenen Softwarelösungen, die für Teilaufgaben bei Bauprojekten eingesetzt werden, sind so spezifisch, dass ein Zugriff auf das System nur über die bestehenden An-wendungen sinnvoll erscheint. Daher muss ein Datenformat definiert werden, das den Soft-wareentwicklern die Integration einer Export- und Importschnittstelle in die Anwendungen ermöglicht. Durch ein einheitlich definiertes Protokoll können über kompatible Anwendungs-schnittstellen Datenpakete erstellt werden, die dann mittels herkömmlicher Reader Informati-onen auf die Transponder übertragen. Das Auslesen der Daten aus dem Transponder ergibt ebenso ein definiertes Datenpaket, das über dieselbe Schnittstellendefinition in den ver-schiedensten softwaretechnischen Applikationen ausgewertet und in Informationen umge-wandelt werden kann.

Die Kommunikation zwischen Transponder und einem Reader ist physikalischen Grenzen unterworfen. Dies betrifft nicht nur die Reichweiten der kontaktlosen Kommunikation, son-dern auch die Datenübertragungsrate. Ebenso steht auf den primär zur Identifikation herge-stellten, handelsüblichen Transpondern momentan nur begrenzt Speicherplatz zur Verfü-gung. Eine Erhöhung dessen ist aufgrund der sich wandelnden Nachfrage zu beobachten. Ein entsprechendes Datenformat müsste aus diesen Gründen eine hohe Speichereffektivität vorweisen.

3.2.5 Datenmodell

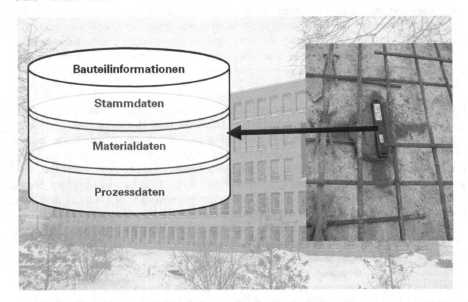

Abbildung 11: Struktur der Bauteilinformationen

In Anlehnung an die zeitliche Entwicklung und den Ursprung lassen sich die Bauteilinformationen in drei Blöcke einteilen. Resultierend aus der Erstellung des Bauwerks ergibt sich folgende Struktur:

- **Stammdaten:**
  Die Stammdaten entstehen während der Planung und definieren sämtliche Vorgaben
  und Anforderungen an das Bauteil. Diese reichen von den geometrischen Informationen, der Bestimmung der Lage im Bauwerk, über Vorgaben für Materialeigenschaften, bis hin zur Beschreibung der Anbindungsbedingungen an die flankierenden Bauteile. Mit Abschluss der Ausführungsplanung sind diese Informationen statisch und
  werden nur bei Planungsänderung oder Umplanung angepasst. Sie stellen das SOLL
  der Leistungserbringung dar.

- **Materialdaten:**
  Die Materialdaten werden während der Ausführung erhoben. In dieser Phase können
  die in der Ausschreibung produktneutral beschriebenen Anforderungen durch reale
  Eigenschaften ersetzt werden. Die Materialdaten bestehen zu einem erheblichen Anteil aus externen Daten, die durch die Baustoff- und Bauelementhersteller zur Verfügung gestellt werden müssen. Diese Information beschreiben das IST der erbrachten
  Leistungen.

- **Prozessdaten:**
  Die Prozessdaten beinhalten zum einen die Materialdaten flankierende, zum anderen den Herstellprozess beschreibende Informationen. Hierbei liegt der Schwerpunkt auf den qualitätsrelevanten, prozesssteuernden oder abrechnungsrelevanten Größen. Dazu werden im überwiegenden Teil Ereignisse und Beteiligte festgehalten. Dies kann beispielsweise der Einbau eines Bauteils durch eine bestimmte Arbeitskraft zu einem Zeitpunkt, die gemeinsame Leistungsfeststellung eines Auftragnehmers mit seinem Auftraggeber oder die Freigabe von Leistungen durch einen Sachkundigen sein.

Die Prozessdaten der Ausführungsphase sind nach der Abnahme größtenteils nicht mehr erforderlich. Während der Betriebsphase entstehen jedoch andere, bauteilrelevante Informationen, so dass mit der Abnahme eine Selektion und Bereinigung der Daten im Bauteil sinnvoll ist.

Eine Umbaumaßnahme erfolgt nach der gleichen Vorgehensweise wie die Ausführungsphase, d.h. aus der Planung heraus werden neue Stammdaten im Bauteil hinterlegt und diese während der Umsetzung der Umbaumaßnahme durch Material- und Prozessdaten ergänzt. Nach der Abnahme des Umbaus erfolgt wieder die Selektion und Bereinigung der Daten.

Für die Planung der Abbruchmaßnahme werden aus den Bauteilen die Mengen und Materialien ausgelesen. Durch die detaillierten Informationen der verwendeten Baustoffe können auftretende Schadstoffe leichter erfasst und lokalisiert werden. Die gewonnenen Materialien können so einer optimaleren Verwertung zugeführt werden. Die erforderlichen Informationen bleiben bis zum Abbruch der Bauteile erhalten.

3.2.6 Prozesssteuerung

Der Großteil der heutigen, meist baufremden Anwendungen der RFID-Technologie bezieht sich auf die eindeutige oder auch eineindeutige Identifikation von Objekten und daraus ableitbaren Applikationen. Vorrangig wird die kontakt- und sichtlose Kommunikation zur Optimierung von automatisierten Prozessen herangezogen, so dass über rechnergestützte Anwendungen Identität, Lokalität und eventuelle Zeitstempel eines Objektes verarbeitet werden. Hierbei wird der Transponder teils auf eine Art recyclebaren Marker reduziert und die Verwertung von Informationen als intelligentes System durch eine zentrale Verarbeitungs- und Dokumentationsplattform umgesetzt. Somit kann der Wertschöpfungsprozess nur innerhalb eines Bereiches erfolgen, der an eine solche Plattform angeschlossen und darauf abgestimmt ist. Dies ist beispielsweise in den Produktionsbereiche der stationären Industrie der Fall. In der Regel wurden hier solche Systeme als geschlossene Systeme in einem Ansatz von oben herab eingeführt und der In- und Output an den Systemgrenzen stark reglementiert. Beispiel hierfür ist das Diktat von Automobilherstellern in Form von privatrechtlich definierten Lieferbedingungen im Bereich des Behältermanagements für zugelieferte Baugruppen. Hier ist eine Einführung durch das Abnehmermonopol des Automobilherstellers und die, bezogen auf die Baugruppen, relativ geringe Anzahl an Anbietern ohne eine verbandsweite oder normative Regelung möglich. Eine Erweiterung des Systems durch neue Zulieferer bedingt die kompromisslose Anpassung der Prozesse beim Zulieferer. Eine Zulieferung des Anbieters an andere Abnehmer, beispielsweise andere Automobilhersteller, bedingt den Aufbau und die

Vorhaltung von parallelen Strukturen in der Produktion des Anbieters, was aufgrund des damit verbundenen Ressourcenaufwandes nur für eine sehr beschränkte Anzahl und längerfristige Zusammenarbeit wirtschaftlich möglich ist.

Im Bauwesen herrschen im Allgemeinen breite Anbieter- und Abnehmerpools vor, die sich, abgesehen von einigen besonderen Projekten, für definierte Leistungspakete über einen Zeitraum von mehreren Monaten bis maximal wenigen Jahren vertraglich binden. Die Beteiligtenstruktur ist im Gegensatz zum oben erwähnten Beispiel wesentlich komplexer, da da eine höhere Aufgabenteilung und Spezialisierung der Projektpartnervorhanden ist. Über Weitervergabe von Teilleistungen im Subunternehmerverhältnis über alle Leistungsphasen und –bereiche hinweg kann die Anzahl der Beteiligten auch bei kleinen und mittelgroßen Projekten schnell den unteren dreistelligen Bereich erreichen. Hierbei steigen die verschiedenen Beteiligten zu den unterschiedlichsten Zeitpunkten mit unterschiedlichem Informationsstand ein und begleiten das Projekt in der Regel leistungsbezogen nur über wenige Phasen. Das heißt, dass im Gegensatz zu den nahezu linearen Fertigungsketten der stationären Industrie bei Bauprojekten verzweigte, teils netzförmige Strukturen der Beteiligten und deren Leistungserbringung vorherrschen. In der stationären Industrie kann zur Steuerung der Prozesse ein zentralisierter Ansatz von oben herab durchgesetzt werden, der bei Bauprojekten aufgrund der dezentralen Steuerung der jeweiligen Teilleistungen nicht ansetzbar ist. Die Prozesssteuerung obliegt nur im Zusammenhang der Gesamtfunktionalität des Projektes dem Abnehmer der weitervergebenen Teilleistung. Für alle weiteren Steuerungsmassnahmen zeichnet sich im Rahmen der unternehmerischen Freiheit und unter Beachtung der rechtlichen und juristischen Randbedingungen der Anbieter verantwortlich und befugt.

Somit muss bei der Einführung und Nutzung einer solchen neuen Kommunikationsplattform am bzw. im Bauteil das System so offen angelegt werden, dass über einen frei decodierbaren Einleseprozess die Daten zu nutzbaren Information ausgewertet können. Die Daten können dabei passwortgeschützt im Transponder abgelegt werden, um ein aktives bzw. passives Verfügungsrecht zu realisieren[55]. Sehr sensible Daten können vom Verfüger dezentral beigebracht, vorgehalten und verarbeitet werden und nur mit den erforderlichen weiteren, nicht sensiblen Daten für seine Applikationen ergänzt werden. Diese Vorgehensweise ist vor allem dann sinnvoll, wenn diese sensiblen Informationen nur für eine geringe Anzahl Beteiligte, sowie wenige Anwender erforderlich sind. So kann die Hoheit über die Datensicherheit dem Verfüger garantiert werden und sollte auch im Sinne der Speichereffektivität bei weniger sensiblen Daten favorisiert werden. Bei weniger sensiblen Daten ist bei der lokalen Verarbeitung eine Anbindung über mobile Netzwerke oder Mobilfunkdienste denkbar.

Somit sind die für alle, beziehungsweise eine Vielzahl der Beteiligten, notwendigen Daten in allgemein auslesbarer Form und Struktur zu hinterlegen. Die Vorhaltung der kryptiert gespeicherten Daten auf den Bauteilen ist meist nur dann sinnvoll, wenn mehrere am Bau Beteiligte auf diese vor Ort zurückgreifen sollen. Somit kann ein der Sensibilität der Daten

---

[55] Lese- und / oder Schreibzugriff auf Daten, Autorisierung des Nutzers.

entsprechendes Rechtemanagement für verschiedene Anwendungsszenarien impliziert werden (vgl. Abbildung 12). Momentan sind Speicherblöcke auf den Transpondern durch einen Passwortzugriff schützbar. In aktuellen Anwendungen wird dabei der gesamte Speicherinhalt über ein Passwort verwaltet.

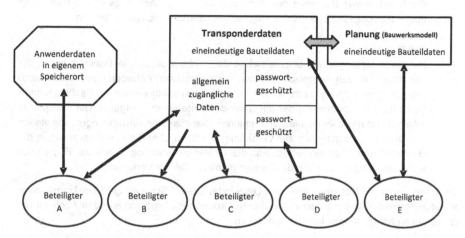

Abbildung 12: Umgang mit sensiblen Daten

- **Fall A:**
  Beteiligte, die eigene betriebsinterne Informationen in ihren Anwendungen verarbeiten, können wie der Beteiligte A (vgl. Abbildung 12) ihre Informationen selbst verwalten und den Zugriff steuern. Durch Verweise, beispielsweise über die Bauteilkennung, können weitere, frei am Transponder verfügbare Daten zugeordnet und in die Auswertung mit einbezogen werden. Beispiel hierfür wären betriebsinterne Aufwands- und Leistungswerte.

- **Fall B:**
  Die Beteiligten können die Informationen aus den Transpondern auslesen, diese jedoch nicht verändern. Gerade bei Anwendungen von Gebäudenutzern, beispielsweise zur gebäudeinternen Navigation, muss vermieden werden, dass unauthorisierte Anwender die hinterlegten Daten verändern können.

- **Fall C:**
  Für die Kommunikation am Bauteil und die Steuerung von Bauprozessen ist es erforderlich, dass Ausführende zum einen bauteilbetreffende Informationen auslesen und zum anderen ergänzende Informationen ablegen können. Eine Anwendung wäre das Auslesen von Materialanforderungen und –kenndaten, sowie das Ablegen der Produkt- und Chargenbezeichnungen.

- **Fall D:**
  Für einige das Bauteil betreffende Informationen ist es erforderlich, sowohl den Lesezugang als auch den Schreibzugang zu begrenzen. Beispiel hierfür ist die Dokumentation der Leistungsfeststellung beziehungsweise der Abnahme, die nur durch autorisierte Personen des Auftraggebers erfolgt. Allerdings ist die Vorhaltung über passwortgeschützte Blöcke aufgrund der Speicherarchitektur limitiert.

- **Fall E:**
  Für einige Beteiligte, wie beispielsweise die Fachplaner, ist das Bauwerk nur in der Abnahme für den Vergleich mit den vorgegebenen Anforderungen interessant. Gerade im Bereich der Technischen Gebäudeausrüstung werden die Fachplanungen durch die Montageplanung der ausführenden Unternehmen ergänzt. Die Fachplaner arbeiten und modellieren wie bisher in ihren spezialisierten Anwendungen und stellen erforderliche Informationen zur Verfügung, die dann über die Gesamtplanung in die Bauteilinformationen einfließen. Für die Objektüberwachung durch die Fachplaner steht diesen dann ebenfalls das Leistungssoll vor Ort zur Verfügung.

Neben der primären Sicherheit über den Lese- oder Lese- / Schreibzugriff am Transponder beziehungsweise über die externe Speicherung können Prüfalgorithmen beim Abgleich mit der zentralen Ablage Manipulationen aufdecken.

3.2.7   Qualitätssicherung

Mit den steigenden Anforderungen, sowohl der Nutzer als auch der Gesellschaft an Produktsicherheit und Ressourceneffizienz, nimmt die Bedeutung der Qualitätssicherung als Bestandteil der Fertigung zu. Hierbei sollten die gewählten Werkzeuge den technisch zunehmend differenzierten und spezialisierten Produkten im Bauwesen Rechnung tragen. Nur durch vollständige Transparenz des Werkstückes bezüglich der Herstellung und somit der Qualität ist eine nachhaltige Errichtung, Benutzung und anschließende Verwertung umsetzbar.

Gemäß eines Qualitätssicherungsplanes der einzelnen beteiligten Unternehmen erfolgt die Überwachung der Ausführung. Hierbei wird diese sowohl durch Auftragnehmer und Auftraggeber, als auch bei sicherheitsrelevanten Bauwerksbestandteilen durch externe Überwachungsstellen durchgeführt. Neben den planerischen Komponenten ist vor allem die plangetreue Ausführung sicherzustellen. Hierbei ist in der Ausführung der Vergleich zwischen Planungs-SOLL und Ausführungs-IST durchzuführen, wobei die detaillierte Vorhaltung des Leistungssolls am Ort der Leistungserbringung durch die Ablage im Bauteil eine tiefgehende Prüfung ermöglicht. Desweiteren kann die Zuordnung der Lieferanten, der Produkte, der Produktchargen und der Einbaubedingungen zur Beurteilung erforderlich sein. Ebenso können diese Angaben die Ausführungsqualität durch eine aktive Steuerung positiv beeinflussen. Dies beinhaltet die eineindeutige Zuordnung von Baustoffen und Bauelementen am geplanten Ort bereits während der Bauausführung, da eine nachträgliche Erhebung weder praktisch umsetzbar noch (bezüglich des Aufwandes) vertretbar ist.

Bisher erfolgt die Zuordnung der Informationen als Vorgabe für die Ausführung aus der Planung heraus meist manuell und in analoger Form. So werden in der Praxis beispielsweise Pläne oder Listen ausgedruckt und während des Einbaus vor Ort zur Verfügung gestellt. Nach der Fertigstellung werden die Vorgaben wiederum manuell für die Qualitätskontrolle zusammengestellt, d. h. dass nur vorausgeplante Zusammenstellungen für die Kontrolle vor Ort zur Verfügung stehen und ein spontaner, flexibler Abgleich meist nicht möglich ist. Hierbei muss die Zuordnung, die in der Planung über ein geometrisches Modell auf Basis eines karthesischen oder polaren Koordinatensystem erfolgt, anhand der räumlichen Struktur des Bauwerks nachvollzogen werden. Dies gestaltet sich teilweise problematisch bei ähnlichen und sich wiederholenden Strukturen innerhalb des Gebäudes. Ebenso bereitet die Zuordnung von Materialzertifakten, Mess- und Prüfergebnissen, Nachweisen, Lieferscheinen etc. vom Bauteil in die Ablage in der Praxis ähnliche Schwierigkeiten. Durch die Vorhaltung der Informationen im Bauteil können Verwechslungen massiv reduziert, die Zuweisung von bauteilbezogenen Informationen in den Fertigungs-prozess integriert sowie die Rückverfolgbarkeit gewährleistet werden. So ist ein detaillierter und umfassenderer Soll-Ist-Abgleich baubegleitend möglich und bildet eine umfassende Grundlage für die Bauwerksdokumentation.

3.2.8 Dokumentation

3.2.8.1 Bestehende Dokumentationssysteme

Die Baudokumentation wird als Nachweis der Leistungserbringung des Auftragnehmers gegenüber dem Auftraggeber unter anderem zur Abrechnung und als Beleg zur vertragsgerechten Erfüllung herangezogen. Somit bildet die Bauwerksdokumentation einen Informationspool, der die Grundlage für die sachgerechte Bedienung des Gebäudes bildet. Im privatrechtlichen Vertragsverhältnis wird die Bauwerksdokumentation meist individuell vereinbart und mittels einer Dokumentationsrichtlinie definiert. Im Vertragsverhältnis mit der öffentlichen Hand gelten Richtlinien, die den formalen Aufbau und Inhalt regeln.

- **Dokumentationsrichtlinie BBR:**
  Bei neu zu errichtenden beziehungsweise erheblich umzubauendenden Hochbauten des Bundes gilt verbindlich die Dokumentationsrichtlinie des BBR[56] (aktueller Stand 03/2004).
  Die Herangehensweise dieser Dokumentationsrichtlinie kann modellhaft für die Ver-knüpfung der zentral abgelegten Information mit dem realen Objekt herangezogen werden. Hierzu bedient sich die Dokumentationsrichtlinie eines „AKS - Allgemeines Kennzeichnungs-System". „Ziel ist es, mit dem AKS eine gewerkeübergreifende und somit allgemeinverständliche Kennzeichnungsstruktur für alle Anlagen und Dokumen-tationsunterlagen zu schaffen."[57] Über einen umfangreichen Schlüsselcode, der in zwei Kategorien unterteilt ist, werden die *Technischen Anlagen* mit den *Plancodie-rungen,* den Papierdokumenten, Plänen und digitalen Dokumentationen verknüpft.

---

[56] Bundesamt für Bauwesen und Raumordnung (BBR), eine Bundesoberbehörde im Geschäftsbereich des Bundesministeriums für Verkehr, Bau und Stadtentwicklung (BMVBS).
[57] *BBR 2004.* Kap. 2 S. 3.

Der bestehende Medienbruch zwischen Objekt und Information und die mangelnde
direkte Verfügbarkeit der Information vor Ort kann auch durch ein solches, genau definiertes Ablagesystem nicht vermieden werden.

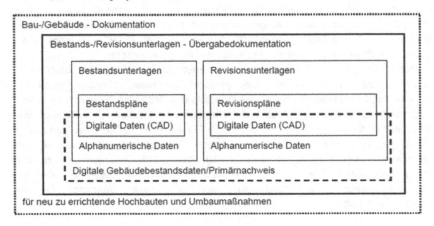

Abbildung 13: Struktur der Bau-/Gebäudedokumentation[58]

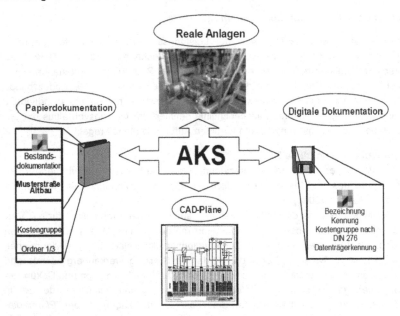

Abbildung 14: AKS - Allgemeines Kennzeichnungssystem[59]

---

[58] Nach *BBR 2004*. S. 7.
[59] Nach *BBR 2004*. Kap. 2, S. 3.

- **Anweisung Straßeninformationsdatenbank:**
  Neben derartigen voran beschriebenen Definitionen einer Dokumentation und deren Struktur wurde im Auftrag der Länder zur effektiven Bewirtschaftung von Ingenieurs- und Verkehrsbauwerken im Eigentum des Bundes und der Länder die „Anweisung Straßen-Informationsdatenbank - Teilsystem Bauwerksdaten ASB-ING" entwickelt. Diese beschreibt die Erfassung und Verwaltung der Bauwerksdaten, um bauwerksübergreifend einheitliche Bauwerksprüfungen und Zustandsbewertungen umsetzen zu können. Hierbei werden die sehr allgemein gehaltenen Anforderungen der DIN 1076 „Ingenieurbauwerke im Zuge von Straßen und Wegen – Überwachung und Prüfung" bezüglich der Bauwerksakte detaillierter vorgegeben.
  In mehreren Bundesländern erfolgt die praktische Umsetzung dieser Anweisung mittlerweile mit dem Programmsystem „SIB-BAUWERKE", das im Auftrag der Länder entwickelt wurde. Dieses Programm gibt eine Ablagestruktur für die verschiedenen Dokumente und Informationen vor und verknüpft diese, wie andere Dokumentationssysteme auch, über ein Koordinaten- und Trassierungssystem, das mit einer Bauteilbeschreibung ergänzt ist.

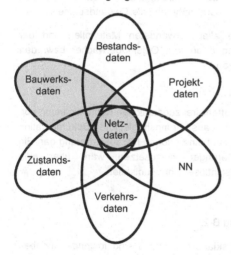

Abbildung 15: Logo ASB-Ing – Datenmodell[60]

3.2.8.2 Kennzeichnungsplicht nach VDI 4600

Neben der Verpflichtung zur Übergabe einer vollständigen und nachvollziehbaren Bauwerksdokumentation bestehen weitere normative Verpflichtungen des Errichters, die exemplarisch im Folgenden eingeführt werden sollen.

Die VDI-Richtlinie 4600 „Standsicherheit von Bauwerken - Regelmäßige Überprüfung" wurde im Februar 2010 eingeführt und soll „nach der Häufung tragischer Bauwerkseinstürze in

---

[60] Aus ASB-ING.

Europa Anfang des Jahres 2006"[61] zur erhöhten Standsicherheit von Gebäuden während der Nutzung beitragen:

- „Pkt. 13.2 Anforderungen an die Tragwerksplanung:

  o   dauerhafte Kennzeichnung von Bauteilen mit Spanngliedern planen

  o   ..."

- „Pkt 13.5 Anforderungen an die Ausführung:

  o   Verkleidungen bzw. Putze oder Estriche erst nach Abnahme und Dokumentation der tragenden Rohbaukonstruktion an- bzw. aufbringen

  o   laufende Dokumentation der Kontrollen der Betondeckung und der Dicke von Korrosionsschutzüberzügen und Schutzschichten

  o   Dokumentation sämtlicher nachträglich angeordneten Kernbohrungen, Öffnungen und Durchbrüche bzw. nachträglicher Anschweißteile / Aufhängungen und Veranlassen der Übernahme in die Bestandspläne

  o   Übergabe der Materialzeugnisse aller verwendeten Materialien und der eventuell erforderlichen Zulassungen an den Objektüberwacher bzw. den Ersteller der Bestandsdokumentation

  o   ..."[62]

Gerade die Planung und Ausführung der dauerhaften, frei zugänglichen Kennzeichnung von Spanngliedern, aber auch die Anforderungen an die ausführungsbegleitende Dokumentation durch diese Norm stellt im aktuell üblichen Bauablauf eine enorme Herausforderung dar. Ein sicherer und effektiver Weg, diese Anforderungen umzusetzen, wäre über eine Datenvorhaltung am Bauteil mittels kontakt- und sichtloser Kommunikation.

3.2.8.3 Überwachung der Betonqualität

Die DIN 1045 Teil 3 (2008-08) definiert im Anhang B.2:

„(1) Beim Einbau von Beton der Überwachungsklassen 2 und 3 sind folgende Angaben aufzuzeichnen und nach Abschluss der Arbeiten mindestens fünf Jahre aufzubewahren:

- Zeitpunkt und Dauer der einzelnen Betoniervorgänge;
- Namen der Lieferwerke und Nummern der Lieferscheine, das Betonsortenverzeichnis mit Angaben entsprechend einschlägiger Normen und Regelwerke und des zugehörigen Bauabschnitts oder Bauteils"

---

[61] Vgl. *VDI 6200*.
[62] Vgl. *VDI 6200*.

Ziel dieser Normierungen ist die Verwirklichung des Rechts des Eigentümers und Anwenders auf Information bezüglich der erbrachten Leistung und vor allem der richtigen Verwendung des Materials.

3.2.8.4 Materialchargen

Die in einem Bauwerk eingesetzten Materialien müssen bezüglich ihrer Eignung und ihrer Gütekontrolle nachverfolgbar sein. So gilt beispielsweise für die Gipsplatten, die im Trockenbau eingesetzt werden, die DIN EN 520 (2005-03) „Gipsplatten – Begriffe, Anforderungen und Prüfverfahren", die folgendes normativ vorschreibt:

„Absatz 8: Kennzeichnung, Etikettierung und Verpackung:
Gipsplatten, die die Anforderungen dieses Dokumentes erfüllen, sind auf der Platte oder auf dem Etikett oder auf der Verpackung oder in den Begleitdokumenten (z. B. dem Lieferschein) wie folgt zu kennzeichnen:

- a) Verweisung auf dieses Dokument;
- b) Name, Markenzeichen oder sonstige Kennzeichnung des Herstellers der Gipsplatte;
- c) Herstelldatum;
- d) Mittel zur Identifizierung der Gipsplatte und Zuordnung zu ihrer Bezeichnung nach Abschnitt 7. ..."

„Anhang „ZA.3 CE-Kennzeichnung und Etikettierung:
Der Hersteller oder sein authorisierter Vertreter mit Sitz im EWR[63] ist für das Anbringen der CE-Kennzeichnung verantwortlich. Das anzubringende Kennzeichnungssymbol muss mit der Richtlinie 93/68/EWG übereinstimmen und muss direkt auf der Gipsplatte sichtbar sein (oder falls dies nicht möglich ist, auf dem begleitenden Etikett, auf der Verpackung oder in den Geschäftsunterlagen, z. B. Lieferschein)..."

Somit ist bei Einhaltung der Norm bis zur Lieferung und dem Einbau theoretisch eine Nachverfolgbarkeit der Produkte gegeben. Über die Zuweisung dieser Information ins Bauteil während der Bauteilherstellung könnte also die Nachverfolgbarkeit im überbauten Zustand bis hin zur Bauteilverwertung gewährleistet werden.

In der Praxis werden als Bestandteil der Bauwerksdokumentation Produktkataloge angelegt, die die Datenblätter der verbauten Materialien beinhalten. Betrachtet man die Sammlung bezüglich eines Produkttypes, beispielsweise elastische Verfugungsmaterialien wie Silikon, so ist festzustellen, dass dieses Material gebäude- und gewerkeübergreifend eingesetzt wird. Die Anwendung erstreckt sich vom Trockenbau, Bodengewerk Naturstein, Montage von Keramiken der Sanitärgewerke, Innen- und Aussenfassaden bis hin zu technischen Gewerken wie Elektroinstallation, die teilweise Komponenten mit Silikon verkleben oder abdichten. Selbst bei gewerkgetrennter Ablage ist die spätere Zuweisung oft nicht mehr möglich. Auch hier ist eine genaue Dokumentation nur als Bestandteil des Fertigungsprozesses bei bauteilgenauer und prozessbegleitender Erfassung möglich.

---

[63] EWR - Europäischen Wirtschaftsraum, Staaten der Europäischen Union sowie Island, Norwegen, Liechtenstein und die Schweiz.

3.2.9 Prozesssteuerung

Die Prozesssteuerung der Fertigung auf der Baustelle wird mit verschieden detaillierten Auszügen und Übersichten der Bauablaufplanung realisiert. Hierbei benötigt man in der Fortschreibung dieser Planung sowie deren Anpassungen an Störungen eine valide Datenbasis bezüglich des aktuellen Leistungsstandes. Der Leistungsstand wird bei aktuellen Hochbauvorhaben entweder manuell erhoben oder überschläglich bestimmt. Bei beiden Vorgehensweisen ist die Bestimmung des Fertigstellungsgrades der einzelnen Bauteile ungenau, da auch die manuelle Erfassung Fertigstellungsmeldungen der Ausführenden und Freigaben bezüglich der mangelfreien Errichtung berücksichtigen kann. Bei umfangreicheren Projekten erfolgt die Erfassung des Fertigstellungsgrades zudem zeitlich gestreckt.

Wird das Bauteil als Kommunikationsplattform der Beteiligten verwendet, kann der Leistungstand über die Aktualisierung der Bauteilinformation eine absolut genaue Zustandsbeschreibung des Bauwerkes bezüglich der Fertigstellung und der qualitativen Bewertung ermöglichen. Werden die Bauteilinformationen in der Ausführung mit Softwarelösungen zentral gesammelt und angewendet, kann über die Kommunikation der Beteiligten zwischen den Anwendungen und dem Bauteil ein nahezu aktuelles Abbild erzeugt werden. Somit ergibt sich ein Leistungsstand in Echtzeit und ermöglicht als genaue Grundlage, die ohne relevanten Aufwand zur Verfügung gestellt werden kann, eine effektive Steuerung des Bauablaufes und eine exakte Projektbewertung. Die Steigerung der Informationsqualität begründet sich in der Verbindung des Leistungsstandes als quantitative Aussage mit einer qualitativen Wertung der Leistung. Dies erfolgt durch die Verknüpfung mit der Bewertung und Beschreibung eventueller Mängel, Vorbehalte und Restleistungen. Unter Berücksichtigung der daraus resultierenden Nacharbeiten können die Bauabläufe somit genauer projiziert werden.

- **Freigaben der Vorleistung:**
  Neben den zu erfassenden Angaben für die Dokumentation, die zwischen den Beteiligten ausgetauscht werden sollen, können auch Informationen über das Bauteil in diesem direkt hinterlegt werden. Dies betrifft beispielsweise Freigaben für Leistungen auf Fremdleistungen, so dass bauteilgenau gewerke- oder vertragsübergreifende Haftungsverpflichtungen abgegrenzt werden können. Eventuelle Mängel können zugeordnet sowie der Schaden durch Überbauen durch das Folgegewerk auf nicht fertiggestellten oder unzulänglich errichteten Leistungen vermieden werden.

- **Änderungsmanagement:**
  Die Errichtung von Bauwerken ist nahezu bis zur Fertigstellung unterschiedlich ausgeprägten Anpassungen unterworfen, die beispielsweise auf geänderte Anforderungen des Bauherren bzw. mangelhafte Planung zurückzuführen sind. Um einen Rückbau von Leistungen zu vermeiden, muss somit die aktuellste Planung bei der Fertigung vorliegen. Die Abschnitte mit unsicherem Planungsstand sollten zurückgestellt werden. Durch die Vorhaltung der Planungsdaten am Bauteil ist sichergestellt, dass kurzfristig erfolgende Änderungen durch die Ablage im Bauteil allen relevanten Beteiligten bei der Errichtung zur Verfügung stehen. In der Koordination des Bauablaufes können somit die Anweisungen außerhalb der

regelmäßig stattfindenden Besprechungen sofort effektiv zugestellt und Kommunikationsbrüche vermieden werden.

- **Controlling:**
  Neben dem projektbegleitenden Controlling zur Steuerung der Baumaßnahme ist zur Ermittlung von Erfahrungswerten als Grundlage zukünftiger Angebote eine Auswertung, z. B. in Form einer Nachkalkulation notwendig. Dabei müssen die getroffenen verfahrenstechnischen Entscheidungenberücksichtigt werden. Eine gründliche Nachkalkulation ist nur mit einer ausreichend validen Datenbasis möglich. Da einzelne Aufwendungen, aber auch eventuelle Systemfehler, den einzelnen Teilprozessen beziehungsweise Prozessschritten zuweisbar sind, können Einflüsse auf die Kalkulation genauer ermittelt werden. Die projektübergreifende Anwendbarkeit solcher Kennwerte für andere Projekte kann nur in Kenntnis der Gültigkeits- und Randbedingungen erfolgen.

4 Pilotanwendung Vorfertigung

Zum Nachweis des Modells für die Vorfertigung soll die Einbindung der RFID-Technologie in den Produktionsablauf im Fertigteilwerk Gröbzig der Firma Klebl GmbH sowie in den Produktionsablauf der Umlauffertigung der Unternehmung Betonwerk Oschatz GmbH erfolgen. Dabei ist das Ausleseverhalten der Transponder unter verschiedenen Bedingungen und in Verbindung mit unterschiedlichen Materialien zu untersuchen. Um die Untersuchungen innerhalb des Produktionsverlaufes zu beschleunigen und die reale Produktion nicht wesentlich zu stören, kommen Probebauteile zur Anwendung. Die Verwendung der Ultrahochfrequenz als Arbeitsfrequenz ist bereits in einer parallel durchgeführten Arbeit[64] untersucht worden und soll hier nicht weiter im Mittelpunkt stehen.

4.1 Ziel der Versuche

Wie in der Beschreibung des Modells in Abschnitt 3.1 verdeutlicht, sollen die Transponder, welche in den Bauteilen verbaut sind, an den unterschiedlichen Arbeitsstationen ausgelesen und / oder beschrieben werden. Aus diesen Anforderungen heraus ergibt sich das hauptsächliche Ziel dieser Versuche. Entscheidend für den erfolgreichen Einsatz in der Produktion und der Umgebung sind ausreichende Lese- und Schreibreichweiten. Dabei müssen die folgenden, vorgegebenen Einbaurichtlinien für die Transponder, sowie die Randbedingungen des Produktionsprozesses Berücksichtigung finden.

Einbaurichtlinien aus der Grundlagenuntersuchung:[65]

- Richtung des Transponder aus dem Bauteil heraus,
- 2 Transponder pro Bauteil (Anwendung des Halbwandverfahrens[66]),
- Befestigung der Transponder auf der Bewehrung,
- Einbauhöhe 1,20 m – 1,40 m vom Fertigfußboden.

Um die Lese- und Schreibreichweiten unter den gegebenen Randbedingungen zu ermitteln, sind folgende Untersuchungen erforderlich:

1. Hydratationsgrad des Frischbetons ohne Bewehrung,

2. Hydratationsgrad des Frischbetons mit Bewehrung,

3. Einsatz in den verschiedenen Produktionsstufen (mobile Lesegeräte oder Gate-Lösung[67]) sowie

4. Einbindung der Technologie in vorhandene Produktionssoftware.

---

[64] Vgl. *Seyffert 2011*. S. 125 ff.

[65] Vgl. *Jehle et al. 2011*. S. 60 ff.

[66] Halbwandverfahren: Ein Bauteil, z. B. eine Wand, wird in der Mitte geteilt. Die beiden entstehenden halben Bauteile (Wandhälften) werden den entsprechenden Räumen, in welchen sie sich befinden, zugeordnet.

[67] Gate: englisch für Tor; bezeichnet eine Konstruktion, durch welche das gekennzeichnete Produkt (als einzelne Ware, auf Paletten oder auf LKWs) hindurch bewegt wird und der / die Transponder ausgelesen werden. Dazu sind an der Konstruktion an unterschiedlichen Positionen Antennen befestigt, um das Produkt von möglichst allen Seiten abzutasten und jeden Transponder auszulesen.

4.2 Die verwendete Hardware

Für die Versuche in den beiden Produktionsprozessen kommen die folgenden Lesegeräte zum Einsatz:

- der Reader HARfid RF800R und die Antenne HARfid RF800A des Unternehmens Harting Electric GmbH & Co KG, sowie
- das Handlesegerät MPX MR 01.standard UHF/HF der Microplex Printware AG.

Als Transponder kommen die folgenden Typen zum Einsatz:

- die Transponder UDC 160 der deister electronic GmbH,
- die Transponder HARfid LT 86 (NT)-G2IMZ2 der HARTIN AG Mitronics, sowie
- die Prototyp-Transponder UHF mit spezifizierter Antenne und flacher Bauform der HARTIN AG Mitronics.

Der Prototyp ist während dieser Forschungsarbeit entwickelt worden. Die beiden anderen Transpondertypen hatten sich in den bereits erwähnten Voruntersuchungen als geeignet herausgestellt.

4.3 Die Versuche

Die Versuche und die wichtigsten Ergebnisse werden in den anschließenden Abschnitten beschrieben und zusammenfassend dargestellt.

4.3.1 Der Hydratationsgrad des Frischbetons ohne Bewehrung

Das Ziel dieser Versuchsreihe, dargestellt in Abbildung 16, ist die Ermittlung der Leseabstände unter dem Einfluss des Anmachwassers. Als Anmachwasser wird das Wasser verstanden, welches zur Herstellung von Beton gebraucht wird. Dieses Wasser ist nach dem Zusammenmischen der einzelnen Bestandteile ungebunden in der Mischung vorhanden und wird mit zunehmendem Betonalter größtenteils chemisch gebunden. Weitere Erläuterungen zum Beton und die theoretische Untersuchung der Einflüsse auf die RFID-Technologie sind in der Literatur aufgeführt.[68]

Zur Herstellung der Betonwürfel mit den Abmessungen 20 cm x 20 cm x 10 cm (Breite x Länge x Höhe) kommt eine Rezeptur mit den folgenden Kennwerten zum Einsatz:

- Festigkeitsklasse: C20/25[69],
- W/Z-Wert[70]: 0,71 sowie
- Zementgehalt: 309 kg/m³ CEM I 32.5R[71].

---

[68] Vgl. *Jehle et al. 2011*. S. 52 ff.
[69] Festigkeitsklasse von Beton: C steht für concrete (englisch), die Zahlenwerte sind die Druckfestigkeit des Zylinders / Druckfestigkeit des Würfels, geregelt in der DIN EN 206-1:2001-07 und DIN 1045-2:2008-08.
[70] W/Z-Wert: der Wasserzementwert ist das Verhältnis der verwendeten Wassermenge, dem sogenannten Anmachwasser, und dem Zement, der in dieser Betonmischung enthalten ist.

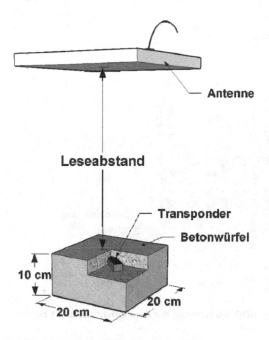

Abbildung 16: Versuch – Einfluss Frischbeton

Als Transponder sind der UDC 160 sowie der HARfid LT 86 (NT)-G2IMZ2 mit Betonüberdeckungen von 1,0 cm und 4,0 cm verbaut. Die Messung der Leseabstände erfolgt dann zu den unten angegebenen Zeitpunkten mit den vorgegebenen Sendeleistungen von 0,25 Watt, 1,00 Watt und 2,00 Watt. Dabei werden immer je drei Werte ermittelt. Aus diesen drei Messwerten errechnen sich die Mittelwerte der einzelnen Probekörper. Der Mittelwert für den Transpondertyp errechnet sich dann aus den einzelnen Mittelwerten der Probekörper, in denen die gleichen Transpondertypen verbaut sind.

Die Zeitabstände der Leseversuche variieren aufgrund von vorgegebenen Laborzeiten. Die Messungen erfolgten innerhalb der folgenden vier Zeitfenster:

- 1 bis 3 Stunden,
- 20 bis 24 Stunden,
- 46 bis 50 Stunden,
- 70 bis 72 Stunden.

---

[71] Zementbezeichnung: CEM I steht für Portlandzement, 32.5 R ist die Festigkeitsklasse des Zementes, geregelt in der DIN EN 197-1:2001-02.

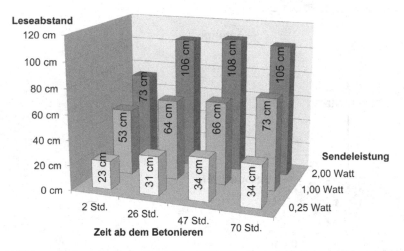

Abbildung 17: Leseabstände des deister UDC 160 während der Betonerhärtung und 1 cm Betonüberdeckung

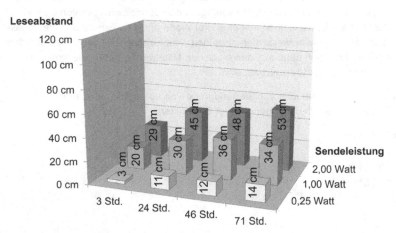

Abbildung 18: Leseabstände des HARfid LT 86 während der Betonerhärtung und 1 cm Betonüberdeckung

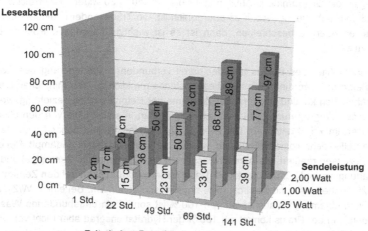

Abbildung 19: Leseabstände des deister UDC 160 während der Betonerhärtung und 4 cm Betonüberdeckung

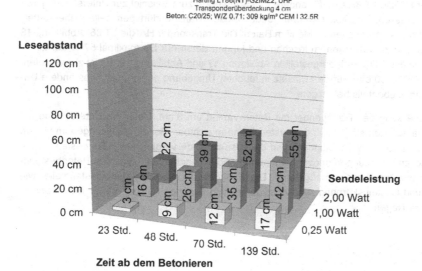

Abbildung 20: Leseabstände des HARfid LT 86 während der Betonerhärtung und 4 cm Betonüberdeckung

Darstellung der wichtigsten Ergebnisse

Die Transponder sind, anders als erwartet, nach der Herstellung des Betons bereits auslesbar. Das spiegeln die Diagramme in Abbildung 17 bis Abbildung 20 wider. Die erreichbaren Abstände sind aber sehr gering. Wenn es erforderlich ist, die Transponder in diesem frühen Stadium zu lesen oder zu beschreiben, dann ist es ist wichtig, die genaue Position der Transponder zu kennen.

Mit zunehmendem Alter des Betons und der damit verbundenen Verringerung des freien Wassers im Beton nehmen die maximalen Leseabstände merklich zu. Die möglichen Leseabstände erhöhen sich kontinuierlich mit der Zunahme der Betonfestigkeit beziehungsweise Hydratation. Diese Vergrößerung der Lesereichweiten hängt in erster Linie von den chemischen Prozessen im Frischbeton ab. Die elektromagnetischen Wellen hoher Frequenzen, wie sie für die UHF-Technologie typisch sind, werden durch Wasser stark gedämpft. Bei den Hydratationsprozessen reagiert das Anmachwasser mit dem Zement zum Zementgel und im weiteren Erhärtungsverlauf zum Zementstein. Das Wasser wird, bezogen auf den Zementanteil, zu circa 25 % chemisch und zu circa 15 % physikalisch gebunden. Bei einem W/Z-Wert von circa 0,4 und einem Hydratationsgrad von 100 % ist somit kein ungebundenes Wasser mehr vorhanden.[72] In der Praxis kommt ein 100 %iger Hydratationsgrad aber nicht vor. Weiterhin liegen die W/Z-Werte üblicherweise zwischen 0,5 und 0,7. Ungebundenes Wasser ist durch Trocknungsvorgänge trotzdem kaum vorhanden.

Die Untersuchungen zeigen weiterhin, dass die Nutzung unterschiedlicher Transponder zu unterschiedlich großen Leseabständen führt. Die hier verwendeten Transponder UDC 160 sowie der HARfid LT 86 sind für andere Einsatzzwecke, zum Beispiel zur Unterstützung von Logistikprozessen, entwickelt worden. Jeder dieser Transpondertypen zeigt daher unterschiedliche Lesereichweiten im Medium Beton. Die Transponder HARfid LT 86, Abbildung 18 und Abbildung 20, erreichen im frischen und jungen Beton nur bis maximal 57 % der Lesereichweiten des UDC 160, dargestellt in Abbildung 17 und Abbildung 19. Es ist zu vermuten, dass der UDC 160 eher für den Einsatz in feuchter Umgebung geeignet ist, was andere Untersuchungen ebenfalls bestätigen.[73]

Die Überdeckung der Transponder mit Beton variiert um 3 cm. Deutliche Unterschiede bei den Leseabständen sind nur in den ersten Stunden sichtbar. Bei den Messungen im vierten Zeitfenster, nach circa 70 Stunden, sind die Leseabstände vergleichbar. Das bestätigen die theoretischen Herleitungen der vorausgehenden Forschungsarbeit[74]. Von den Betonbestandteilen ist nur das Wasser maßgebend. Die Einflüsse der anderen Hauptbestandteile, wie Zement und Gesteinskörnung, sind eher gering und kommen nur bei großer Betonüberdeckung zum Tragen.

---

[72] Vgl. *Schwenk 2009*. S. 37 f.
[73] Vgl. *Seyffert 2011*. S. 136 ff.
[74] Vgl. *Jehle et al. 2011*. S. 52 ff.

4.3.2 Der Hydratationsgrad des Frischbetons mit Bewehrung

Um die RFID-Technologie innerhalb der Produktion in einem Fertigteilwerk zu nutzen, wird die Funktionsfähigkeit in Verbindung mit dem Frischbeton vorausgesetzt, was oben bereits hinreichend untersucht wurde. Zur Abbildung realer Bedingungen muss auch der Einfluss von Bewehrungsstäben Berücksichtigung finden. Dazu dienen Probekörper mit den Abmessungen 30 cm x 30 cm x 5 cm (Länge x Breite x Höhe) und einer einfachen Bewehrungslage. Die Vorüberlegungen haben bereits gezeigt, dass Transponder, die sich mittig in einer Stahlbetonwand befinden, nicht sicher zu lesen sind. Daraus entstand die Einbauspezifizierung, die Transponder auf die Bewehrung in den Bereich der Betondeckung zu verbauen. Um die Einflüsse der Bewehrung bei den Versuchen sicherzustellen, sind die Transponder hinter einem Bewehrungsstab befestigt, dargestellt in Abbildung 21.

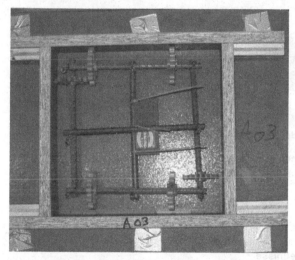

Abbildung 21: Bewehrung mit verbauten Transponder Prototyp von Harting

Zur Herstellung der Probekörper kommt eine Rezeptur mit den folgenden Kennwerten zum Einsatz:

- Festigkeitsklasse: C25/30,
- W/Z-Wert: 0,53 sowie
- Zementgehalt: 280 kg/m³ CEM I 52.5N.

Als Transponder sind der deister UDC 160 sowie der Prototyp von Harting verbaut. Die Messung der Leseabstände erfolgt dann, dargestellt in Abbildung 22, zu den unten angegebenen Zeitpunkten mit den vorgegebenen Sendeleistungen von 1,00 Watt und 2,00 Watt. Dabei werden immer je drei Werte ermittelt. Aus diesen drei Messwerten errechnen sich die Mittelwerte der einzelnen Probekörper. Die Ergebnisse der Probekörper mit den gleichen verbauten Transpondertypen ergeben dann die Mittelwerte für den Transpondertyp.

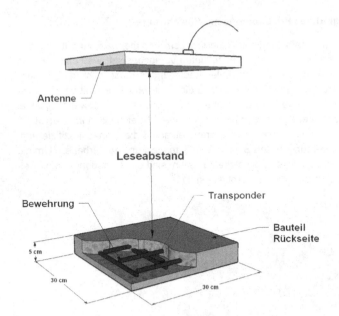

Abbildung 22: Versuchsaufbau zu den Frischbetonversuchen

Die Vorgaben für die Zeitfenster der Messungen sind wie folgt festgelegt:

- 1 Stunde,
- 3 Stunden,
- 6 Stunden und
- 24 Stunden.

Darstellung der wichtigsten Ergebnisse

Im Vergleich zu den Frischbetonversuchen ohne Bewehrung ist festzustellen, dass der Stahl durchaus einen nicht zu vernachlässigenden Einfluss auf das Leseverhalten aufweist. Die gemessenen Leseabstände sind beim deister UDC 160, Abbildung 23, mit Bewehrung nur circa. halb so groß.

Anders verhält es sich bei den Transpondern von Harting. Der Prototyp, welcher bei diesen Versuchen erstmals zum Einsatz kommt, profitiert von der neuen, flächigen Antennenform. Beim Vergleich der Leseabstände vom Prototyp hinter der Bewehrung, Abbildung 24, mit den Ergebnissen der Frischbetonversuche des HARfid LT 86 aus Abbildung 18 und Abbildung 20, können mit dem Prototypen ähnliche und sogar bessere Leseabstände erreicht werden.

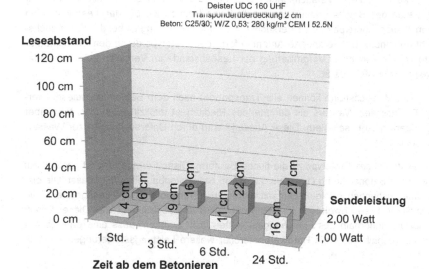

Abbildung 23: Leseabstände des deister UDC 160 während der Betonerhärtung mit Bewehrung

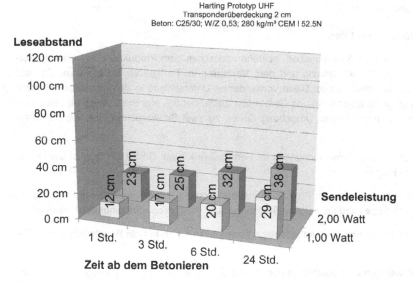

Abbildung 24: Leseabstände des Harting Prototyp UHF während der Betonerhärtung mit Bewehrung

Generell ist auch bei dieser Versuchsreihe die Zunahme der Leseabstände mit fortschreiten-
der Hydratation des Betons erkennbar. Der deutliche Unterschied bei den Leseabständen
der beiden Transpondertypen in der Versuchsreihe ohne Bewehrung ist bei dieser Versuchsreihe nicht erkennbar. Die veränderte Antennenform des Prototyps durch den Praxispartner
Harting führt zu erkennbarer Vergrößerung der Leseabstände im Vergleich zum vorhandenen Transponder HARfid LT 86.

Auch in dieser Versuchsreihe können alle Transponder nach dem Betonieren gelesen werden. Der Einfluss des Wassers als dämpfendes Medium ist explizit erkennbar, führt aber
nicht unweigerlich zu Lesefehlern. Diese Aussage wird durch Untersuchungen zur Wasser-
lagerung bestätigt.[75]

Ein weiterer Vorteil des Prototyps ist die flache Bauform. Diese Formgebung ist speziell auf
den Bereich der Betondeckung (1 cm bis 5 cm) von Stahlbetonbauteilen angepasst. Die bisherigen Untersuchungen erfolgten nur mit Hardware (Transponder und Lesegeräten), die
nicht speziell für diese Anwendung im Beton entwickelt und abgestimmt war. Dieser Schritt
der Entwicklung innerhalb des Forschungsprojektes lässt erahnen, dass eine erneute Anpassung der Technik durch die Hardwarehersteller weitere Leistungssteigerungen ermöglichen.

Beide bisherigen Versuchsreihen zum Einfluss des Hydratationsgrades von Beton auf den
Leseabstand dokumentieren die Nutzbarkeit der RFID-Technologie innerhalb des Produktionsprozesses im Fertigteilwerk unter Einhaltung einiger Randbedingungen, die später zusammengefasst werden.

4.3.3 Produktionsstufen

Wie im Abschnitt *2.1.3* beschrieben, bestehen zwischen dem Produktionsverfahren im Fertigteilwerk Klebl GmbH Gröbzig und dem Verfahren im Fertigteilwerk Betonwerk Oschatz
GmbH massive Unterschiede. Diese vorhandenen Unterschiede in dem Produktionsverfahren - wenige große Maschinen und Geräte fast ausschließlich aus Stahl (beispielsweise Umlaufpaletten) in unmittelbarer Umgebung führen zu zwei Schwerpunkten bei den Untersuchungen.

Der Schwerpunkt der Untersuchungen im Fertigteilwerk Klebl GmbH Gröbzig ist die Beantwortung der Frage:

1) An welchen Stellen im Produktionsprozess können automatisierte Lesestellen (Gate-
Technologie) und an welchen Stellen müssen Handlesegeräte eingesetzt werden?

Die Untersuchungen bei der Umlaufanlage konzentrieren sich auf die Beantwortung der Frage:

2) Mit welchen Leseabständen können die Transponder an den einzelnen Produktionsstätten gelesen werden?

---

[75] Vgl. *Seyffert 2011*, S. 140 ff.

4.3.3.1 Produktion in der Standfertigung[76]

Um die eingangs gestellte Frage zu klären, bei welchem Prozessschritt mit einem Gate gearbeitet werden kann, ist am Tor der Produktionshalle 1, welches zum Freilager führt, ein solches installiert. Das Gate, skizziert in Abbildung 25 und dargestellt in Abbildung 26, besteht aus vier Antennen und den dazugehörigen Lesegeräten.

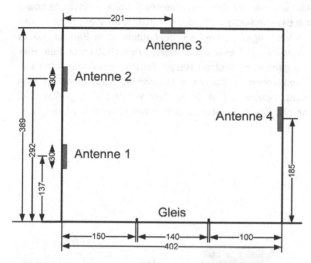

Abbildung 25: Skizze zum RFID-Gate am Tor der Produktionshalle 1

Abbildung 26: Installiertes RFID-Gate am Tor der Produktionshalle 1

---

[76] Basierend auf *Zocher 2008*, Diplomarbeit im Rahmen des Forschungsprojektes.

Die Antennen sind so ausgerichtet, dass der gesamte Torbereich erfasst werden kann. Ihre Leistungen sind auf die in Deutschland laut Frequenznutzungsplan maximal zulässigen zwei Watt ERP[77] eingestellt. Die Lesegeräte sind mit einem Controller verbunden, welcher zur Kopplung von bis zu vier Geräten dient. An diesen Controller ist ein Laptop zur Datenerfassung angeschlossen.

Grundlagen für den Versuchsablauf sind das Modell, die einzelnen Produktionsschritte sowie die Materialbewegungen innerhalb der Produktion. Um die Produktion im Werk nicht zu unterbrechen, kommen für die Untersuchungen spezielle Probebauteile zum Einsatz. Diese Probebauteile, zu sehen in Abbildung 27, sind zwei Fundamente, zwei Stützen und ein Riegel. Die einzelnen Bauteile der so genannten Stützen-Riegel-Konstruktion durchlaufen alle Phasen der Herstellung. Die Abmessungen, in Tabelle 4 zusammengefasst, sind für eine einfache Handhabung entsprechend angepasst. Für die Analyse wichtige Kenngrößen, wie Betondeckung, Bewehrungsgehalt und Betonrezepturen, sind dabei realistisch wiedergegeben.

Abbildung 27: Probebauteile, Stützen-Riegel-Konstruktion

---

[77] ERP (equivalent radiated power): Leistungsangabe einer Dipolantenne.

In die Schalung der Probebauteile sind Bewehrungskörbe mit Abstandhaltern aus Kunststoff, sowie in die Schalung der Stützen und des Riegels zusätzlich Einbauteile zur späteren Montage eingebaut. Die Bewehrungskörbe bestehen aus Betonstabstahl BSt 500. Der Bewehrungsgehalt liegt je nach Bauteil zwischen 100 kg / m³ und 110 kg / m³. Die Betondeckung sowie die Herstellungsdaten sind in der folgenden Tabelle 4 zusammengefasst. An den Bewehrungskörben sind Transponder vom Typ HARfid LT 86 und deister UDC 160 befestigt.

Bauteil:	Stütze 1	Riegel	Fundament 1	Stütze 2	Fundament 2
Betondeckung:	25 mm	30 mm	30 mm	25 mm	30 mm
Betonnummer:	1	1	1	2	2
Herstellung:	02.10.2008	02.10.2008	02.10.2008	06.10.2008	06.10.2008

Tabelle 4:   Kennwerte der Probebauteile

	Beton-Nr. 1	Beton-Nr. 2
Expositionsklasse	XD2	XD3
Ausbreit-/ Verdichtungsmaß	490 - 550	> 630
Menge Fließmittel Muraplast FK 48	0,90 %	1,50 %
Sieblinie < 0,125 mm	1,4 %	1,5 %
Mörtelgehalt [dm³ / m³] Gesteinskörnung < 2 mm	256	257
Anteil der Gesteinskörnung Kies 8/16 eigene Herstellung; Rohdichte 2,63 kg/dm³	22 %	0 %
Anteil der Gesteinskörnung Kies 8/16 Kieswerk Heringen; Rohdichte 2,52 kg/dm³	0 %	16 %
Anteil der Gesteinskörnung Kies 8/16 Kieswerk Merseburg; Rohdichte 2,64 kg/dm³	11 %	17 %
Frischwasserdosierung [l]	98	97
Wassergehalt [kg/m³]	167	165
Frischbetongewicht [kg/m³]	2372	2361

Tabelle 5:   Unterschiede der verwendeten Betone

Da nur eine Schalung für die Fundamente und die Stützen zum Einsatz kommen, muss die Herstellung der Stütze 2 und des Fundamentes 2 zu einem späteren Zeitpunkt erfolgen. Aus diesem Grund konnten zwei Betonrezepturen zur Anwendung gebracht werden.

Diese Betone sind in den folgenden Kennwerten identisch:

- Festigkeitsklasse: C35/45,
- W/Z-Wert: 0,43 sowie
- Zementgehalt: 400 kg/m³ CEM I 42.5R.

Die Unterschiede bei den beiden Rezepturen bestehen hauptsächlich in der Fließmittelmenge und in der Zusammensetzung der Gesteinskörnung, was in der Tabelle 5 detailliert aufgeführt ist.

Die einzelnen Probebauteile durchlaufen jeden einzelnen Schritt der Produktion. Somit können die einzelnen Komponenten (Schalung, Bewehrungskorb) und die fertigen Bauteile auf dem provisorischen Wagen einzeln durch das Tor gefahren und die erzielten Lesereichweiten erfasst werden. Der Ablauf der Versuche ist in Abbildung 28 zusammenfassend dargestellt.

Versuche innerhalb der Produktionslinie einer Standfertigung

FERTIGUNGS- PROZESSE	PROZESS- SCHRITTE	VERSUCHS- AUFBAU

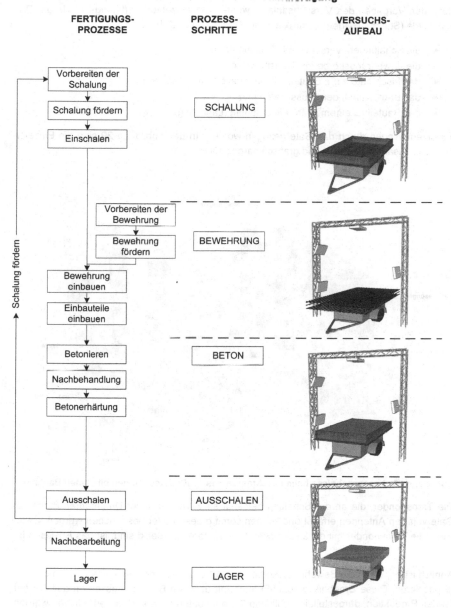

Abbildung 28: Ablauf der Versuche während des Produktionsprozesses einer Standfertigung

Darstellung der wichtigsten Ergebnisse

Nach den Vorgaben des Versuchsablaufs wurden die einzelnen Fertigungsstände der Probebauteile (Stützen-Riegel-Konstruktion) am Gate geprüft. Dabei sind:

- die Schalungen, versehen mit Transpondern,
- die Bewehrungskörbe mit Transpondern,
- das frisch betonierte Bauteil mit einbetoniertem Transponder,
- das Bauteil nach dem Ausschalen und
- das Bauteil zu einem späteren Zeitpunkt (Lagerung)

auf einem Wagen durch das Gate gezogen worden. In der Abbildung 29 sind die Einzelergebnisse zusammengefasst und grafisch dargestellt.

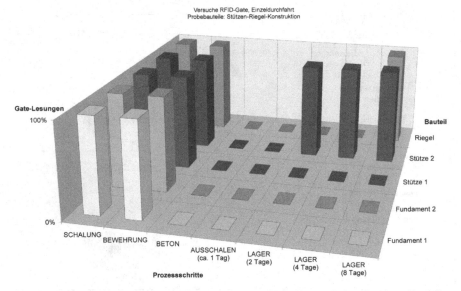

Abbildung 29: Leseergebnisse beim Durchfahren des RFID-Gates mit den einzelnen Bauteilen

Die Transponder, die an der Schalung befestigt sind, werden beim Durchfahren durch das Gate von den Antennen erfasst und können somit gelesen oder beschrieben werden. Selbst wenn die Transponder mit ca. 3 cm dicken Holzbrettern überdeckt sind, ist das Auslesen bei den Versuchen sicher möglich.

Ähnlich ist es, wenn die Bewehrungskörbe der Probebauteile mit den Transpondern das Gate passieren. Diese Ergebnisse konnten auch mit üblichen Bewehrungskörben aus der laufenden Produktion, dargestellt in Abbildung 30, bei späteren Versuchen reproduziert werden. Dazu wurden Transponder des Typs HARfid LT 86 und des Typs deister UDC 160 an den Bewehrungskörben befestigt. Beim anschließenden Durchfahren des Gates konnte der Transponder, welcher oben auf der Bewehrung angebracht wurde, von mindestens zwei Antennen des Gates erfasst werden. Da die Bauteile auf jeder Seite mit einem Transponder ausgestattet[78] werden, ist gewährleistet, dass ein Transponder am Bewehrungskorb immer oben ist, vorausgesetzt, dieser Korb wird liegend transportiert.

Abbildung 30: Transponder an einem Bewehrungskorb aus der laufenden Produktion

Diese Ergebnisse in Bezug auf Schalung und Bewehrung erlauben die Schlussfolgerung, dass an den Toren der Schalungshalle und der Bewehrungshalle Gates eingesetzt werden können, um die fertig hergestellten Schalungen und Bewehrungskörbe auf ihrem Weg zum Produktionsort zu registrieren. Außerdem ist in den Abteilungen Schalung sowie Bewehrung der Einsatz mehrerer stationärer Antennen möglich, welche den gesamten Produktionsbereich abdecken und eine automatisierte Nutzung der RFID-Technologie zulassen.

Sobald die Komponente Beton zu den Bauteilen hinzukommt, ist die Nutzung eines Gates nicht zu empfehlen. Wie bereits die Untersuchungen zum Einfluss des Hydratationsgrades in Abschnitt 4.3.1 und Abschnitt 4.3.2 gezeigt haben, sind auch nach drei Tagen die zu erzielenden Leseabstände so gering, dass die Nutzung eines Gates nicht sinnvoll ist.

Auffällig ist, dass die Leseergebnisse nach dem Betonieren sehr unterschiedlich sind. Die Transponder der Stütze 2 konnten bereits nach 2 Tagen, die des Riegels nach einer Woche und die restlichen Bauteile überhaupt nicht von einer Antenne des Gates erfasst werden. Messungen mit der mobilen Variante des Reader HARfid RF800R und die Antenne HARfid RF800A ergaben die in der Tabelle 6 zusammengefassten Leseabstände. Ab einem Leseabstand von ca. 2,30 m waren die Bauteile von mindestens einer Antenne des Gates zu erkennen.

---

[78] Vgl. *Jehle et al. 2011*. S. 57.

Zeit nach dem Betonieren	Stütze 1	Riegel	Fundament 1	Stütze 2	Fundament 2
2 Tage:	keine Messung	keine Messung	keine Messung	2,30 m	0,70 m
4 Tage:	0,40 m	0,40 m	0,40 m	4,00 m	1,20 m
8 Tage:	1,00 m	2,30 m	1,20 m	4,00 m	1,50 m

Tabelle 6:   Leseabstände der Transponder in den Probebauteilen

Die unterschiedlichen Leseergebnisse der Bauteile mit derselben Betonrezeptur sind unter anderem auf die Inhomogenität des Werkstoffes Beton und die unterschiedlichen Betonüberdeckungen zurückzuführen. Die Betone bestehen aus einer großen Anzahl unterschiedlicher Komponenten, wie zum Beispiel differierender Gesteinskörnungen, Zement, Wasser sowie Zusatzstoffen und Zusatzmittel. Zusätzlich befinden sich im Zementstein eine Reihe von Poren, welche Wasser enthalten können.

Die von der Antenne des Lesegerätes ausgesandten und von der Transponder-Antenne reflektierten elektromagnetischen Wellen werden an allen Oberflächen und Grenzflächen zwischen unterschiedlichen Materialien abgelenkt. Vor diesem Hintergrund lassen sich die unterschiedlichen erzielten Lesereichweiten unter Verwendung derselben Betonmischung erklären. Infolge der Ablenkung der Wellen an der Gesteinskörnung kann es bei den verschiedenen Bauteilen entweder zu günstigen oder ungünstigen Ablenkungen kommen.

Pulkauslesung

Bei den bisherigen Versuchen mit dem RFID-Gate wurden die Bauteile einzeln hindurch gefahren. Sind auf einem Wagen mehrere Fertigteile, dann müssen diese gleichzeitig von den Antennen erfasst werden. Bei dieser Art der Auslesung spricht man von der sogenannten Pulkauslesung.

Die Versuche zur Pulkauslesung zeigen aber, dass nur die Transponder von den Lesegeräten sicher erfasst werden, welche „nach außen" zu einer Antenne hin gerichtet sind. Transponder, welche „nach innen" gerichtet sind, können von den Lesegeräten nicht erfasst werden. Die nachfolgende Abbildung 31 verdeutlicht diesen Zusammenhang. Die weiß dargestellten Transponder können ausgelesen werden, die grau dargestellten werden nicht erfasst.

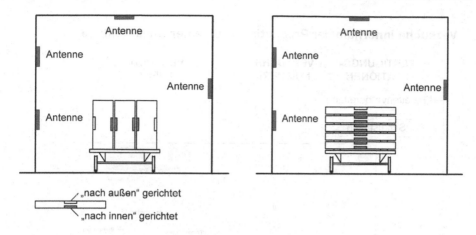

„nach außen" gerichtet

„nach innen" gerichtet

Abbildung 31: Erfassung der Transponder bei Pulkauslesungen

4.3.3.2 Produktion in einer Umlaufanlage

Generell ist bei einer Umlaufanlage der Automatisierungsgrad sehr hoch. Fahrbare Stahlpaletten, auf denen die Bauteile entstehen, werden auf Rollen oder Schienen durch das Werk von Arbeitsstation zu Arbeitsstation bewegt. An jeder Fertigungsstation sind Maschinen, wie zum Beispiel Schalungsroboter, Hebezeuge oder Betonierkübel, für die einzelnen Arbeitsgänge vorhanden. Ein wesentlicher Bestandteil dieses Herstellungsverfahrens ist die Trocknungs- oder Härtekammer zur Wärmebehandlung der frisch betonierten Bauteile. Durch diese Behandlung wird die Hydratation des Betons deutlich beschleunigt. In dieser Kammer verbleiben die Bauteile zwischen 8 und 24 Stunden und besitzen nach Verlassen der Trocknungskammer eine ausreichende Festigkeit, um ausgeschalt und zum Lager gefördert zu werden.

Aufgrund der vielen Stahlbauteile in der Umgebung sind geringe Lesereichweiten zu erwarten. Um die gestellte Frage nach den Leseabständen zu beantworten, sind Lese-Versuche an den einzelnen Produktionsstätten durchzuführen. Dabei darf die laufende Produktion, welche im Zwei- beziehungsweise Drei-Schichtbetrieb erfolgt, nicht gestört werden. Um dieser Forderung nachzukommen, werden kleinere Versuchsbauteile verwendet. Da die Umlaufpaletten nicht immer zu 100 % ausgelastet sind, können diese Freiräume mit den kleineren Versuchsbauteilen belegt werden.

Anhand von Probeplatten, die in der Dicke und dem Aufbau der Platte einer Gitterträgerplatte entsprechen, werden die Lesereichweiten an den wichtigsten Fertigungsstationen ermittelt, was in Abbildung 32 dargestellt ist. Die Messungen beginnen an der Bewehrungsstation und enden nach dem Ausschalen auf dem Lager. Durch die liegende Fertigung der Bauteile können die Transponder bis zum Versuch ST-L01 nur von hinten gelesen werden. Hinzu kommt, dass Bewehrungsstäbe, an denen die Transponder befestigt sind, oben aufliegen. Erst nach dem Ausschalen und Drehen der Probeplatten bei Versuch ST-L02 ist das Auslesen der Transponder von vorn möglich.

Versuche innerhalb der Produktionslinie einer Umlaufanlage

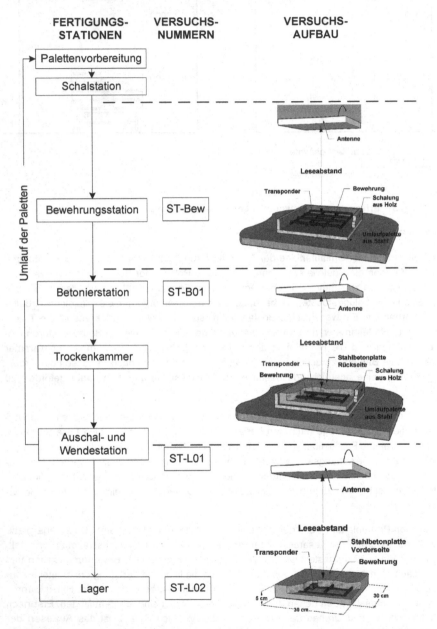

Abbildung 32: Ablauf der Versuche während des Produktionsprozesses einer Umlaufanlage

Um diese Einschränkungen innerhalb der Produktion zu umgehen ist es möglich, jede Palette mit einem Transponder auszustatten. Auf diesem Palettentransponder sind neben der Palettennummer auch die Daten des herzustellenden Bauteils redundant vorhanden. Wird das Bauteil beim Ausschalen oder Wenden von der Palette gehoben erfolgt die Synchronisation des Bauteiltransponders mit dem Palettentransponder.

Der verwendete Beton bei dieser Anwendung ist durch die folgenden Kennwerte klassifiziert:

- Festigkeitsklasse: C35/45,
- W/Z-Wert: 0,45 sowie
- Zementgehalt: 380 kg/m³ CEM I 52.5R.

Darstellung der wichtigsten Ergebnisse

Die Versuche fanden im laufenden Betrieb statt. Somit war die Versuchsdurchführung an die Produktionszeiten gebunden. Bei den Versuchen an der Bewehrungsstation (ST-Bew) konnten die Leseabstände mit 2,00 Watt auf Grund der Größe nicht erfasst werden und fehlen in der Ergebniszusammenstellung der Abbildung 33 und Abbildung 34.

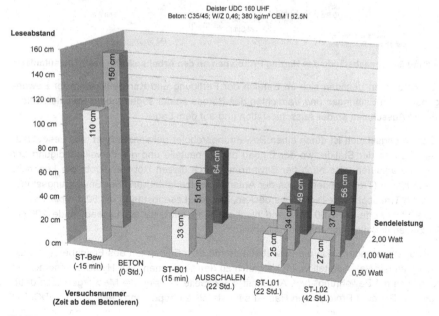

Abbildung 33: Leseabstände des deister UDC 160 an den Arbeitsplätzen einer Umlaufanlage

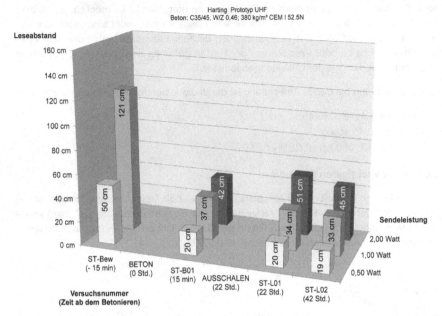

Abbildung 34: Leseabstände des Harting Prototypen an den Arbeitsplätzen einer Umlaufanlage

Die Lesestationen befinden sich im Bereich der Fertigung und Komplettierung der Bewehrung, nach dem Einbringen und Verdichten des Betons an der sogenannten Betonierstation, nach dem Ausschalen an der Ausschalstation und auf dem Lager.

Die Bewehrungsstation ist durch einen Bewehrungsroboter gekennzeichnet. Die Leseversuche erfolgen an der Station, wo der Einbau der Einbauteile und die Vervollständigung der Bewehrung ablaufen, also nach der Bewehrung durch diesen Roboter. Trotz der Leserichtung von hinten (Transponder ist von der Antenne weggerichtet) und der Bewehrungsstäbe, welche die Transponder teilweise überdecken, sind die Leseabstände mit 50 cm bis 150 cm gut. Die Messwerte mit 2,00 Watt sind nicht mit aufgeführt, da die Leseabstände 200 cm überschritten und nicht genau bestimmbar waren.

Wie erwartet, verringern sich die Leseabstände mit dem Einbringen des Frischbetons in die Schalung an der Betonierstation. Im Vergleich zu den Versuchen „Der Hydratationsgrad des Frischbetons mit Bewehrung" (vgl. Abschnitt 4.3.2, Seite 77) sind die Messergebnisse deutlich größer. Bei dem Prototyp von Harting sind sie etwa doppelt und beim deister UDC 160 fast zehnmal so groß. Die elektromagnetischen Wellen werden durch die Stahlpalette, auf der sich die Probeplatte befindet, reflektiert und somit verstärkt. Dies bestätigen parallele Messungen neben der Produktionslinie (ohne Umlaufpalette), bei der die Leseabstände um 50 % und mehr kleiner sind.

Eher niedrig sind die Leseabstände, nachdem die Probeplatten 20 Stunden in der Trockenkammer waren und ausgeschalt sind. Die Hydratation sollte in Folge der Wärmeeinwirkung in der Trockenkammer beschleunigt werden. Üblicherweise liegen die Temperaturen in den

Trockenkammern bei 60°C bis 80°C. Diese schnellere Hydratation ist bei den gemessenen 40°C in der Kammer und den 20 Stunden Verweildauer aber eher gering oder nicht vorhanden, da die Wärmeentwicklung im Bauteil durch die exotherme Reaktion üblicherweise schon höher liegt. Das belegen die gemessenen Leseabstände von 20 cm bis 51 cm. Diese Werte liegen im Bereich der anderen Versuche („Standfertigung" oder „Der Hydratationsgrad des Frischbetons"), bei denen keine beschleunigte Hydratation stattfand.

Wie schon bei den vorhergehenden Versuchen vergrößern sich die Leseabstände auch bei diesem Versuch mit zunehmendem Betonalter. Die Leseabstände von 1,0 bis 2,0 m, die in der vorangegangenen Forschungsarbeit[79] gefordert sind, können bei diesen Versuchen nicht erreicht werden. Die Forderungen beziehen sich allerdings auf das „Intelligente Bauteil" im Bauwerk. In der Produktion der Fertigteile sind diese Leseabstände nicht notwendigerweise erforderlich, da eine Optimierung der Prozesse der Fertigung durch den Einsatz der RFID-Technologie auch mit einer Anpassung der Prozesse einhergehen kann. Zum Beispiel hängen die Lese- und Schreibvorgänge oft mit einer Kontrolle zusammen. Dabei sind geringe Leseentfernungen förderlich, da durch diese kurze Distanz der Bearbeiter gezwungen wird, an das Bauteil heranzutreten.

4.3.4 Einbindung der Technologie in vorhandene Produktionssoftware

Wie bereits im Abschnitt *3.1.2* beschrieben, setzt der Praxispartner Klebl GmbH die Software Priamos der Firma GTSdata GmbH & Co. KG für die Auftragsabwicklung und als Management-Organisations-System ein.

Priamos als **prozessorientiertes** Informations-, Auftragsabwicklungs- und Management-Organisations-System stellt die durchgängige Verbindung zwischen den Daten der Fertigung und der kaufmännischen Verwaltung dar. Zentrale Elemente für die Planung, Steuerung und Überwachung der Fertigung sind die Plantafel und die Meilensteine.

Die vorangegangenen praktischen Versuche mit der RFID-Technologie in der Produktion sowie die Versuche zum automatischen Auslesen der Transponder durch die stationären Lesegeräte am Gate sind eine Voraussetzung für den Einsatz der Technologie im Fertigteilwerk. Eine weitere und nicht weniger wichtige Voraussetzung ist die Verarbeitung der Lese-Ereignisse der Transponder an den verschiedenen Fertigungsstätten innerhalb der Produktion durch entsprechende Software. Bei der Standfertigung bei der Klebl GmbH lassen sich aus den Lese-Ereignissen automatisch Meilensteine generieren, die in der Plantafel von Priamos dargestellt werden können.

Aufgrund der Komplexität dieser Software war es nicht möglich, die Lesegeräte in die laufende Software einzubinden. Die Gefahr, Schaden an der Software und damit Schaden für das Unternehmen zu erzeugen, konnte nicht ausgeschlossen werden. Durch den Praxispartner und die Firma GTSdata GmbH & Co. KG wurde deshalb das Modul der Plantafel als separate Demo-Software bereitgestellt sowie eine Schnittstelle für die Lesegeräte geschaffen.

---

[79] Vgl. *Jehle et al. 2011*. S. 51 f.

Ziel sollte es sein, durch das Lesen bestimmter Transponder einige der Meilensteine automatisch zu setzen und in der Plantafel grafisch darzustellen. Dabei sind die folgenden Daten wichtig:

- das Datum und der Zeitpunkt, zu welchem der Transponder ausgelesen wird,
- eine Angabe zum Bearbeiter, welcher den Auslesevorgang veranlasst hat und
- das Ereignis, welches zum Auslesevorgang geführt hat.

Das Datum und die Zeit, zu welchem der Lesevorgang stattfindet, wird automatisch durch den Reader dem Lesevorgang zugeordnet und protokolliert. Um die Angaben zum Bearbeiter zu erfassen, sind bei diesem Versuch Transponder als Identifikationsmittel für unterschiedliche Personen zum Einsatz gekommen. Diesen Personen sind zusätzlich definierte Ereignisse zugeordnet. Erfolgt dann ein Lese-Ereignis in der Reihenfolge: Personen-Transponder gefolgt von Schalungs- oder Bauteiltransponder, wird automatisch ein Meilenstein in der Plantafel generiert. Der Überblick über die verschiedenen Personen, deren Zuständigkeit und der damit verbundene Meilenstein ist in der Tabelle 7 zusammengefasst.

Person	Zuständigkeit	Meilenstein (Priamos interne Nr.)
Arbeiter Schalung	Arbeiten an der Schalung sind abgeschlossen	Schalung frei (55)
Meister Schalung	Kontrolle und Fertigstellungsmeldung der Schalung	Schalung fertig (65)
Arbeiter Bewehrung	Arbeiten an der Bewehrung sind abgeschlossen	Bewehrung frei (60)
Meister Bewehrung	Kontrolle und Fertigstellungsmeldung der Bewehrung	Bewehrung fertig (70)
Nach „Schalung fertig" und „Bewehrung fertig" erfolgt automatisch die Freigabe zum Betonieren		Produktion frei (75)
Arbeiter Fertigung	Arbeiten am Bauteil sind abgeschlossen	gefertigt / auf Lager (85)
Meister Fertigung	Kontrolle und Fertigstellungsmeldung des Bauteils	Produktion abgeschlossen (100)

Tabelle 7:   Zuständigkeiten für automatische Meilensteingenerierung

Die Vorgaben wurden durch einen Entwickler der GTSdata GmbH & Co. KG in der Demo-Plantafel umgesetzt. Mit Unterstützung des Praxispartner Harting als Hersteller der Lesegeräte konnten einfache Steuerungsbefehle für das Lesegerät und Routinen, welche die Datenpakete vom Lesegerät aufnehmen, filtern sowie ausgewertet in die Software implementiert werden.

Zur Simulation der Produktion und deren Abbildung in der Plantafel kam die Stützen-Riegel-Konstruktion, deren Schalung und Bewehrungskörbe zur Anwendung. Die Darstellung der

Meilensteine erfolgte wie in der Originalsoftware anhand von Nummern. In der Abbildung 35 ist ein Ausschnitt der Plantafel mit den drei Bauteilen: Stütze 1 (ST-1), Stütze 2 (ST-2) und der Riegel (RI-1) und deren Meilensteine während der Versuche dargestellt. Alle drei Bauteile sind in einem Auftrag mit der Nummer 730002 zusammengefasst. Die Meilensteine sind gesondert nach „B" für Beton, „S" für Schalung und „W" für Bewehrung aufgeführt.

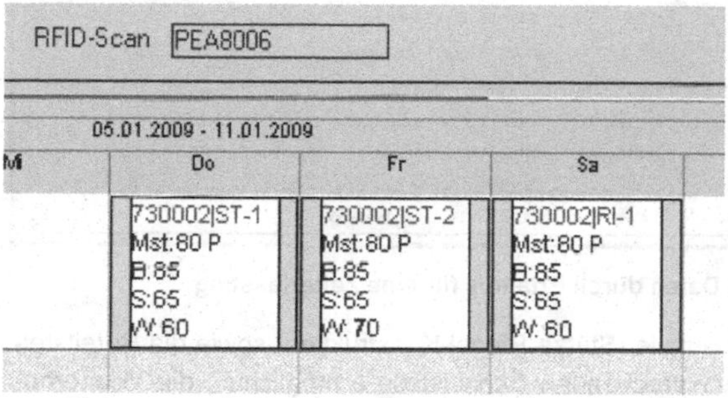

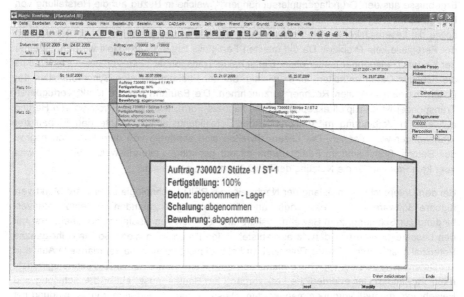

Abbildung 35: Ausschnitt aus der Plantafel mit den Meilensteinen

Nach Rücksprache mit dem Softwarehersteller ist es denkbar, die Nummer der Meilensteine auch durch entsprechende Texte zu ersetzen. Wie eine solche Plantafel mit Volltext-Meilenstein aussehen könnte, soll folgende Abbildung 36 verdeutlichen.

Abbildung 36: Plantafel mit Meilensteinen als Text, Informationen zum Bauteil Stütze 1 herausgezoomt

Neben der Generierung der Meilensteine können die Lese-Ereignisse in der Demo-Software zur Erfassung der Zeiten genutzt werden. Den Personen-Transpondern sind in Priamos Personen (Namen, Personalnummern) zugeordnet. Das Lesegerät protokolliert bei jedem Lesevorgang das Datum und die Zeit automatisch. Die Demoversion der Plantafel weist dem Lesevorgang eines Personen-Transponders einen Namen zu (Abbildung 37). Die Auswertung dieser Daten führt zu einer Zeiterfassung.

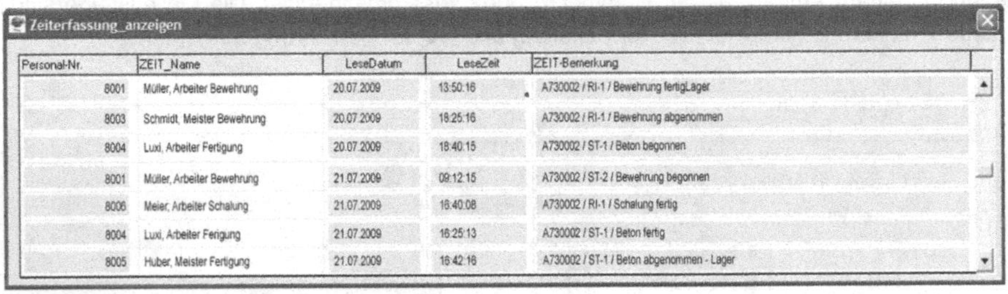

Personal-Nr.	ZEIT_Name	LeseDatum	LeseZeit	ZEIT-Bemerkung
8001	Müller, Arbeiter Bewehrung	20.07.2009	13:50:16	A730002 / RI-1 / Bewehrung fertigLager
8003	Schmidt, Meister Bewehrung	20.07.2009	18:25:16	A730002 / RI-1 / Bewehrung abgenommen
8004	Luxi, Arbeiter Fertigung	20.07.2009	18:40:15	A730002 / ST-1 / Beton begonnen
8001	Müller, Arbeiter Bewehrung	21.07.2009	09:12:15	A730002 / ST-2 / Bewehrung begonnen
8006	Meier, Arbeiter Schalung	21.07.2009	16:40:08	A730002 / RI-1 / Schalung fertig
8004	Luxi, Arbeiter Ferigung	21.07.2009	16:25:13	A730002 / ST-1 / Beton fertig
8005	Huber, Meister Fertigung	21.07.2009	16:42:16	A730002 / ST-1 / Beton abgenommen - Lager

Abbildung 37: Automatisch erfasste Daten durch Priamos für eine Zeiterfassung

Die Größe der verwendeten Probebauteile (Stütze-Riegel-Konstruktion) sowie die Bereitstellung der Demo-Plantafel mit der entsprechenden Schnittstelle ermöglichten die Wiederholung und Vorstellung der Simulation der Fertigteilproduktion zur Messe „Bau 2009" in München und während der „Betontage 2009" in Ulm.

4.4 Zusammenfassung und Evaluierung der Grundlagenergebnisse

Ergebnisse aus den Grundlagenuntersuchungen[80], welche in Bezug auf die Herstellung von Fertigteilen wichtig erscheinen, sind die Positionierung der Bauteiltransponder, die Bauform sowie die Lesereichweiten. Die Positionierung der Bauteiltransponder ist für die Herstellung der Fertigteile kein Problem. Da die meisten Fertigteile liegend hergestellt werden, ist einer der beiden Transponder immer oben. Damit beide Transponder beim Verlassen des Werkes die richtigen Daten enthalten, ist es wichtig, bei der Endkontrolle eine Synchronisation der Daten mit dem zentralen Rechner vorzunehmen. Die Bauform der am Markt verfügbaren Transponder ist prinzipiell akzeptabel. Eine flachere Form, wie sie der Prototyp von Harting aufweist, in Verbindung mit entsprechender Befestigungstechnik könnte den Einbau der Transponder vereinfachen. Die Lesereichweiten sind abhängig von dem Hydratationsgrad des Betons. Somit sind im Fertigteilwerk oft nur geringere Lesereichweiten erzielbar, was aber kein Problem für die Nutzung der RFID-Technologie darstellt.

Bei den Untersuchungen gelang der Nachweis, die RFID-Technologie in eine am Markt verfügbare Software zur Prozessplanung und -überwachung einzubinden und eine Datenverbindung zur Schalung, zum Bewehrungskorb und zum fertigen Bauteil aufzubauen. Erst mit den Leseereignissen und den daraus entstehenden Daten kann diese Software ihr ganzes Potenzial ausschöpfen. Dieses Potenzial wird aktuell nicht genutzt, da der manuelle Aufwand zur Datenpflege zu hoch ist. Diese manuelle Datenpflege ist mit der RFID-Technologie nicht mehr notwendig. Der erforderliche Lesevorgang am Bauteil muss, außer bei Schalung und Bewehrung, manuell vorgenommen werden. Diese Vorgänge sind immer in Verbindung mit Prozessschritten wie einer Fertigstellungsmeldung, einer Freigabe oder Abnahme verbun-

---

[80] Vgl. *Jehle et al. 2011*. S. 49 ff.

den. Diese Prozessschritte werden heute auch durchgeführt und durch das Ausfüllen von Formularen, wie dem Bauteiletikett, dem Bewehrungsetikett, der Produktionsliste oder dem Tagesbericht protokolliert. Das Protokollieren dieser Prozessschritte erfolgt dann nicht nur manuell, sondern elektronisch über das Lesegerät. Es entstehen also keine zusätzlichen Vorgänge für die beteiligten Personen.

Im vorgestellten Modell „Fertigteilwerk" in Abschnitt *3.1.8* sind neben den beiden Bauteil-transpondern ein Schalungstransponder sowie ein Einbauteiletransponder dem Bauteil zu-geordnet. Die Untersuchungen zum Einsatz von stationär installierten Lesegeräten in den Produktionshallen haben gezeigt, dass diese nur in Verbindung mit der Schalungsherstellung und der Herstellung der Bewehrungskörbe sinnvoll eingesetzt werden können. Dies eröffnet die Möglichkeit, am Fertigungsort automatisch zu überprüfen, ob die richtige Schalung, der richtige Bewehrungskorb und die richtige Behälter mit den Einbauteilen vorhanden sind. Der Einbau falscher Komponenten wird somit fast unmöglich.

Der Einsatz von fest installierten Lesegeräten bei der Schalungsherstellung und der Herstel-lung der Bewehrungskörbe ist technisch zwar möglich, aber nicht unbedingt erforderlich. Die Lesevorgänge sind wie bereits beschrieben üblicherweise an Kontrollprozesse geknüpft. Be-vor beispielsweise die Freimeldung der Schalung erfolgen kann, muss diese kontrolliert wer-den. Dazu muss eine zuständige Person an der Schalung stehen und diese kontrollieren. Dabei kann ein mobiles Lesegerät, ein sogenanntes Hand-Lesegerät, welches Leseentfer-nungen bis 1 m zulässt, hilfreich sein.

Sobald das Bauteil mit Frischbeton befüllt wird, ist die Nutzung der stationären Lesegeräte nicht mehr möglich. Leseabstände von 25 cm bis 50 cm sprechen dagegen. Wie eben be-schrieben gilt aber auch hier, dass die fertigen Bauteile von den Bearbeitern kontrolliert und abgenommen werden müssen. Dazu ist die visuelle Kontrolle unumgänglich, wozu das Le-sen und Beschreiben der Transponder mit geringen Leseabständen sehr förderlich ist.

5   Pilotprojekt LMdF Potsdam

5.1   Versuchsplanung

5.1.1   Einführung - Grundlagenermittlung und Vorplanung

Die Versuche der ersten Phase des Forschungsvorhabens „RFID IntelliBau 1" haben nachgewiesen, dass der Einsatz der RFID-Technologie in Bauteilen unter Laborbedingungen möglich ist. In diesen Versuchen wurden die Transponder in verschiedene Baumaterialien eingebracht und deren Einflüsse auf die Kommunikation des Readers mit den Transpondern untersucht. Außerdem wurde der Einfluss von Medienleitungen im unmittelbaren Umfeld der Transponder analysiert. Die Einflüsse auf die Lesereichweite und – sicherheit waren in den untersuchten Versuchskonstellationen so gering, dass die Eignung unter realen Bedingungen prognostiziert werden konnte. Als Ergebnis dieser Voruntersuchungen wurden die folgenden Anforderungen für den Einsatz solcher Systeme auf der Baustelle entworfen:

Kapitel [1]	Nr.	Gerät	Anforderung
4.3.2	A1	Transponder	Speichergröße 400 kByte
4.3.3	A2	Transponder	Rechteverwaltung unumgänglich
5.1.1.1.1	A3	Transponder	Passive Transponder
5.1.1.1.2	A4	Transponder	UHF
5.1.1.1.3	A5	Transponder	Kunststoffgehäuse, vergossen, IP 67
5.1.1.1.4	A6	Transponder	Temperaturbereich -20°C / +100°C
5.1.1.1.5	A7	Reader	Mobil, klein, IP 64
5.1.1.1.6	A8	Reader	Temperaturbereich -20°C / +80°C
5.1.1.1.7	A9	Reader/Transponder	Schreib- und Leseentfernungen: 1,00 – 2,00 m
5.1.1.1.8	A10	Reader/Transponder	Schreib- und Lesegeschwindigkeiten: 40/160 kbps
5.1.1.2.8	A11	Transponder	Transponder speziell für den Einsatz auf Stahl
5.1.1.2.15	A12	Reader	Kleine Mobile Lesegeräte mit zirkular polarisierter Antenne
5.3.2	A13	Transponder	Richtung des Transponder aus dem Bauteil heraus
5.3.3.1	A14	Reader	Sendeleistung 1,00 Watt

1) Abschnittsnummerierung der detaillierten Ausführungen in Jehle et al. 2011

Tabelle 8:   Anforderungen an die Hardware[81]

---

[81] Vgl. *Jehle et al. 2011*, S. 95 Tabelle 10.

Für die Planung und den Einbau der Transponder wurden folgenden Anforderungen entworfen:

Kapitel [1)	Nr.	Anforderung
5.1.1.2.8	B1	2 Transponder pro Bauteil Halbwandverfahren auf der Bewehrung
5.1.1.2.13	B2	Bereich horizontal: oberhalb 1,20 m vom Fertigfußboden unterhalb 0,45 m von der fertigen Decke Bereich vertikal: mind. 30 cm neben Rohbaukanten oder -ecken nicht oberhalb von Steckdosen und Schaltern
5.1.1.2.14	B3	Transponder eines Bauteils diagonal zueinander anordnen
5.3.1	B4	Wasser- und Stromleitungen können vernachlässigt werden
5.3.3.2	B5	1 Transponder im Lesebereich
5.3.3.3	B6	Einbauhöhe 1,20 m – 1,40 m

1) Abschnittsnummerierung der detaillierten Ausführungen in Jehle et al. 2011

Tabelle 9:   Anforderungen an den Einbau[82]

5.1.1.1 Anforderungen an das Pilotprojekt

Für die praktische Umsetzung und weiterführende Simulation war ein ausführungsreifes Projekt mit einem ausreichenden Vorlauf für die Versuchsplanung erforderlich. Desweiteren sind folgende Anforderungen für ein zu errichtendes Bauwerk im Rahmen des Pilotprojektes zu erfüllen:

- Ausführungszeitraum während des Forschungszeitraumes,
- verschiedene Konstruktionen der Bauteile aus Stahlbeton (in Ortbeton-, Fertigteil- und Halbfertigteilbauweise), Mauerwerk, Trockenbau etc.,
- einfach strukturierte und übersichtliche Gebäudestruktur,
- Zugang zur Planung und Ausführung sowie unternehmensinternen technischen und kaufmännischen Informationen der Ausführenden,
- Integration der Transponderinstallation in den normalen Bauablauf und
- Akzeptanz der Versuche beim Bauherren und den Nutzern.

---

[82] Vgl. *Jehle et al. 2011*, S. 96 Tabelle 11.

5.1.1.2 Versuchsfunktion des Pilotprojektes

In der ersten Phase dieses Forschungsvorhabens wurde die Eignung der RFID- Technologie im Allgemeinen und die Auswahl des Frequenzbereiches im Speziellen untersucht. Hierzu wurden an die Praxis angelehnte Laborversuche, wie beispielsweise Störfeldmessungen durchgeführt. Die so gewonnenen Erkenntnisse und die darauf aufbauenden Modelle sollten nun unter den realen Bedingungen der späteren Anwendung getestet werden. Aus den Anwendungsszenarien sollten weitere Anforderungen an das System „Intelligentes Bauteil" ermittelt und die Annahmen und Vorgaben optimiert werden. Einige Anwendungsszenarien konnten dabei nur simuliert werden.

Die in den Untersuchungen erarbeiteten Randbedingungen für den Einsatz der RFID-Technologie können dann den Herstellern als Entwicklungsparameter für die Optimierung der Hardware dienen. Weiterhin können Einflüsse aus Abläufen in der Praxis zur Anpassung des Anwendungsmodells herangezogen und somit ein Konzept für spätere Anwendungen optimiert werden. Hierbei kann das Pilotprojekt als exemplarisches Beispiel für Hochbauprojekte betrachtet und somit für generelle Abläufe abstrahiert werden. Andere Alleinstellungsmerkmale und projektbezogene Besonderheiten können in der späteren Anwendung aufgrund des projektoffenen Systems integriert werden.

Innerhalb dieser Untersuchungen soll die Integration der Transponder in die Bauteile im Rahmen des normalen Bauablaufes durchgeführt und evaluiert werden. Hierzu werden erste Standardisierungen, beispielsweise der Einbaupositionen, auf ihre Praxistauglichkeit hin überprüft und nach Erfordernis angepasst.

Desweiteren sollten der zeitliche Aufwand zum Einbau der Transponder in die Bauteile ermittelt und somit eine Abschätzung bezüglich des Investitionsumfanges ermöglicht werden. Diese Abschätzung soll zudem Aussagen über die personellen und monetären Auswirkungen ermöglichen. Die zu untersuchenden Größen sind durch praxisnahe Messungen unter realen Baustellenbedingungen so zu ermitteln, dass mit einem hinreichenden Untersuchungsumfang eine Interpolation auf andere übliche Objekte ermöglicht wird (vgl. auch Kapitel 7).

Infolge des durchgängigen Datenflusses und der erhöhten Nachhaltigkeit im Datenmanagement, der effektiveren Sicherstellung der Qualität sowie der damit verbundenen Dokumentation sollen die Prozesse transparenter werden. Der Wirtschaft sollen so Informationen zur Verfügung gestellt werden, die einen effizienteren Einsatz der Ressourcen und somit einen Vorteil im Wettbewerb bieten. Hierbei stellen die entworfenen Szenarien und Lösungen erste Ansätze zur praktischen Umsetzung dar. Allerdings bedarf es für einen übergreifenden Einsatz des „Intelligenten Bauteils" der Definition von allgemeingültigen und projektübergreifenden Standards sowie der Festlegung der Datenstrukturen und Schnittstellen zu vorhandenen Softwareapplikationen.

Die Ergebnisse dieser Forschung am realen Objekt sollen den Weg ebnen, die Bauphase über durchgängige Datenflüsse, sichere Dokumentationen sowie kontrollierte und nachvollziehbare Abläufe zu optimieren. In der Folge ist davon auszugehen, dass die Nutzung der Gebäude einfacher, sicherer und dauerhafter wird, und sich somit der Wert einer Immobilie erhöht.

5.1.2 Rahmenbedingungen des Projektes

5.1.2.1 Projektbeschreibung der Baumaßnahme Landesministerium der Finanzen

Abbildung 38: Eingang Landesministerium der Finanzen Potsdam

Im Rahmen der Zusammenlegung verschiedener Ministerien des Bundeslandes Brandenburg und der Neuerrichtung des Landtages im Zentrum der Landeshauptstadt Potsdam wurde im Jahre 2005 die Umsetzung dieser Neubauvorhaben als PPP-Projekte (Private Public Partnership) untersucht und die Durchführung beider Projekte in dieser Vertragsform beschlossen.[83] Grund dafür war unter anderem die schwache Investitionsstärke des Bundeslandes Brandenburg. Hierbei kam dem Neubau des Bürogebäudes des Finanzministeriums auf dem Gelände der Heinrich-Mann-Allee 107 ein Pilotcharakter hinsichtlich des Landtagsneubaus in dieser Vertragsform zu.[84] In dem vom BLB[85] durchgeführten Verfahren sind Planung, Errichtung, Finanzierung des Gebäudes und ausgewählte Gebäudemanagementleistungen ausgeschrieben.[86]

---

[83] Vgl. *Drucksache 4/1092*
[84] Vgl. *BLB 2008*
[85] BLB - Brandenburgischer Landesbetrieb für Liegenschaften und Bauen, Potsdam
[86] Vgl. *Drucksache 4/1092*

Abbildung 39: Neubau Finanzministerium (Foto: Wienerberger GmbH / Frank Korte, 2010)

Das neue Ministerium entstand als Massivbau mit einem U-förmigen Grundriss. Auf fünf Geschossen verfügt das Gebäude über 4.446 m² Nutzfläche und bietet den 267 Mitarbeitern des Ministeriums mit 214 Räumen[87] einen zentralen und zeitgerechten Arbeitsplatz. Der Gebäudekörper orientiert sich nach Süden. Die Eingangsfront ist zur zentralen Erschließungsachse des Regierungsstandortes rund um die Staatskanzlei ausgerichtet. Alle Räume sowie das Treppenhaus sind natürlich belichtet. Von außen fällt als Gestaltungselement neben dem Haupteingang vor allem eine großflächige Glasöffnung auf. Die Fassade ist in einem warmen, rötlichen Farbton gehalten. Das Gebäude ist durch Aufzüge vollständig behindertengerecht erschlossen. Hinter dem Neubau ist eine Parkdeckanlage mit zwei Ebenen für 212 Fahrzeuge angegliedert. Weitere 73 neue Stellplätze befinden sich im Außenbereich und werden durch 80 Fahrradstellplätze, von denen 50 überdacht ausgeführt sind, ergänzt. Der Entwurf für das neue Finanzministerium stammt von den Architekten Gössler und Kreienbaum (Hamburg / Berlin).

Kenndaten des Bauprojektes[88]:

Bezeichnung:	"Neubau eines Bürogebäudes für das Ministerium der Finanzen"
Projektträger:	Land Brandenburg, Brandenburgischer Landesbetrieb für Liegenschaften und Bauen, Potsdam
Investor für das PPP-Verfahren:	STRABAG Real Estate GmbH
Planung und Bau:	Konsortium unter Führung der Züblin Development GmbH, Ed. Züblin AG, Bereich Brandenburg
Verfahrensart:	Verhandlungsverfahren nach EU-weiten öffentlichem Teilnahmewettbewerb
Vertragsmodell:	PPP-Inhabermodell

---

[87] Davon 187 Büro- und 5 Beratungsräume.
[88] Vgl. *Projektdatenblatt Pilotprojekt*, sowie Veröffentlichungen und Angaben der STRABAG Real Estate GmbH Direktion Public Private Partnership, des Ministeriums der Finanzen des Landes Brandenburg, des Brandenburgischen Landesbetriebes für Liegenschaften und Bauen, Potsdam

Bauzeit:	September 2008 bis Februar 2010
BGF / BRI:	7.700 m² / 24.100 m³
Investitionsvolumen:	15,5 Mio. Euro (Stand 2007)
Projektvolumen:	43 Mio. € (Stand 2007)
Leistung:	Planung, Bau, Finanzierung, Betrieb (teilweise)
Umfang:	ca. 4.500 m² Nutzfläche; 285 Stellplätze
Finanzierungsmodell:	Forfaitierung
Betriebszeitraum:	30 Jahre
Finanzierung:	Dexia Kommunalbank Deutschland AG

Baukonstruktion des Neubaus

Der Neubau wurde in Massivbauweise erstellt, wobei die Anforderungen der ENEV in der Fassung von 2007 zur Anwendung gebracht wurden. Das Gebäude ist auf Streifen- und Stützenfundamente gegründet, deren Sohle sich oberhalb des Grundwasserhöchstpegels befindet. Es wurde ohne Unterkellerung ausgeführt. Die Wände wurden in den aussteifenden Konstruktionen um den Aufzugskern aus Stahlbeton errichtet. Alle weiteren Außenwände bestehen aus Poroton-Ziegeln mit teilweiser, lokaler Ergänzung durch Dämmung. Die anfängliche Planung sah ein massives Wärmedämmverbundsystem vor, dessen wärmedämmende Funktion nun die Wände aus rund 1.000 m³ massiven Poroton-Ziegeln übernehmen[89]. So wurde die Fassade bis auf einige Teilbereiche lediglich mit einem farbigen Putz abgeschlossen.

Die Decken wurden vollständig als Halbfertigteile mit Ortbetonergänzung errichtet. In frei überspannten Bereichen wurden Unterzüge auf Stützen angeordnet. Die Fluchtflure und Treppenhäuser sind ebenfalls in Mauerwerk erstellt und bilden die entsprechenden Brandabschnitte aus. Der weiterführende raumbildende Grundausbau erfolgte durch Trockenbaukonstruktionen mit Gipskarton auf Metallständerwerk. Die einzelnen Wandkonstruktionen unterscheiden sich bezüglich Feuchtraumanforderungen oder auch Schalldämmung. Der Fußboden wurde als Doppelboden errichtet und als Installationsraum für die flächige Heizungsverrohrung sowie die Verkabelung und Bodentanks genutzt. Je nach Nutzung des Raumes wurde entweder Bodenbelag als Teppichfliese verlegt oder beispielsweise in Serverräumen mit PVC applizierte Doppelbodenplatten verwendet. Ausnahmen bilden die Teeküchen und WC-Bereiche, die mit Hohlboden ausgeführt worden sind. In den Teeküchen wurde PVC-Belag verklebt und die WC-Bereiche auf dem Boden und teilweise an den Wänden gefliest. Im Haupttreppenhaus befindet sich eine lichtoffene und repräsentative Stahlglasfassade.

---

[89] Vgl. *PM Wienerberger*

5.1.2.2 Forschungspartner und Einbindung

Der Forschungspartner Ed. Züblin AG ist unter Führung der Züblin Development GmbH mit der Ausführung der Baumaßnahme beauftragt worden und errichtete das Bauwerk als Generalunternehmer. Hierbei umfasst das Leistungspaket die vollständige schlüsselfertige Erstellung des Gebäudes ohne loses Mobiliar, sowie die Errichtung der Außenanlagen und des Parkhauses. Als Pilotprojekt für das Forschungsvorhaben wurde das Bürogebäude untersucht.

Als Vertreter des späteren Mieters und Nutzers wurde der Brandenburgische Landesbetrieb für Liegenschaften und Bauen (BLB) in den PPP-Vertrag eingebunden. Das Bauwerk besitzt neben der Anwendung der RFID-Technologie mehrfach Pilotcharakter. So wurde mit den Architekten in Zusammenarbeit mit dem Ziegelproduzenten Wienerberger GmbH die Ausführung von nicht zusätzlich wärmegedämmten Außenwänden mit Planziegeln erprobt.

Der Zugang zu Informationen und zur Ausführung wurde über die Zusammenarbeit mit der örtlichen Bauleitung des Generalunternehmers gewährleistet. Diese unterstützte die Forschungsarbeit in der permanenten und praktischen Begleitung der Installation von RFID-Transpondern und vermittelte die Konsultationen mit den anderen am Projekt Beteiligten.

Über die gesamte Ausführungsdauer wurde die Baustelle durch einen Bauleiter, einen Polier und eine Sekretärin vor Ort betreut. Dieses Baustellenteam wurde etwa nach der Hälfte der Rohbauleistung durch einen weiteren Bauleiter und zwei Poliere verstärkt. Gleichzeitig begann vor Ort die Betreuung der Technischen Gebäudeausrüstung durch einen weiteren Bauleiter für die Elektro-Gewerke und einen extern gebundenen, zeitweise auf der Baustelle anwesenden Bauleiter für die Rohrgewerke. Die kaufmännische Betreuung erfolgte durch die zuständige Niederlassung. Bis zum Abschluss der Rohbauarbeiten errichtete der mit diesen Leistungen beauftragte Nachunternehmer Märkische Bau Union GmbH (MBU) einen Bürocontainer auf dem Baufeld, der zeitweise durch den eigenen Polier und die Bauleiterin besetzt und zur Vorhaltung der Planungsunterlagen und Kleingeräte genutzt wurde.

Der Neubau liegt in einem Areal, das bereits durch weitere Ministerien des Landes Brandenburg genutzt wird und daher schon während der Bauphase durch den zuständigen Wachschutz mit überwacht wurde. Für die Anlieferungen konnte zusätzlich eine gesonderte Baustellenzufahrt genutzt werden. An der Außengrenze des ministerialen Geländes bestand ein massiver Holzbauzaun. Die arealseitige Baustellenabgrenzung wurde durch einen mobilen Gitterbauzaun realisiert. Neben wenigen Materialcontainern wurde durch den Rohbaunachunternehmer ein Bürocontainer direkt auf dem Baufeld installiert. Die Bauleitung befand sich ebenfalls in einer Containerlösung, allerdings gegenüber dem Bauwerk auf einer temporär zur Verfügung gestellten Grünfläche außerhalb des eigentlichen Baufeldes.

In der Phase der Fertigstellung und Inbetriebnahme wurde durch das Baustellenteam des Generalunternehmers die Dokumentation gemäß der vertraglichen Vorgaben in aktuell üblicher Form zusammengestellt und übergeben. Das Bauwerk wird mittlerweile durch die STRABAG Real Estate GmbH, einem für PPP-Projekte spezialisierten, vollständigen Tochterunternehmen, betreut. Die Übergabe ging mit der Reduzierung des Baustellenteams einher.

5.1.3 Vorgaben für die Versuche

5.1.3.1 Einbau der Transponder

Auf Grundlage der in der ersten Forschungsphase entwickelten Einbauvorschriften wurde der Bauleitung des Generalunternehmers eine Planung zum Einbau der Transponder übergeben. Die Umsetzung im Objekt wurde durch den beauftragten Nachunternehmer ausgeführt und durch den Polier des Generalunternehmers kontrollierend begleitet. Dieses Vorgehen lehnt sich an den regulären Umlauf der Ausführungsplanung an. Eine Koordination mit der Architekturplanung und der Planung anderer Fachplaner erfolgte bereits bei der Planerstellung und bedurfte keiner weiteren Planungsleistung durch den Generalplaner. Im Gegensatz zu der Vorgabe von präferierten Einbauzonen im Projekte „IntelliBau 1", wurde in den Plänen nun die genaue Einbauposition maßlich vorgegeben.

Mit dem gleichnamigen Produkt der „BuildOnline GmbH"[90] wurden die Pläne der Baustelle dauerhaft über das Planmanagementsystem zur Verfügung gestellt und nach Bedarf aktualisiert. Der Einbau der Transponder erfolgte integriert in den normalen Bauablauf. Während die Einbaupositionen für die Decken- und Bodentransponder durch den Polier eingemessen und mittels Farbspray markiert wurden, konnten die Transponder für die Wände nach einer Einarbeitungszeit in der Regel eigenständig durch die Arbeitskräfte positioniert werden. Durch die praxisrelevanten Rahmenbedingungen können die Ergebnisse aus dem Einbau der Transponder für andere Projekte als Referenz herangezogen werden. Bezüglich der Anordnung soll hier auf den Abschnitt *5.2.2 Planung der Anordnung und des Einbaus* verwiesen werden.

5.1.3.2 Anwendung

Die Anwendung der Transponder wurde im Folgenden baubegleitend untersucht, indem die Kommunikation mit den Transpondern nachgestellt wurde. Aufgrund des weiten Fortschritts in der Ausführungsplanung konnte eine Anbindung der bereits eingesetzten softwaretechnischen Werkzeuge nicht umgesetzt werden. Aus diesem Grunde wurde die Anbindung mit anderen Werkzeugen, beispielweise dem Programm Allbudget® der BIB GmbH, simuliert. Die Messungen an den Transpondern konnten in den verschiedenen Projektphasen, d. h. Rohbau, Ausbau, Inbetriebnahme und Betrieb, durchgeführt werden.

5.1.4 Grenzen des Pilotprojektes

Die Messungen erfolgten baubegleitend, d. h. dass der Bauablauf möglichst ungestört von den Versuchen abgewickelt werden sollte. Dies beinhaltet zum einen, dass die Koordination des Einbaus vor Ort anwendungsnah über die Bauleitung erfolgen konnte. Zum anderen wurde der Einbau in den herkömmlichen Bauablauf integriert, so dass die Transponder baubegleitend in Abhängigkeit vom Baufortschritt ohne besondere Termine markiert und eingebaut wurden.

---

[90] Mittlerweile wurde die Plattform in das Produkt CT-Space der SwordGmbH / CTSpace integriert (www.sword-ctspace.com).

Ebenso war eine Koordination mit dem Betriebsrat der Landesministerien des Landes Brandenburg und Vorgaben der Bauablaufplanung des Projektes durch den Generalunternehmer erforderlich. Dabei sollten die Messungen den herkömmlichen Ablauf der BLB nicht behindern. Dies bedeutet, dass die einzelnen Messungen baubegleitende Versuche und keinen speziellen Versuchsaufbau für die Messungen darstellen sollten. Sämtliche Maßnahmen im Zusammenhang mit den Versuchen waren Kriterien bezüglich der Effektivität und ökonomischer Vertretbarkeit unterworfen. Die Untersuchungen, die nicht direkt in den Fertigungsprozess integriert werden konnten, wurden unter realistischen Bedingungen vor Ort nachgestellt, um auch die genaue Erfassung der Randbedingungen zu ermöglichen. Als Beispiel sei das Ablegen von material- und prozessbezogenen Daten zu nennen. Somit sind die Beobachtungen wesentlich einfacher auf die praktische großflächige Anwendung des Systems „Intelligentes Bauteil" übertragbar.

Durch die Beschränkung auf den Einsatz von bereits marktüblichen Komponenten sind die Versuche in der Durchführung teilweise auf einen simulierenden Aufbau angewiesen.[91] Solche Beschränkungen stellen beispielsweise die momentan noch vorhandene Inkompatibilität von Geräten untereinander oder auch Einschränkungen hinsichtlich des Speicherplatzes auf den dar. Die weiterführenden Simulationen stellen jedoch sicher, dass die erzielten Ergebnisse mit verfügbarer Technologie reproduzierbar und zukünftig mögliche Prozesse abschätzbar sind. Somit kann das Potenzial der Anwendung des „Intelligenten Bauteils" detaillierter beurteilt werden.

5.2 Versuchsdurchführung

5.2.1 Technologien

5.2.1.1 Transponder

Bereits bei den ersten Untersuchungen zur Eignung der RFID-Technologie für die Anwendung in Bauwerken wurde versucht, geläufige Produkte aus der Industrie einzusetzen und in der neuen Anwendung als „Intelligentes Bauteil" zu optimieren. Hierbei ist festzustellen, dass gerade im Bereich der Waren- und Produktionslogistik die RFID-Technologie vermehrt Einzug gehalten hat. Hier wird diese ID-Technologie meist zur eineindeutigen Identifizierung und Verwaltung über ein zentralisiertes System eingesetzt. Die am Markt verfügbaren Systeme waren gerade zu Beginn des Forschungsprojektes genau auf diesen Anwendungsbereich zugeschnitten, so dass bei den verfügbaren Transpondern im UHF-Bereich maßgeblich die Tag-ID beziehungsweise der EPC-Bereich genutzt wurde. Eine Notwendigkeit für einen umfangreicheren Usermemory bestand bisher im Bereich der Waren- und Produktionslogistik nicht. Deshalb standen bei der Planung der Versuche passive UHF-Transponder mit maximal 96 Bit, im späteren Versuchsverlauf 512 Bit im Usermemory (inkl. EPC) zur Verfügung. Beim Entwurf der Versuche wurde auf die Ergebnisse der ersten Phase des Forschungsvorhabens zurückgegriffen und die Produkte ausgewählt, die die größten Lesereichweiten erzielt hatten. Unter Berücksichtigung dieser Anforderungen und der Auswahl des Frequenzbe-

---

[91] Vgl. *5.2.1 Technologien.*

reiches UHF erwiesen sich die Transponder Harting HARfid LT 86 (NT) des Forschungspartners Harting GmbH und Co. KG als am besten geeignet.

Zu Beginn der praktischen Umsetzung wurde aufgrund der kurzen Vorlaufzeit bei den ersten
Bauteilen auf die Transponder Harting HARfid LT 86 (NT) Typ TUA5590 (vgl. Tabelle 10)
aus der ersten Forschungsphase zurückgegriffen und diese für die Bauteile bis zur Decke
des Erdgeschosses verwendet. Diese ersten Transponder entsprechen dem Standard Tagidu. In die Streifenfundamente wurden keine Transponder eingebaut.

Im Fortgang der Versuche wurden die Transponder deister 160 UDC der Firma deister electronic GmbH eingesetzt. Diese erwiesen sich sowohl für die spätere Anwendung mit den ge-
testeten portablen Geräten, als auch mit dem für dieses Vorhaben konfigurierten Tablet-PCs
besser geeignet als die Transponder der Firma Harting GmbH & Co. KG. Die derzeitige
technische Entwicklung ist von der steigenden Durchdringung des Standards EPC Class 1
Gen 2 im UHF-Frequenzbereich gekennzeichnet. Der Standard Gen 2 wird aktuell weiter
entwickelt, wobei sowohl die zukünftige Durchdringung im Anwendungsbereich als auch die
Abwärtskompatibilität zum momentanen Standard Gen 2 durch die Forschungsgruppe nicht
beurteilt werden kann.[92]

	Header	Filter	Partition	EPC Manager	Object Class	Serial Number
Länge	8 bits	3 bits	3 bits	20-40 bits	24-4 bits	38 bits
Wert	0011 0000	000	5 (decimal)	4012345 (decimal)	012345 (decimal)	123456789123 (decimal)

Abbildung 40: Struktur des EPC Class 1 Gen 2 Datensatzes[93]

Für die Auswahl sind neben der Widerstandsfähigkeit der Transponder nicht nur die sehr gu-
ten Lesereichweiten, sondern auch die Bauform, speziell die Länge der Transponder, entscheidend. Wie im Folgenden[94] dargestellt, lassen sich kurze und handliche Transponder
einfacher in Stahlbetonbauteilen und Mauerwerk einbauen.

---

[92] Dieser Standard wurde von GS1 entwickelt und mittlerweile wirtschaftlich betreut und lizensiert.
   Momentan wird die Gen2-Spezifikation Version 1.2.0 angewendet, vgl. http://www.gs1-germany.de
[93] Quelle: www.gs1-germany.de, Stand: 05.05.2011.
[94] Vgl. *5.3.2 Planung der Anordnung und des Einbaus* und *5.3.3 Einbau und Aufwand.*

Abbildung 41: Transponder des Frequenzbereiches UHF

	Harting HARfid LT 86 (NT)		deister UDC 160	
	Typ TUA5590	Typ G2IMZ2		
Standard	Tagidu	EPC Class 1 Gen2	EPC Class 1 Gen 2	
Norm	ISO/IEC 15963	ISO 18000-6C	ISO 18000-6C	
Halbleiter	ATA5590	Monza2	Monza2	NXP
Usermemory	1kBit	96 Bit (EPC)	96 Bit (EPC)	512 Bit
Schutzklassen	IP 64, IP 67, IP 69K		IP 67	
Abmessungen (H x B x L)	8 mm x 30 mm x 123 mm	12 mm x 29 mm x 115 mm	18 mm x 22 mm x 158 mm	

Tabelle 10: Übersicht der eingesetzten Transponder

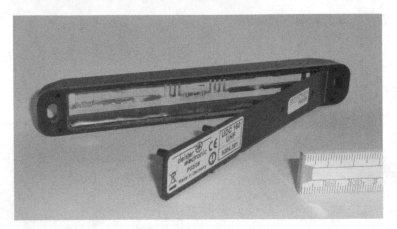

Abbildung 42: Geöffneter Transponder deister UDC 160

Abbildung 43: Geöffneter Tag HARfid LT 86 (NT)

Im Bereich der UHF-Transponder ist in den letzten Jahren die Entwicklung zu beobachten, dass neben dem beschränkten Speicherbereich des EPC-Codes beziehungsweise der Tag-ID der Usermemory herangezogen wird, um zusätzliche Informationen am Objekt vorhalten und bearbeiten zu können. Dies ist vermutlich darauf zurückzuführen, dass sich auch im Bereich der Wartung von sicherheitsrelevanten Komponenten, beispielsweise in der Avionik[95], der Bedarf zur Ablage und Bearbeitung von Informationen am Bauteil über eine digitale Schnittstelle weiterentwickelt. Gerade hier besteht die Notwendigkeit, größere Datenmengen vorzuhalten. Aktuell sticht unter den zur Verfügung stehenden Transpondern ein Transponder des Anbieters Fujitsu mit einer Größe des Usermemorys von 64 KByte hervor, der für die Versuche noch nicht zur Verfügung stand.

Somit konnten im Projekt keine adäquaten Versuche zur Speicherung aller Material- und Projektkenndaten im Transponder durchgeführt werden. Der für die Versuche mangelnde Speicherplatz wurde durch eine Datenbank simuliert, auf der die entsprechenden bauteilbezogenen Informationen als Daten hinterlegt wurden.

5.2.1.2 Lesegeräte

Für die Kommunikation zwischen dem Transponder und der Anwendersoftware sind verschiedene Lesegeräte frei auf dem Markt verfügbar. Vereinfacht kann man die Geräte in zwei Grundtypen unterscheiden. Zum einen werden portable Geräte angeboten, die als komplette Einheit mobil im Akku- beziehungsweise Batteriebetrieb einsetzbar sind. Diese Geräte sind in der Regel funktional eingeschränkt und auf die Systembedingungen in speziellen Projekten optimiert. Der andere Typ sind stationär eingesetzte Geräte. Deren Einzelkomponenten (Middleware und Antenne) sind entweder fest installiert und stellen somit eine Gate-Lösung dar, oder aber sie sind in ein Handgerät integriert und über eine Kabelverbindung arbeitsplatzgebunden angeschlossen. Beide Grundtypen sind bei den Versuchen im Pilotprojekt eingesetzt worden, wobei für die Arbeit am Bauteil auf der Baustelle nur die portablen Geräte wirklich effektiv einsetzbar sind.

Stationäre Lesegeräte

- **Harting HarVis RFID (vgl.** Abbildung 44):
  Von der Firma Harting Electric GmbH & Co. KG wurde die stationäre Einheit „Ha-VIS RFID Reader" eingesetzt. Dieses Lesegerät besteht aus einer separaten Antenne, einer Middleware mit separatem Netzteil und einer Anwendungssoftware auf einem PC / Notebook. Aus diesen einzelnen Komponenten lässt sich dieses Lesegerät auch lokal aufbauen und anwenden. Für den mobilen Einsatz erweist sich dies aber als aufwändig und zeitintensiv, da eine Versorgung mit einem Netzspannungsanschluss erforderlich ist. Vorteil dieses Lesegerät ist jedoch die Möglichkeit, die maximale Sendeleistung von 2,0 Watt (unter Laborbedingungen bis 4,0 W) gemäß Frequenz-Nutzungsplan stufenweise ausnutzen zu können.

---

[95] Avionik bezeichnet den technischen Fachbereich der elektrischen, elektronischen Gerätetechnik in der Luftfahrt, die zum Betrieb und Wartung von Luftfahrzeugen benötigt wird. Im engeren Sinne wird unter diesem Begriff die gesamte elektronische Bordausrüstung eines Flugzeugs zusammengefasst.

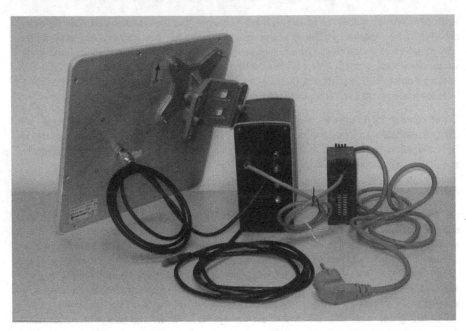

Abbildung 44: Reader Harting „HarVis RFID", Typ HARfid RF800R mit Antenne HARfid RF800A

Mobile Lesegeräte

Die Applikationen, die für die Versuche angewendet worden sind, muss man zum einen in Programme für die Kommunikation und den Datenaustausch mit dem Transponder und zum anderen in die entsprechende Anwendungssoftware im Bauwesen unterscheiden. Da für die Kommunikation mit einem solchen bauteilspezifischen Speicher bisher keinerlei Schnittstellen in üblicher Anwendungssoftware vorgesehen sind, existieren auch keine definierten Übergabestandards, so dass hier für die spezielle Anwendung eine eigene Zuweisung erfolgt.

- **MicroPlex, Höfft & Wessel (vgl.** Abbildung 45):
  Parallel zum Einbau der Transponder im Pilotprojekt Potsdam wurden verschiedene mobile Lesegeräte getestet. Diese werden von spezialisierten Systemintegratoren für den individuellen Einsatz in der Industrie (meist im logistischen Bereich) angeboten. Das Gros dieser verfügbaren Lesegeräte, das untersucht wurde, unterliegt zweierlei Einschränkungen: Zum einen ist die Kompatibilität und Bereitstellung von Schnittstellen für anderweitige Anwendungen im Softwarebereich, zum anderen auch das Austauschformat für die Daten stark eingeschränkt. Meist werden hier durch Systemintegratoren eigenständige Protokolle entworfen, die die für spezielle Anwendung zur Verfügung stehende Hard- und Software der Peripheriegeräte und -anwendungen des Auftraggebers berücksichtigen. Außerdem sind die portablen Geräte in ihrer Sendeleistungen stark eingeschränkt, da sie meist für die Erfassung von Objekten in der Warenkette verwendet werden und so eine kompakte Baugrößen erforderlich

machen. Heutzutage arbeiten diese Geräte in der Regel mit Sendeleistungen zwischen 20 und 100 Milliwatt. weiteren sind die Anforderungen an die Schutzklasse der Geräte unter Baustellenbedingungen höher als in Anwendungen im regulären Logistikbereich. Der hier folgend gezeigte Reader „MicroPlex" MPX MR 01.standard UHF/HF der Microplex Printware AG wurde während verschiedener Phasen im Pilotprojekt exemplarisch als portables, am Markt verfügbares Gerät getestet.

Abbildung 45: Lesegerät „MicroPlex"

- **Prototyp „Tablet-PC" (vgl.** Abbildung 46):
  Neben der Anwendung der bisher am Markt verfügbaren portablen Geräte wurde auf Grundlage der zu dem Zeitpunkt verfügbaren Hardwarekomponenten ein leistungsfähiger und baustellentauglicher Tablet-PC konfiguriert. Neben einer möglichst hohen Leistungsfähigkeit des Lesegerätes war die Anbindung an gebräuchliche Softwareanwendung und deren Nutzung erklärtes Ziel. Als Basis wurde der Tablet-PC der „ads-tec GmbH" aus Leinfelden-Echterdingen ausgewählt, der sich durch seine hohe Schutzklasse bezüglich Feuchte und Stoß sowie einen robusten Touchscreen auszeichnet. Als UHF-RFID-Leser wurde das Gerät UDL120 der Firma deister electronic GmbH ausgewählt, das beispielsweise zur automatischen Erfassung im Bereich des Behältermanagements an der Gabel von Gabelstaplern entworfen worden ist. Maßgeblich war hier zum einen die kompakte Bauform des Gerätes, die unter anderem erheblich durch die integrierte Antenne beeinflusst wird. Zum anderen können über die integrierte Bluetooth-Schnittstelle verschiedene Peripheriegeräte (beispielsweise ein Notebook) relativ einfach angeschlossen werden. Die Stromversorgung dieses Lesegeräts erfolgt über ein separates Batterie-Pack und ermöglicht eine Laufzeit der Leseeinheit von mehreren Stunden. Der Tablet-PC wird durch zwei eingebaute und einfach austauschbare Akkumulatoren versorgt und hat, abhängig von der Nutzung der verschiedenen Softwareapplikationen, eine Laufzeit zwischen eineinhalb bis drei Stunden. Durch geeignete Wechselakkus kann die stromversorgungsunabhängige Arbeitszeit entsprechend verlängert werden. Neuere Notebooks zeigen auch hier eine Verbesserung der Stromaufnahme, die der längeren Nutzung entgegenkommt.

Über eine LAN- und WLAN-Schnittstelle lassen sich Informationen und Dateien problemlos austauschen und nutzen. So kann an dieses Gerät über die LAN-Schnittstelle
das Lesegerät der Firma Harting Electric GmbH & Co KG „Ha-VIS RFID Reader" des
Typs HARfid RF800R mit der Antenne HARfid RF800 angeschlossen und genutzt
werden.

Zur Verbindung der drei Einheiten wurde ein stabiler Geräteträger verwendet, so
dass das gesamte Gerät mit circa 6,43 kg die obere Grenze der Handhabbarkeit erreicht. In der Nachbetrachtung sollte hier weiter optimiert werden. Eine Handhabung
eines Gesamtgerätes mit diesem Gewicht ist unter realen Bedingungen auf eine kontinuierliche Nutzung von circa eineinhalb Stunden unter trainierten Bedingungen begrenzt. Im späteren Verlauf der Versuche wurde die PC-Einheit zeitweise von der Leseeinheit und dem Batteriepack getrennt, was eine körperlich wesentlich leichtere
Handhabung ermöglicht. Dies ist auch im Hinblick auf eine hohe Sendeleistung der
Leseeinheit und damit einem leistungsfähigen Batteriepack eine mögliche Entwicklung zukünftiger Geräte für diese Anwendungsbereiche. Insgesamt besteht hier noch
ein großes Potenzial für die Optimierung, beispielsweise im Einsatz leichterer Materialien oder auch durch die gemeinsame Nutzung der Akkumulatoren-Kapazität von
Leseeinheit und dem verarbeitenden Computer. Als positiv hat sich der sehr große
Bildschirm als Touchpanel erwiesen, auf dem man auch größere Pläne und Dokumente darstellen und bearbeiten kann. Auf der Baustelle kann das Gerät somit vollständig wie ein herkömmlicher Laptop genutzt werden.

Abbildung 46: Lesegerät „Tablet-PC"

5.2.1.3 Lesen und Schreiben mit dem Transponder

RDemo 1.78

Für die Kommunikation mit dem Transponder bieten die verschiedenen Hersteller und Systemintegratoren auch Zugriffsoberflächen als Applikationen für die Ansteuerung der Middleware an. Von der Firma deister electronic GmbH wird beispielsweise für die Ansteuerung des

UDL 120 das Programm RDemo (hier in der Version 1.78.0) verwendet. Aufgrund des einheitlichen Standards kann dieses Programm auch angewendet werden, um mit dem Lesegerät Harting „Ha-VIS RFID Reader" der Firma Harting Electric GmbH & Co. KG die Transponder des Standards Gen 2 auszulesen oder zu beschreiben. Diese Software ermöglicht den Umgang mit den entsprechenden Speicherbereichen wie der Tag-ID, EPC, Usermemory sowie Passwörtern. Hierbei müssen jedoch alle Informationen und Zuweisungen manuell vorbereitet und dann auf den Transponder überspielt, beziehungsweise entsprechend beim Auslesen die erhaltenen Informationen manuell ausgewertet werden.

ALLbudget®

Das avisierte Datenhaltungs- und -flussmodell lässt sich nur effektiv umsetzen, wenn die Daten direkt aus den verschiedenen Softwareapplikationen vor Ort angewendet werden können. Noch effektiver in der Anwendung wäre die Möglichkeit, wenn durch die Softwareanwendungen direkt auf die Daten im Transponder zugegriffen werden kann, beziehungsweise diese dann auch entsprechend bearbeitet und wieder gespeichert werden können. Hierzu bedarf es aus der Softwareapplikation heraus einer Schnittstelle, die auf die Middleware zugreifen und diese steuern kann. Eine solche Schnittstelle ist für das Auslesen und Referenzieren von spezifischen Bauteilen am Objekt in Echtzeit als Integration im Gebäudemodell des Programms AllBudget® entworfen worden. Jedoch ist dies eine Einzellösung und kann auf andere Programme nicht übertragen werden. Gerade hier ist noch ein erheblicher weiterer Forschungs- und Standardisierungsbedarf vorhanden, um eine umfassende Anwendbarkeit für zahlreiche Applikationen zu garantieren.

Das Programm ALLbudget® [96] des Forschungspartners BIB GmbH dient als ein Beispiel für eine solche Anbindung einer Softwareapplikation im Bauwesen. Es ist eine Anwendung aus der Kalkulation, die bauteilzugeordnet eine Mengenermittlung unterlegt. Diese Mengenermittlung wird durch ein aufgegliedertes Grundrissschema mit den einzelnen Leistungsverzeichnispositionen verknüpft und ermöglicht somit eine kausal überprüfbare, auch raumweise Anpassung des fortgeschriebenen Leistungssolls. Desweiteren sind Module zur Verwaltung, Steuerung und Abrechnung von Projekten integriert. Durch die bauteilweise Aufgliederung des Gebäudes können in diesem Modell objektorientiert für die einzelnen Bauteile Informationen erzeugt und verarbeitet werden. Über die RFID-Schnittstelle wird die Bauteilkennung vor Ort abgerufen und ermöglicht so eine automatisierte Auswahl und Lokalisierung in dem in Allbudget® hinterlegten Projekt. Hier stehen dem Anwender sofort die entsprechenden Leistungsbeschreibungen, Mengen und Planausschnitte zur Verfügung. Der Anwender kann dann weitere Informationen bezüglich Material- und Prozessdaten einfügen und in den Modulen, beispielsweise dem Bautagebuch, ablegen. So können auf der Datenbank des Programms bauteilgenau die Informationen abgerufen und ausgewertet werden.

---

[96] ALLbudget® PMS – vorrangig für den Schlüsselfertigbau entwickeltes Projektmanagementsystem, mit einem Gebäudemodell auf Basis eines Raum- bzw. Projektbuches nach dem Containerprinzip und entsprechender Visualisierung zur Kalkulation und Controlling

5.2.1.4 Datenbanksysteme: Microsoft Access und Microsoft Excel

Zur Sammlung und Strukturierung der Bauteilinformationen wurde das nahezu überall verfügbare und gebräuchliche Tabellenkalkulationsprogramm Microsoft Excel herangezogen. In den heute üblichen Planungen der Ausführungsphase sind bauteilorientierte und zentral abgelegte Informationen nur äußerst unvollständig verfügbar. In der Folgemussten sie aus den einzelnen Teilplanungsbereichen und Dokumentationen (beispielsweise Tragwerksplanung, Brandschutzplanung, Schallschutzplanung, Ausbauplanung) zusammengetragen werden. Die so gesammelten und abgelegten Informationen wurden dann in eine Access-Datenbank überführt, um eine datenbanktreue Ablage der Einzelinformationen sicherzustellen und ein Übertragen auf andere Datenbanksysteme (beispielsweise Allbudget®) zu ermöglichen. Aufgrund des zum Zeitpunkt der Versuchsdurchführung unzureichend vorhandenen Usermemory wurde diese Datenbank auch für die Simulation des Transponderspeichers genutzt. Auch hier empfiehlt es sich, für die Zukunft über eine entsprechende Schnittstellendefinition und einheitliche Formatierung der Daten für die bauteilseitige Speicherung, die Weitergabe der Bauteilinformationen zwischen verschiedenen bauseitigen Softwareanwendungen und Datenbanksystemen, sowie zwischen Softwareanwendung und den verschiedenen Middlewares sowie Transpondern zu ermöglichen.

5.2.2 Planung der Anordnung und des Einbaus

5.2.2.1 Planung des Einbaues

Auf Grundlage der Vorüberlegungen aus der ersten Phase des Forschungsvorhabens wurden die Einbauvorschriften für den Einbau der Transponder in die Ausführungsplanung überführt. Hierbei wurden in den Grundrissen der Architekturplanung alle einzubauenden Transponder positioniert und vermaßt. Die Planung wurde im Projekt über das verwendete PKM-System eingestellt. Während der Ausführung erfolgte im Erdgeschoss eine Grundrissänderung, die durch zusätzliche Raumausbildung eine Anpassung der Einbauplanung erforderte. Die Plananpassung wurde indiziert.

Durch die einfachen Einbauvorschriften entstand ein relativ geringer Planungsaufwand, der durch die klare räumliche Strukturierung des Gebäudes begünstigt wurde. Der Aufwand ist für die insgesamt 2249 Transponder auf 5 Stunden pro Teilplan zu beziffern. Es wurde jeweils ein Teilplan pro Geschoss und Bauteilgruppe erstellt. Die Bauteile wurden in vier Gruppen unterteilt:

- Deckenbauteile und Bodenbauteile,
- Stützen und Rohbauwände aus Beton und Mauerwerk,
- Trockenbauwände und
- alle weiteren raumbilden Bauteile des Ausbaus (beispielsweise Schachtverkleidungen und Vorsatzschalen).

Diese Trennung resultiert aus der Anpassung an den Bauablauf, für den erst die Planung für den Einbau im Rohbau und anschließend für den Einbau im Ausbau bereitgestellt werden musste. Dabei müssen beim Herstellen der Decken sowohl die Bodentransponder des aufsteigenden Geschosses und die Deckentransponder des darunterliegenden Geschosses berücksichtigt werden. Zur besseren Übersichtlichkeit wurden die Pläne zu Gesamtplänen zusammengefügt, so dass alle im jeweiligen Geschoss zu berücksichtigenden Transponder beinhaltet waren. Diese Gesamtpläne erwiesen sich im späteren Umgang durch die Ergänzung der jeweiligen Transponderbezeichnung als vorteilhaft. Insgesamt belief sich der Planungsaufwand für den Einbau auf insgesamt circa 100 Stunden. Hierbei ist zu berücksichtigen, dass die Pläne nicht durch geschulte technische Zeichner erstellt wurden, so dass bei der zeichnerischen Umsetzung mit einer deutlichen Optimierung zu rechnen ist.

Bei einer Implementierung der Transponderplanung in eine objektorientierte Bauwerksplanung könnte der Aufwand durch eine interne Routine wesentlich gesenkt werden, wenn den raumbildenden Bauteilen die Transponder automatisch im Halbwandverfahren zugewiesen werden. Unter Berücksichtigung der eineindeutigen Zuweisbarkeit könnte ebenso die Transponderbezeichnung automatisiert werden, da in den objektorientierten Planungswerkzeugen die entworfenen Bauteile bereits intern eine eineindeutige Referenzierung beinhalten.

5.2.2.2 Einbauvorschriften

Die Einbauvorschriften wurden auf Grundlage der Festlegungen der ersten Forschungsphase wie in Abbildung 47 dargestellt übernommen und ergänzt.

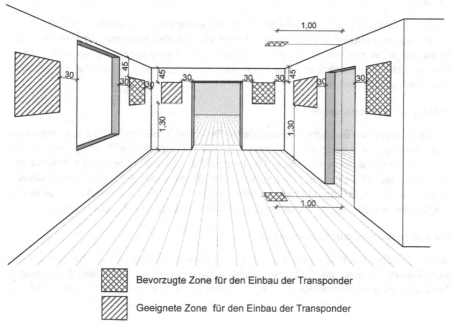

Bevorzugte Zone für den Einbau der Transponder

Geeignete Zone für den Einbau der Transponder

Abbildung 47: Einbauvorschrift für Transponder der ersten Forschungsphase[97]

---

[97] Vgl. *Jehle et al. 2011.* S. 62.

Wände

In allen Wänden wurde der raumseitige Transponder vertikal in einer Höhe von ca. 1,20 m
ü. OKRF[98] und horizontal 1,0 m von der rechten Bauteilgrenze (bei Versprüngen bezogen
auf die Einbauhöhe) installiert. Bezüglich des großformatigen Planziegels Poroton-Plan-T 16
(Ziegelhöhe 24,9 cm) entspricht dies der sechsten Mauerwerkslage. Dies konnte im Pilotprojekt umgesetzt werden, da keine brüstungshohen horizontalen Elektroinstallationsbereiche
vorgesehen waren. Generell sollten die Transponder mit der Unterkante des Transponders
oberhalb von 1,30 m ü OKFF[99] eingebaut werden. Bauwerksübergreifend ist eine einheitliche
Höhe bezüglich OKFF anzusetzen, d. h. dass bei der Installation in Treppenhäusern die jeweilige Podesthöhe relevant ist.

Eine Besonderheit stellt der Transponder des Wandbauteils mit der Raumzugangstür dar
(Türprimat). Hier wurde der Transponder horizontal 30 cm außerhalb der Rohbaukante der
Laibung auf Schlossseite geplant. Eine äquivalente Anordnung bei einzelnen raumtrennenden Türen erwies sich in der Anwendung bezüglich der Auffindbarkeit der Transponder
ebenfalls als vorteilhaft.

Stützen

Bei den Stützen wurde in Anlehnung an die Vorgaben der Wände ebenfalls eine Einbauhöhe
der Transponderunterkante von 1,20 m ü. OKFF angewendet. Horizontal empfiehlt sich die
Anordnung in der Mitte der Stützenbreite. Da bei Stützen eine Zuordnung der raumseitigen
Ansichtsfläche nicht möglich ist, sollte im Grundriss eine geografische Seite für das gesamte
Gebäude festgelegt werden.

Decken- und Bodenbauteile

Für die Decken- und Bodenbauteile erfolgte die Definition in Bezug der Raumzugangstür. In
deren verlängerter orthogonaler Symmetrieachse zur Türblattfläche[100] erfolgte die Anordnung in einem Abstand von 2,0 m zur Tür. Innerhalb eines Raumes befinden sich somit beide Transponder übereinander. Die einzubauenden Transponder innerhalb einer Geschoss-
decke für die oberhalb und unterhalb der Decke befindliche Gebäudeebene können jedoch in
Abhängigkeit der jeweiligen Raumausbildung in ihrer Lage voneinander abweichen.

Zusatztransponder gemäß Planungsraster

Bezüglich großer Raumflächen und langer Flure empfiehlt es sich, zusätzliche Transponder
unter Berücksichtigung der Teilungsmöglichkeit dieser Räume vorzusehen. Den meisten
Gebäuden mit einer solchen Raumstruktur liegt ein Raster zugrunde, das für diese Planung
herangezogen werden kann. Somit können Änderungen in der Ausführung nach Erstellung
des Rohbaus sowie spätere Umplanungen in der Raumaufteilung unproblematisch berücksichtigt werden.

---

[98] OKRF - Oberkante Rohfußboden
[99] OKFF - Oberkante Fertigfußboden
[100] Gemäß *DIN 18111-1* Richtung A (Ebene) vgl. Bild 2.

Weniger hohe Bauteile[101] wie beispielsweise Brüstungen, sollten den Transponder im Grundriss nach der gleichen Anordnung erhalten, hier ist individuell ein Abstand von der Bauteiloberkante festzulegen.

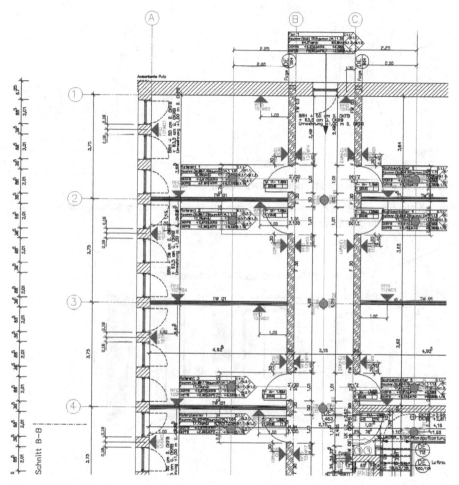

Abbildung 48: Planausschnitt Transponderplanung 1.OG[102]

---

[101] Im Projekt nicht vorhanden.

[102] Grundlage der Transponderplanung sind die Pläne des Generalplaners „Gössler Kreienbaum Architekten BDA". Zur besseren Übersichtlichkeit wurden die Planbereiche A und B der einzelnen Geschosse jedoch auf einem Plan dargestellt, die erforderlichen Transpondersymbole positioniert und vermaßt.

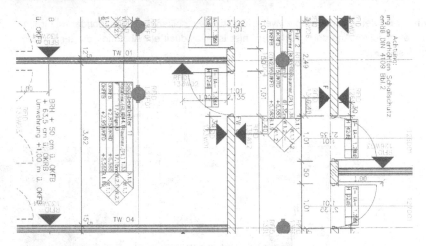

Abbildung 49: Detailausschnitt Transponderplanung 1.OG

Für den Neubau des Pilotprojektes ergaben sich die in der Abbildung 50 dargestellten maßlichen Vorgaben für den Einbau.

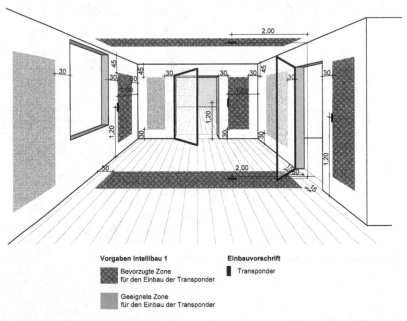

Abbildung 50: Einbauvorschrift für Transponder am Projekt LMdF Potsdam[103]

---

[103] Nach *Jehle et al. 2011.* S. 62.

5.2.2.3 Transponderbezeichnung

Für das Anwendungsmodell besteht für die Transponderbezeichnung lediglich die Forderung, dass jedes Bauteil eineindeutig bezeichnet wird. Für spätere softwarebasierende Anwendungen ist hierbei denkbar, dass aus der objektorientierten Planung (z. B. in einem BIM) heraus jedem Bauteil beispielsweise ein alphanumerischer Code vergeben wird. Diesem werden in der voranschreitenden Planung alle bauteilrelevanten Informationen zugeordnet. Im Pilotprojekt wurden die Bauteile nach einem logischen Schema raumorientiert bezeichnet. Dies hat den Vorteil, dass zum einen bereits innerhalb der Transponder- / Bauteilkennung weitere Informationen platzsparend abgelegt werden. Zum anderen wird bereits beim Aufrufen der Transponderbezeichnung eine entsprechende Orientierung ermöglicht, was manuelle Arbeiten am Bauteil erleichtert.

In Abweichung zu der Dokumentationsrichtlinie des BBR wurde innerhalb des Pilotprojektes auf die Kennzeichnung der Liegenschaft und des Gebäudes bei der Bauteilbezeichnung verzichtet. Somit konnte die Bauteilbezeichnung auf sechs Stellen reduziert werden. Diese setzt sich in den ersten drei Ziffern aus der Raumbezeichnung zusammen. Hierbei steht die erste Ziffer für das Geschoss und die zweite und dritte Ziffer für die durchlaufend nummerierten Räume der Etage. Die vierte Stelle ist mit einem Code für die Bauteilart (W-Wand, S-Stütze, D-Decke, F-Fußboden) und die fünfte und sechste Stelle mit der fortlaufenden Nummerierung der gleichartigen Bauteile innerhalb eines Raumes belegt.

5.2.3 Einbau und Aufwand

Der Informationsspeicher des Bauteils, der durch den Transponder ermöglicht wird, soll fest und geschützt innerhalb des Bauteils integriert werden. Somit ist es erforderlich, Bauteile die zur Rohbaukonstruktion gehören während der Rohbauphase mit UHF-Transpondern auszustatten. Dies bedarf besonders bei den Bauelementen, deren Struktur während der Rohbauphase nicht offen ersichtlich auf die Raumzuordnung schließen lässt, einer erhöhten Sorgfalt. Die Leserreichweiten zwischen einem halben und 2 m ermöglichen Toleranzen beim Einbau, jedoch sollte ein Schema[104] bei der Anordnung konsequent eingehalten werden, um in der späteren Anwendung das intuitive Auffinden zu ermöglichen.

Für die Integration der Transponder im Bauteil sollte dieser so ausgerichtet und fixiert werden, dass die optimale "Auslesekeule" in den Raum weist. Nur so ist für die spätere Nutzung die optimale Ansprechposition mit dem Lesegerät gewährleistet. Desweiteren muss der Transponder über die gesamte Lebensdauer des Bauteiles so fixiert bleiben, dass er weder diese Ausrichtung verliert, noch seine Position anderweitig messbar verändert. Der Einbau des Transponders innerhalb des Bauteils gewährleistet somit durch die Integrität des Bauteiles selbst die Sicherheit des Transponders. Die Einbausituation muss sicherstellen, dass der Transponder sich so innerhalb des Bauteils befindet, dass sowohl die reguläre Abnutzung als auch mögliche erwartungsgemäße Beschädigungen des Bauteils die Transponder nicht gefährden. Dies ist beispielsweise bei einem Stahlbetonbauteil durch den Einbau möglichst kernorientiert, innerhalb der Betondeckung, aber außerhalb der Bewehrung gewährleistet. Es

---

[104] Vgl. *5.2.2 Planung der Anordnung und des Einbaus.*

ist davon auszugehen, dass Transponder in anderen Bauteilen aus anderen Materialien in gleicher Positionierung ebenfalls einige Zentimeter unter der Bauteiloberfläche, genauso geschützt aufgehoben sind.

Für die Beurteilung des Einbaus empfiehlt sich die getrennte Betrachtung nach Bauteil und Material.

Für den Einbau von Transpondern in Stahlbetonbauteilen werden die an beiden Enden befindlichen Bohrungen des Transponders genutzt, um durch diese mittels Rödeldraht eine Verbindung zur Bewehrung herzustellen. Bei Bewehrungsabständen, die die Länge der Transponder übersteigen, wurden teilweise Bewehrungsstäbe als Ergänzung eingebunden. Durch eine flexiblere Einbaumöglichkeit, beispielsweise mit Kabel-Bindern oder ähnlichem könnte der Aufwand reduziert werden. (Zum Aufwand des Transpondereinbaus siehe Kapitel 7 *Personelle und monetäre Auswirkungen in der Bauphase*.) Bei anderen Materialien müssen individuelle Einbaumöglichkeiten gefunden werden. So können im Mauerwerk die Transponder eingelegt oder eingemauert, im Trockenbau innenseitig befestigt werden. Die Einbauvariante ist so zu wählen, dass keine metallische Abschirmung die Erreichbarkeit des Transponders mit den Lesegeräten verhindert.

5.2.3.1 Horizontale Bauteile: Decken und Fußbodenbauteile

Obwohl Konstruktionen aus Holz, Stahl oder Verbundkonstruktionen bei der Errichtung von Decken und Fußbodenbauteilen möglich sind, bilden sie nur einen vernachlässigbar kleinen Anteil im Hochbau. Daher soll nur die hauptsächliche Anwendungsvariante der Stahlbetondecke näher betrachtet werden. Da Decken- und Fußbodenbauteile meist in raumübergreifenden Abschnitten gefertigt werden, ist gerade hier das Positionieren mit äußerster Sorgfalt durchzuführen. Bei dem Pilotprojekt in Potsdam wurden die Decken aus Halbfertigteilen als Gitterträgerplatten mit Bewehrungs- und Ortbetonergänzung ausgeführt. Aufgrund der vorgelagerten Vergabe und Bindung des Nachunternehmers zur Lieferung der Gitterträgerplatten konnte dieser in das Forschungsprojekt nicht mehr eingebunden werden. In die Halbfertigteile konnten daher keine Transponder integriert werden. Somit wurden die Transponder für diese horizontalen Bauteile innerhalb der Ortbetonergänzung eingebaut. Die zum darunter liegenden Raum ausgerichteten Deckentransponder wurden somit von oben mittels Mörtel auf der vorher gekennzeichneten Halbfertigteilfläche fixiert. Die nach oben gerichteten Fußbodentransponder wurden teilweise äquivalent verbaut oder auf der oberen Bewehrungslage mittels Rödeldraht befestigt. Der Einbauort für die Bodentransponder unterhalb der oberen Bewehrungslage wurde von den Ausführenden mit der reduzierten Beschädigungsgefahr während der Komplettierung der Bewehrung, aber vor allem während des Einbringens des Betons begründet. Unabhängig davon erweist sich jedoch die Einbauvariante oberhalb der oberen Bewehrungslage in der folgenden Bau- und Nutzungsphase bezüglich der Auslesbarkeit der Transponder als vorteilhafter. Vor diesem Hintergrund empfiehlt es sich, bei zukünftigen Projekten alle in Deckenbauteilen angeordneten Transponder, auch in Halbfertigteilen, oberflächenorientiert und außerhalb der Bewehrung zu integrieren. Reduzierungen in der Lesereichweite durch den Einbau von Transpondern hinter der Bewehrung erweisen sich gerade bei horizontalen Bauteilen als besonders problematisch, da durch entsprechende Aufbauhöhen, z. B. abgehängte Decken oder aber auch Hohlraum- beziehungsweise Doppelböden, die spätere leichte Zugänglichkeit durch das Lesegerät reduziert wird.

Abbildung 51: Aufbau des Doppelbodens an der Türschwelle eines Büros

5.2.3.2 Vertikale Bauteile

Stützen-, Wandbauteile aus Stahlbeton

Äquivalent zu den horizontalen Bauteilen aus Stahlbeton sollte der Einbau der Transponder außerhalb der Bewehrung mit ausreichender Raumwirkung erfolgen. Bei den Stützen erfolgt der Einbau relativ unproblematisch. An einer bauwerksübergreifend festgelegten Seitenorientierung wird der Transponder mittig auf entsprechender Höhe an der Bewehrung befestigt und einbetoniert. Die angegebene Einbauhöhe sollte sich auf das Maß oberhalb der Oberkante Rohdecke beziehen. Problematisch könnte sich der Einbau dann erweisen, wenn sich auf der festgelegten Seitenorientierung die Stellschalung der Stütze befinden sollte. Eine ähnliche Situation liegt bei den Wandbauteilen vor. Bei normal bewehrten Wandbauteilen ist der Einbau von Transpondern auf Seiten der Stellschalung nach Fertigstellung der Bewehrung zwar mit einem erhöhten Aufwand verbunden, jedoch noch möglich. Sollte der Einbau von Transpondern bei hochbewehrten Bauteilen auf Seiten der Stellschalung erforderlich sein, so ist dies zwingend in den Ablauf der Bewehrungsarbeiten zu integrieren. Die Befestigung mit Rödeldraht hat sich bewährt, lässt sich aber mit vorgefertigten Lösungen weiter optimieren. Die Überprüfung des Einbaus und der richtigen Positionierung der Transponder könnte im Bauablauf verfahrenstechnisch im Zusammenhang mit der Bewehrungsabnahme durchgeführt werden.

Wandbauteile aus Mauerwerk

Der Einbau der Transponder in Mauerwerk ist in hohem Maß vom gewählten Steintyp und -format abhängig. Bei Mauerwerksbauteilen aus großformatigen Steinen mit entsprechenden Öffnungen zum Ansetzen von Hebezeugen lässt sich der Transponder innerhalb dieser Öffnungen einsetzen. Gleiches gilt für nicht verschäumte Hochlochziegel. Dies führt zu einer erheblichen Reduzierung des Einbauaufwandes. Hierbei können maßgebliche Abweichungen in horizontaler beziehungsweise vertikaler Richtung von bis zu 15 cm toleriert werden. Sie haben kaum Einfluss auf die spätere Anwendbarkeit.

Bei kleinformatigen Steinen ist es erforderlich, händisch entsprechende Öffnungen für den Transponder herzustellen. Der zeitliche Aufwand ist erheblich vom Geschick der Arbeitskraft abhängig und schwankt aus diesem Grund stark. Maßgeblich für den Einbau ist auch im Mauerwerk die Orientierung der "Lesekeule". Aufgrund der nur geringfügig schwächeren rückwärtigen "Empfangskeule" sollte aber eine in Längsachse um 180° verdrehte Einbauposition kaum negativen Einfluss auf die spätere Anwendung haben.

Der teilweise rabiate Einbau, bei dem mittels Hammer die Kunststoffgehäuse der Transponder in den Ziegel eingetrieben worden sind, hat der später ermittelten geringen Ausfallrate zufolge kaum zu Schäden an den Transpondern geführt. Er sollte jedoch vermieden werden, da die wasserdicht versiegelten Gehäuse diese Eigenschaft bei der Behandlung verlieren könnten und bei Feuchtezutritt später Schäden in den Transpondern auftreten könnten.

Wandbauteile aus Trockenbau

Obwohl die meisten Gipskartonplatten, die im Trockenbau verwendet werden, physikalisch 10-15 % Wasser gebunden haben, bewirkt dieses Material für die Auslesbarkeit der Transponder kaum eine messbare Dämpfung. Auch die üblichen Dämmmaterialien für die Sicherstellung des Wärme- beziehungsweise Schallschutzes beeinflussen aufgrund ihrer nichtmetallischen Materialeigenschaften die Auslesbarkeit in der Regel nicht. Ausnahme bilden allerdings die in metallapplizierten Folien eingepackten Wärmedämmtaschen beziehungsweise Bleche, die zur Erhöhung der Widerstandsklasse oder zur Erreichung eines Strahlenschutzes zwischen die Gipskartonplatten eingebaut werden. Im Hinblick auf die in den folgenden Kapiteln dargestellte Auslesbarkeit von Transpondern, die in solche Konstruktionen eingebracht wurden, kann von einer größeren Toleranz für Abweichungen in der Positionierung ausgegangen werden.

Im Pilotprojekt Potsdam wurden die Transponder in ihrer Lage durch Hilfskonstruktionen zwischen dem Ständerwerk positioniert. Während der späteren Messungen konnten in der Regel durchgängig Lesereichweiten zwischen eineinhalb und zwei Metern ermittelt werden. Bei einem regelmäßigen Ständerabstand zwischen 60-80 cm würde also eine Befestigung des Transponders an einem Ständer eine maximale Toleranz von 40 cm erreichen, was bei voran erwähnten Lesereichweiten keine Beeinträchtigung darstellen würde. Wesentlich effektiver ist jedoch eine Befestigung der Transponder nach dem einseitigen Beplanken der Ständerwand mittels Trockenbauschrauben, die eine ausreichende Fixierung gewährleisten. Durch die relativ stark ausgeprägte rückwärtige „Lesekeule" können die Transponder auch sehr leicht von der anderen Seite, also vom angrenzenden Raum aus angesprochen, gelesen und beschrieben werden. Hier empfiehlt es sich zukünftig, eine metallische Fläche an der rückseitigen Transponderfläche zu installieren. Dies könnte beispielsweise über selbstklebende Metallfolie sehr einfach ausgeführt werden.

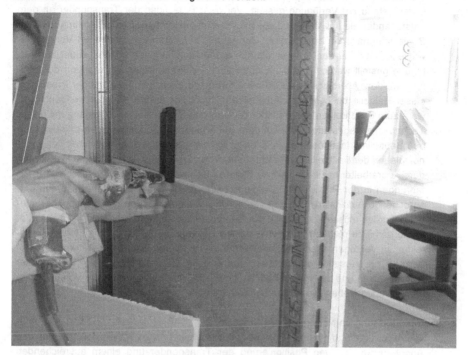

Abbildung 52: Befestigung der Transponder in einer nachgerüsteten Wand

5.2.4 Erreichbarkeit – Validität des Systems

Für die Zuweisung der eindeutigen Bauteilkennung und der damit verbundenen Bauteilinformationen können drei Wege im Produktionsprozess beschritten werden.

5.2.4.1 Initialisierung

1. **Vorinitialisierte Transponder:**
   Ein im Büro vorbereiteter und eindeutig äußerlich gekennzeichneter Transponder wird mit den zugeordneten Datensätzen bezüglich des Plansolls ausgestattet und während des Bauprozesses dem entsprechenden Bauteil zugeordnet. Hierbei ist es von äußerster Wichtigkeit, dass zum einen über eine zusätzliche, äußerliche Kennzeichnung, als auch über die Kenntnis des späteren Einbauortes der richtige Transponder dem richtigen Bauteil und der richtigen Halbwandseite zugeordnet wird. Diese Vorgehensweise bedarf einer vorauseilenden Vorbereitung der Transponder, jedoch ist dadurch die Flexibilität in der Ausführung vor Ort stark eingeschränkt. Desweiteren ist die Gefahr der Fehlpositionierung sowie des Verlustes durch nicht vollständig eingewiesene Arbeitskräfte äußerst hoch. Somit wurde von diesem Vorgehen unter den Randbedingungen der Pilotbaustelle Abstand genommen.

2. **Initialisierung während des Einbaus der Transponder:**
    Während des Produktionsprozesses werden den Arbeitskräften die Transponder im Lieferzustand zur Verfügung gestellt. Vor dem Befestigen der Transponder an dem entstehenden Bauteil werden diese mit der entsprechenden Bauteilkennung und den Bauteilinformationen beschrieben. Gegenüber der voran beschriebenen Vorgehensweise können hier den Arbeitskräften in ausreichender Anzahl Transponder zur Verfügung gestellt werden und der Einbau auch bei kurzfristigen Änderungen durchgeführt werden. Allerdings ist es hierbei erforderlich, dass sämtliche mit der Produktion dieser Bauteile beschäftigten Arbeitskräfte nicht nur mit der entsprechenden Hardware zum Beschreiben der Transponder und den Kenntnissen im Umgang mit dieser Technologieausgestattet sind, sondern auch jederzeit Zugang zu den entsprechenden Bauteilinformationen haben. Dies ist bei der derzeitigen Verfügbarkeit der Technologie auf der Baustelle noch nicht realisierbar. Denkbar wäre hier, die Initialisierung durch Vorarbeiter beziehungsweise Poliere / Bauleiter vornehmen zu lassen. Aus Erfahrungen in der Praxis kann allerdings selten sichergestellt werden, dass das entsprechende Aufsichtspersonal genau zu dem Zeitpunkt, wenn die Transponder integriert werden müssen, vor Ort an der Einbaustelle sein kann. Somit ist bei dieser Variante damit zu rechnen, dass eine solche Umsetzung bei klassischen Hochbauprojekten zu Verzögerungen im Bauablauf führt. Am Pilotprojekt besaßen nur die Personen, die die Versuche durchführten, den Zugang zur Technologie, um Transponder anzusprechen und zu beschreiben. Aus diesen Gründen wurde für die Versuche von dieser Variante ebenfalls Abstand genommen.

3. **Initialisierung im Nachgang des Einbaus:**
    Die Arbeitskräfte, die mit der Fertigung der Bauteile beschäftigt sind, werden mit den Angaben zur genauen Positionierung der Transponder und einem ausreichenden Vorrat an Transpondern ausgestattet. Sie bauen diese sukzessive innerhalb des regulären Bauablaufes im Lieferzustand ein. Im Nachgang an die Fertig- oder Teilfertigstellung des Bauteils können Personen eines autorisierten Kreises (beispielsweise Poliere, Bauleiter etc.) die vorbereiteten Bauteilinformationen auf die Transponder überspielen. Dies lässt sich vorteilhafterweise mit normalen administrativen Aufgaben, beispielsweise den Leistungsfeststellungen vor Ort (bei Stahlbetonbauteilen Bewehrungsabnahme, Fertigstellungsmeldungen bei anderen Bauteilen) kombinieren. Hierbei sollte jedoch beachtet werden, dass die Nutzung des Transponders erst nach der Initialisierung beginnen kann und somit im Produktionsprozess möglichst früh angeordnet werden sollte, um die Prozessdaten so vollständig wie möglich zu erfassen.

Beim Pilotprojekt in Potsdam wurde die dritte Variante ausgewählt. Wird die Initialisierung in einem losgelösten Prozess auf der Baustelle vorgenommen und so mehrere Bauteile mit Bauteilinformationen bestückt, kann eine gewisse Einarbeitung und ein damit verbundener Synergie-Effekt genutzt werden, so dass der Initialisierungsaufwand sinkt.

5.2.4.2 Lesen und Beschreiben des Transponders

Die Nutzbarkeit des Modells „Intelligentes Bauteil" ist maßgeblich von der sicheren Kommunikation mit dem Transponder abhängig. Hierbei soll der spätere Systemanwender dem Bauteil die Information schnell, einfach und nahezu intuitiv entnehmen können und je nach Bedarf nach der Bearbeitung wiederum sicher in das Bauteil abgelegen können. Somit ist ein maßgeblicher Teil der Versuche im Pilotprojekt Potsdam (neben der Integration eines solchen Systems innerhalb des regulären Bauablaufs) die Untersuchung der Erreichbarkeit der jeweiligen Transponder in den verschiedenen Phasen des Projektes.

Auf der Baustelle wurden also mobile Lesegeräte[105] eingesetzt, mit denen die Transponder gemäß der relativ einfachen Einbauvorschriften aufgesucht werden konnten. In Kenntnis der wahrscheinlichen Position des Transponder wurde das vom Lesegerät emittierte elektromagnetische Feld ausgerichtet und so lange suchend am Bauteil verändert, bis ein Transponder auf den Kommandobefehl seine TagID[106] übertragen hatte. Der Aufwand der Transpondersuche steigt mit entsprechender Abschirmung der Transponder durch das Bauteil und der somit verbundenen Reduzierung der Lesereichweiten. Befinden sich mehrere Transponder in Reichweite, ist es erforderlich, den gewünschten Transponder zu identifizieren. Ist die Kennung des Transponders unbekannt, kann dies nur über den lokalen Ausschluss erfolgen, indem mittels Regulierung der Sendeleistung die Leserreichweite des Lesegerätes so lange reduziert wird, bis der entsprechende Transponder über seine Position isoliert wird. Ist die Kennung bekannt und zuweisbar, können die gewünschten Transponder über die TagID direkt angesprochen werden.

Ist der gewünschte Transponder identifiziert, können mit dem Lesegerät hinterlegte Informationen abgerufen, verändert beziehungsweise neue oder geänderte Informationen abgelegt werden. Hierbei ist festzustellen, dass gegenüber dem reinen Lesevorgang der Vorgang des Beschreibens energieintensiver und bei zu kurzen Lesereichweiten nicht möglich ist. Aus diesem Grund ist für die Anwendbarkeit die Schreibreichweite ausschlaggebend. Die momentan verwendeten UHF-Transponder benötigen für die Schreibvorgänge gegenüber dem Auslesen zudem mehr Zeit. Beim Schreibvorgang wird nach dem Senden der Kommandobefehle durch das Lesegerät der Speicher erst blockweise von vorne beginnend ausgelesen und überschrieben. Kommt es während dieses Vorganges zu einer Störung, beispielsweise infolge einer Unterbrechung des Lese- / Schreibfeldes, sind die Informationen nur teilweise übertragen. Somit ist es bei dieser Technologie unbedingt erforderlich, bei der späteren Entwicklung von Zugriffsapplikationen den Schreibvorgang durch ein Verifizieren der abgelegten Informationen im Abschluss des Schreibvorganges zu ergänzen.

Beim Zugriff über geeignete Kommunikationsapplikationen auf die verwendeten Transponder und Lesegeräte können Informationen blockweise ausgewählt und so ausgelesen beziehungsweise überschrieben werden. Dieser Ansatz sollte zur Erhöhung der Effektivität auch beim Entwurf von Schnittstellenlösungen für die Anbindung von Softwarelösungen aus dem Bauwesen nachverfolgt werden. So können gezielt in Blöcken abgelegte Informationen an der entsprechenden Speicherposition ausgelesen oder verändert, und so ein zeitaufwändiges, vollständiges Erfassen der gesamten Daten umgangen werden.

---

[105] Vgl. *5.2.1 Technologien*, S. 104 ff.
[106] TagID: Identität in Form einer eineindeutigen Nummer.

Im Pilotprojekt LMdF Potsdam wurden die Informationen in der Arbeit mit dem Bauteil auf die entsprechende Bauteilkennung eingeschränkt. Soweit gelten alle Werte, die in den folgenden Kapiteln dargestellt werden, für eine Kommunikation mit der TagID, die zur Ablage der Bauteilkennung nach der bereits beschriebenen Systematik genutzt wurde.

Die Versuche zur Kommunikation mit den Bauteilen vor Ort können in drei Hauptgruppen kategorisiert werden: Lesbarkeit, Beschreiben der Transponder und Anbindung an Softwareanwendungen.

5.2.4.3 Versuchsgruppe I: Lesbarkeit

Nachdem die Transponder im normalen Bauablauf durch die Mitarbeiter des ausführenden Nachunternehmers installiert worden sind, wurde in dieser Versuchsgruppe die Vollständigkeit der geplanten Transponder erfasst. Hierzu wurden die Transponder mit dem portablen Lesegerät "MicroPlex" beziehungsweise dem „Tablet-PC" angesprochen. Die Messungen erfolgten raumweise an den entsprechenden Wandtranspondern. Zur Vorbereitung wurde anfänglich die Position der Transponder anhand der Planung ermittelt. Aufgrund des einheitlichen Einbaurasters konnte im Fortgang der Messungen darauf verzichtet werden, da den verschiedenen geräteführenden Versuchsteilnehmern die vorgesehenen Positionen für die Transponder intuitiv bewusst waren. Maßgabe für das richtige Ansprechen der Transponder war die eindeutige Identifizierung eines Transponders sowie das Auslesen aus der richtigen Ausleseposition.[107] Wurde ein Transponder nicht innerhalb von circa 1 bis 2 min erreicht, so gilt er unter der Maßgabe der Praktikabilität als nicht erreichbar. Neben der reinen Validität des installierten Systems, das heißt der Anzahl der nutzbaren Transponder in Bezug auf die geplanten, wurden auch die Dauer für die Lesevorgänge ermittelt. Die Einstellungsarbeit zur Isolierung von Transpondern bei Mehrfachauslesungen sind Bestandteil der ermittelten Lesezeiten. Die Laufwege innerhalb des Büros sind ebenfalls Bestandteil der erfassten Lesezeiten. Sie beginnen beim ersten Transponder und finden ihren Abschluss beim Auslesen des letzten Transponders. Hierbei waren die untersuchten Räume zwischen 15 und 40 m² groß und unmöbliert.

Die Messung bezüglich der Validität des Systems erstreckte sich über mehrere Fertigstellungsphasen des Gebäudes. Erste Messungen wurden zeitnah nach der Fertigstellung der jeweiligen Rohbauabschnitte durchgeführt. Weitere Messungen erfolgten sowohl in der Phase des fast fertiggestellten Ausbaus als auch nach Übergabe an den Nutzer. Während in der Rohbauphase der Zugang zu allen Bauteilen nahezu unproblematisch und unbehindert war, musste während der fortgeschrittenen Ausbauphase, vor allem aber während der Nutzungsphase zusätzlicher Aufwand für den Zutritt der Nutzräume berücksichtigt werden.

---

[107] Bei den Elektroräumen konnte aufgrund der Installation des Unterverteilerschrankes der entsprechende Transponder nur aus dem Treppenhaus heraus, also von der Rückseite erkannt werden.

Die einzelnen Messungen werden innerhalb der Versuchsgruppe I „Lesbarkeit" wie folgt unterteilt:

Versuch I – 1:	Messung im fertiggestellten Rohbau
Versuch I – 2a:	Messung im fertiggestellten Gebäude
Versuch I – 2b:	Messung im in Nutzung genommenen Gebäude

Für das eindeutige Identifizieren von nah beieinanderliegenden Transpondern, die nicht direkt über die TagID angesprochen werden können, sind zwei Vorgehensweisen praktikabel:

- Zum einen kann über den Abstand des Lesegerätes zum Bauteil versucht werden, mit dem Grenzbereich der „Lesekeule" die unerwünschten Transponder auszuschließen. Da die Erreichbarkeit der Transponder innerhalb der Lesekeule nicht linear abnimmt und zudem Nullstellen und Überreichweiten auftreten können, ist dieses Vorgehen problematisch. Desweiteren bedingt dieses Vorgehen eine unterschiedliche Kennung der erfassten Transponder, um im Fortgang des Versuches den gewünschten Transponder zum Beschreiben direkt ansprechen zu können. Die für die Versuche erworbenen Transponder waren jedoch werksseitig innerhalb einer Verpackung größtenteils identisch bezeichnet.
- Eine andere Vorgehensweise ist die Beeinflussung der „Lesekeule" über die Einstellung der Sendeleistung. Hier wäre in der weiteren Entwicklung der Geräte eine direkte Regulierungsmöglichkeit wünschenswert. Bei den verwendeten Geräten war die Einstellung nur über ein separates Konfigurationsmenü möglich, so dass sich erforderliche Anpassungen im Gebrauch als anwenderunfreundlich erwiesen.

5.2.4.4 Versuchsgruppe II: Beschreiben von Bauteiltranspondern

Bezüglich der Nutzung des Systems wurde das manuelle Beschreiben der Transponder untersucht. Hierbei wurden die werksseitig abgelegten TagID mit der zugeordneten Bauteilkennung gemäß Plan überschrieben. In Anlehnung an die Versuche zur Überprüfung der vollständigen Erreichbarkeit der eingebauten Transponder wurden einerseits sämtliche Wandtransponder und andererseits alle Boden- und Deckentransponder untersucht. Startpunkt der Messung war auch hier das betriebsbereite Lesegerät und die Kenntnis der zu hinterlegenden Daten. Auch bei diesen Versuchen wurden die Transponder raumweise fortlaufend beschrieben. Das Beschreiben beginnt mit dem Ansprechen des Transponders, bei dem die ursprüngliche Kennung übertragen wird. Dieser Kennung wird die gewünschte Bauteilbezeichnung in der Software für das Lesegerät zugeordnet und anschließend übertragen. Der Vorgang wird durch ein erneutes Auslesen der abgelegten Informationen zur Überprüfung abgeschlossen.

5.2.4.5 Versuchsgruppe III: Anbindungen an Softwareanwendungen

Versuchsgruppe IIIa: Informationsbearbeitung (Zuweisung Materialdaten)

Mit dem „Tablet-PC" ist der Zugriff auf ausgewählte Software aus dem Bauwesen möglich. Für die Untersuchung wurde das Programm Allbudget® zur Simulation der Ablage von Materialdaten genutzt. Hierfür wurde eine RFID-Schnittstelle programmiert und in das Programm integriert. Ein speziell zugeschnittenes Programm als Schnittstellenmodul spricht die Midd-

leware an und liest so die Bauteilkennung aus dem Transponder aus. Diese wird in einer eigenen *.txt-Datei innerhalb des entsprechenden Projektordners von Allbudget® abgelegt.
Das Programm greift auf die Datei zu und öffnet die das Bauteil betreffende Position im abgelegten Projekt. Hier kann durch den Anwender der Abgleich mit den im Projektraum hinterlegten, bauteilgenauen Informationen und der Situation vor Ort durchgeführt werden. Für die
Vollständigkeit des avisierten, durchgängigen Datenmodells ist es erforderlich, den Plandaten des Bauteiles die zugehörigen Informationen über die verbauten Materialien zuzuweisen.
Es wird davon ausgegangen, dass über die mitgelieferte Dokumentation des Materials beziehungsweise über die Lagerhaltung die Materialinformationen in ausreichender Qualität zur
Verfügung stehen. Für diese Versuche wurden exemplarisch Materialkennwerte der Maler-
arbeiten an den Trockenbauwänden als Datenbausteine vorbereitet. Diese beinhalten die
Grundierung und den Deckanstrich mit weißer Dispersionsfarbe. Startpunkt der Versuche ist
der betriebsbereite „Tablet-PC", auf dem das Programm Allbudget® sowie die RFID-
Schnittstelle gestartet werden. Durch das Einlesen der Bauteilkennung springt das Programm automatisch in die Position des angesprochenen Bauteiles. Hier wird entsprechend
der Fertigungssituation des Bauteiles die jeweilige Materialinformationen zugewiesenen und
innerhalb der Datenbank abgelegt.

Versuchsgruppe IIIb: Informationsbearbeitung (Zuweisung Prozessdaten)

Ähnlich der Versuchsgruppe IIIa erfolgt hier die Zuweisung der Prozessdaten innerhalb des
Programmes Allbudget®. Auch hier beginnt die Messung mit dem betriebsbereiten „Tablet-
PC", auf dem das Programm inklusive RFID-Schnittstelle gestartet wird. Ebenso erfolgt über
die Auslesung der Bauteilkennung das Anzeigen des richtigen Bauteiles, in dessen Menü ein
Bauteiltagebuch geöffnet werden kann. Hier erfolgte als Simulation einer Bauteilabnahme die
Veränderung des Status von "in Fertigung" zu "Abnahme" mit dem Eintrag des aktuellen Da-
tums sowie dem Namen der durchführenden Person. Ebenso können in diesem Menü auch
andere Status und Informationen vermerkt werden. Dies betrifft beispielsweise den Vermerk
„Mangel" mit einer kurzen Beschreibung, dem nach entsprechender Abarbeitung Zustände,
zum Beispiel „beseitigt", zugeordnet werden können.

5.2.5   Datentransfer

Gemäß dem eingeführten Datenflussmodell[108] sollen alle bauteilrelevanten Informationen im
Transponder abgelegt werden. Bei der Initialisierung des Transponders erfolgt die Übertragung der Plandaten, die in einem eindeutigen Schema vorbereitet sind. Da zum Zeitpunkt
der Versuche im Frequenzbereich UHF keine Transponder mit ausreichendem Speicher zur
Verfügung standen, konnte dieser Prozess nicht direkt am Objekt untersucht werden. Daher
wurden Möglichkeiten zur Simulation des Umgangs mit den Daten entworfen. Als Ergebnis
wurde also eine Datenbank erstellt, die als "virtueller" Transponderspeicher fungiert. Aus den
Bauunterlagen und den Planungen, die im Projekt-Kommunikation-Managementsystem
(PKMS) eingestellt wurden, konnten unter erheblichem Aufwand die Plandaten für die Bauteile größtenteils bis hin zum Grundausbau zusammengestellt werden.

---

[108] Vgl. *3.2.5 Datenmodell*, S. 57 ff.

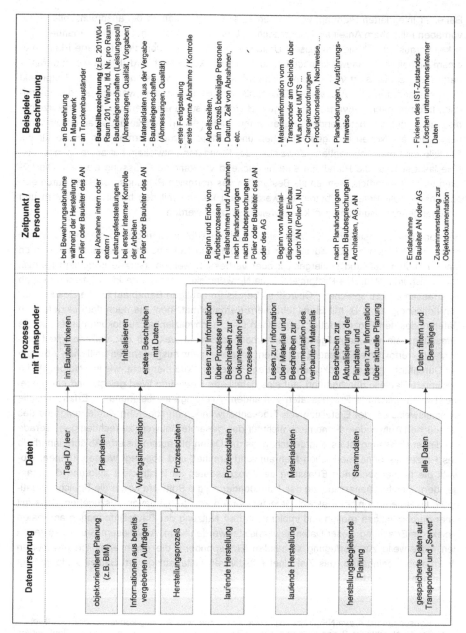

Abbildung 53: Beispiel für die Entwicklung der Daten auf dem Transponder während der Erstellung

Bei einer integrierten Planung, wie sie bereits seit einigen Jahren bei anspruchsvollen Bauvorhaben mit hohem Anteil an Anlagentechnik Einzug[109] gehalten hat, ist diese manuelle Tätigkeit voraussichtlich nicht in diesem Umfang erforderlich. Da dort die integrierte Planung in einem einheitlichen Bauwerksmodell ausgeführt und koordiniert wird, liegen die Informationen bereits zentralisiert vor. Da ein solch umfassendes Bauwerksmodell für das Pilotprojekt nicht bestand, musste eine eigene Datenablagestruktur entwickelt werden, um die zahlreichen Informationen verwertbar abzulegen. Hierbei entstand eine verzweigte Baumverzeichnisstruktur, die mit absteigenden Ebenen einen ansteigenden Detailierungsgrad der Informationen enthält. Neben den geometrischen und anderen Grundinformationen wurde für die Bauteile eine materialorientierte Zuweisung der Plandaten entwickelt. Mit ausreichender Akribie lässt sich für die Plandaten eine hinreichend vollständige Erfassung erzielen. Die Lücken und Widersprüche können als Bestandteil des normalen Planungsprozesses durch entsprechend viele Beteiligte betrachtet werden und können mit den bereits diskutierten und angegangenen Lösungsmöglichkeiten weiter reduziert werden.

Bei der Zusammenstellung der Material- und Prozessdaten kann die Vollständigkeit der zu erfassenden Daten auf Grundlage der bisher üblichen Dokumentationsabläufe nicht durch einen höheren Aufwand sichergestellt oder verbessert werden. Gerade in diesem Bereich zeigte sich im Ablauf des Pilotprojektes die Notwendigkeit, anfallende Informationen zeitnah zu erfassen und zu speichern. Obwohl es bereits im heutigen Bauablauf für die Dokumentation notwendig ist, z. B. mit Bautagebüchern Kerninformationen, die nach dem eingeführten Datenmodell den Prozessdaten zuzuordnen sind, nachvollziehbar zu dokumentieren, ist die Erfassungstiefe von bauteilgenauen Informationen meist weit von der Vollständigkeit entfernt. Hier erfolgt die Erfassung mit einem teilweise sehr ausgedehnten zeitlichen Abstand zur Durchführung der zu dokumentierenden Prozesse. Wird hier nicht, wie im Pilotprojekt für bestimmte Bauteile durchgeführt, auf eine detaillierte Erfassung Wert gelegt, sind nur grobe, meist auch unscharfe Prozessdaten vorhanden. Allerdings ist die manuelle Erfassung, die beispielsweise bei der Erstellung von Trockenbauwänden durchgeführt wurde, aufgrund des erheblichen Aufwandes ökonomisch nicht für das gesamte Bauwerk zu rechtfertigen. Gerade bei dieser Erfassung ist es erforderlich, dass die Daten als automatisierte Abläufe innerhalb des Prozesses ohne merklichen Mehraufwand ermittelt und abgelegt werden können. Obwohl die flächendeckende Erfassung der Prozessdaten im Pilotprojekt aufgrund der mangelnden Schnittstellenanbindung der Transponder an die Software sowie die Speichersituation im Usermemory nicht praktisch getestet werden konnte, ist davon auszugehen, dass mit einer durchgängigen reellen und implementierten Nutzung der Bauteilinformation am realen Objekt die Erfassung dieser Daten gewährleistet werden kann. Aus diesem Grunde sollte mit den mittlerweile zur Verfügung stehenden Transpondern, die einen erheblich erweiterten Usermemory beinhalten, das Ziel einer effektiveren Datenablage am Bauteil weiterverfolgt und umgesetzt werden.

---

[109] Im Konsortium mit Areva NP plant beispielsweise die Siemens AG den konventionellen Kraftwerksteil des Reaktorblocks 3 des Kernkraftwerkes Olkiluoto (TVO, Finnland) mit AVEVA Plant, einem 3D-basierenden PDMS (Plant Design Management System), das die Verwaltung, Koordinierung und Visualisierung des Bauwerks- und Anlagenmodells sowie weiterführender referenzierten Informationen ermöglicht. Eine ähnliche Entwicklungsrichtung lässt die CAD-Softwareprodukten beispielsweise mit Autodesk® Revit® in der Bauplanung beobachten.

Bei den Materialdaten gestaltet sich die Erfassung wesentlich schwieriger. Hier ist die Bereitstellung von detaillierten Informationen am Einbauort bisher kaum gegeben. Da die Materialinformationen innerhalb der Logistikkette auf anderen Wegen weitergegeben werden, als das Material physisch transportiert wird, kann anhand der Lieferinformationen das Objekt auf der Baustelle meist identifiziert werden. Zur Erlangung der detaillierten Materialkennwerte bedarf es jedoch eines erheblichen, teils abteilungsübergreifenden Rechercheaufwandes. Gerade bei Materialien, die als Großgebinde angeliefert und auf der Baustelle für den Einbau verteilt werden, ist die Rückverfolgbarkeit meist nicht mehr gegeben. In der Praxis ist es darüber hinaus meist erforderlich, genaue Kenntnis der äußeren Erscheinungsform der Materialien zu haben, um diese aufgrund schlechter Kennzeichnungsmöglichkeiten im Lager oder auch kaufmännisch verwalten zu können.

5.2.6 Modellversuche für Anwendungen

Aus der Anwendung innerhalb des Pilotprojektes kristallisiert sich die Erfordernis einer entsprechend handlichen Schnittstelle heraus, um den Informationsaustausch am Bauteil durchzuführen. Hierbei reicht es nicht, eine Kommunikationsschnittstelle für das Auslesen und Beschreiben von dann entsprechend großen speicherfähigen Transpondern im Bauteil zu definieren. Der überwiegende Teil der Bauteilinformationen hat einen externen Ursprung (Plandaten, Materialdaten) oder entsteht im Umgang mit diesen (Prozessdaten). Vergleichend kann hier auf die Entwicklung der am Markt gängigen Software sowie entsprechender Datenformatstandards geschaut werden, wo für den programmübergreifenden Transfer bereits normative Vorschriften (Übergabestandards etc. GAEB DA2000 für LV – vgl. Abbildung 54, DXF-Format von Autodesk) entwickelt und fortgeschrieben werden. Jeglicher Datentransfer birgt durch seinen Umfang nicht nur einen erhöhten Aufwand, sondern auch ein höheres Risiko für Fehlübertragungen. Daher ist es erforderlich, dass hier im Gegensatz zu den Schnittstellen zwischen verschiedenen Programmen ein wesentlich höherer Augenmerk auf die speichereffektive Ablage gelegt wird. Dies kann auch bedeuten, dass man von den jetzt genutzten Zeichenformaten[110] in der Übertragung auf den Transponder zu eventuell effektiveren, binär indizierten Kodierungen übergehen muss. Im Pilotprojekt muss somit die Dateneingabe auf die 95 druckbaren der insgesamt 128 US-ASCII-Zeichen beschränkt werden. Die Definition eines speichereffizienten Datenformates sollte außerhalb der Versuche am Pilotprojekt in einem anderen Kontext bearbeitet werden.

---

[110] Die Eingabe kann in US-ASCII (7-Bit-System) nach ISO 646 erfolgen, wird jedoch in der Anwendung in Befehle und Daten nach dem Hexadezimalsystem konvertiert und an den Reader übertragen beziehungsweise von ihm empfangen.

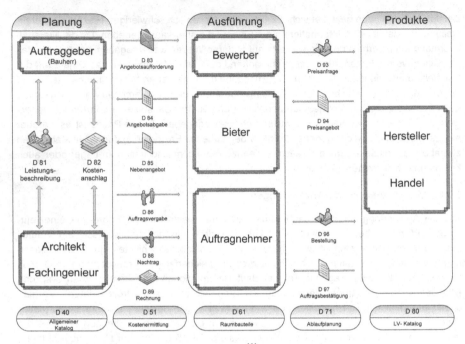

Abbildung 54: Schnittstellenmodule gemäß GAEB[111]

5.3 Auswertung

5.3.1 Technologien

5.3.1.1 Grenzen der Anwendung

Aus der Funktionalität der UHF-RFID-Technologie kann die Kommunikation mit dem Transponder nur dann stattfinden, wenn die Antenne des Transponders einem ausreichend starken elektromagnetischen Feld des Readers ausgesetzt ist und die modulierten Informationen
interferierend in das Lesefeld zurückstrahlen kann. Hierbei können im Wesentlichen zwei
Beeinträchtigung im Bauwerk eintreten:

Störung durch fremde elektromagnetische Felder:

Bereits in der ersten Forschungsphase wurde der Einfluss von aktiven und inaktiven strom-
führenden Kabeln untersucht und keine Beeinträchtigungen festgestellt. Auch im Pilotprojekt
konnte im Bauwerk kein negativer Einfluss der installierten Elektrotechnik beobachtet werden. Dies schließt auch Messungen in der Nähe von Unterverteilern in den Elektroräumen
ein. Inwiefern beispielsweise Transformatoren oder spezielle Anlagen- und Versuchstech-

---

[111] Zusammenfassung nach Veröffentlichung GAEB, vgl. *Sosnicki 2007*

nik[112] die Lesbarkeit beeinflussen, kann aufgrund der lokalen Gegebenheit und des Oszillationsverhaltens nicht beurteilt werden. Dies ist jedoch aufgrund des Einzelfallcharakters für die Anwendung der RFID-Technologie als nicht relevant zu betrachten. Dem RFID-System fremde elektromagnetische und in diesen Betrachtungszusammenhang unmodulierte Felder können die Informationen nicht gezielt verändern. Eine Zerstörung des Transponders durch elektromagnetische Felder bedarf einer extrem hohen und nur in Bauwerken mit Ausnahmegenehmigung anzutreffenden Felddichte. Somit kann davon ausgegangen werden, dass sowohl in der Datenhaltung, als auch in der Kommunikation mit dem Transponder der Einfluss von elektromagnetischen Feldern ausgeschlossen ist.

Insoweit wurden die Ergebnisse des Laborversuches der ersten Forschungsphase ohne Einschränkung in der Praxis bestätigt.[113]

Abschirmung der Transponderantenne:

- **Materialeigenschaft der Einbettung:**
  Die Abschirmung der Transponderantenne kann einerseits durch die Materialeigenschaft des umschließenden Baustoffes oder Baustoffverbundes, beispielsweise durch flächig beinhaltetes Wasser oder Metall, erfolgen. Der Feuchtegehalt der Baustoffe hat hierbei einen dämpfenden Einfluss, muss jedoch einen erheblichen Umfang haben, um die Lesereichweite auf wenige Zentimeter zu reduzieren. Selbst bei Überdeckung der Betonoberfläche mit Wasser ist kurzfristig ein Leseergebnis realisierbar.[114]
  Im Bauwerk konnte sowohl bei Messungen an gerade erstellten Mauerwerksbauteilen als auch bei Stahlbetonbauteilen direkt nach dem Ausschalen keine signifikant zuweisbare Beeinträchtigung der Lesereichweite aufgrund des Feuchtegehaltes feststellt werden. Das physikalisch gebundene Wasser des Gipses in Trockenbaukonstruktionen beeinflusst die Lesereichweite ebenfalls nicht in messbaren oder relevanten Größen.
  Wasserführende Leitungen und Rohre können gemäß den bereits durchgeführten Untersuchungen[115] ebenfalls vernachlässigt werden. Im Bereich der Sanitärinstallationen mit Vorwandschalen in Teeküchen beziehungsweise sanitären Anlagen konnten die Transponder im gleichem Maße angesprochen und beschrieben werden, wie an Vergleichswänden ohne medienführende Rohrleitungen. In den Sanitärräumen konnte an Wänden mit großflächigen Spiegeln durch deren flächige metallische Bestandteile eine abschirmende Wirkung beobachtet werden.
  Der Effekt der Abschirmung kann auch auf die Anwendung der Transponder wirken, wenn die Transponderantenne durch eine vollflächige oder engmaschige Metalloberfläche abgeschirmt oder das Feld soweit gedämpft wird, dass die durch die Antenne aufgenommene Energie nicht zur Verarbeitung und zur antwortenden Rückstrahlung ausreicht. Beim Einbau des Transponders in Ausleserichtung hinter der Bewehrung mussten geringere Lesereichweiten festgestellt werden. Bei normal bewehrten Bau-

---

[112] Deren Emission ist gesetzlich (beispielsweise durch 26. BImSchV) und normativ begrenzt.
[113] Vgl. *Jehle et al. 2011*. S. 60 f.
[114] Vgl. *Seyffert 2011*. S. 128 ff.
[115] Vgl. *Jehle et al. 2011*. S. 60 f.

teilen liegen die Lesereichweiten so teilweise unterhalb einem halben Meter, so dass die Anwendung an zugänglichen Bauteilen gering beeinträchtigt wird. Für die spätere Anwendung wird jedoch, vor allem bei stark bewehrten Stahlbetonbauteilen, der Einbau innerhalb der Betondeckung empfohlen, um die komfortablen Lesereichweiten um eineinhalb Meter sicherzustellen. Wie bereits in der vorhergehende Phase theoretisch ausgeführt, zeigte die erwartete Schirmdämpfung[116] durch normale engmaschige Bewehrung (Q-Matten)[117] eine erhebliche, aber bei zugänglichen Bauteilen tolerierbare Verkürzung der Lesereichweite.

Somit konnten die Transponder in den konstruktiven Bauteilen angesprochen werden.

• **Installationen:**
Die Anwendung der Transponder soll sich über die Errichtung, den Betrieb bis hin zum Abbruch erstrecken. Hierbei befinden sich die Transponder in den unterschiedlichsten Bauteilen, die die Nutzflächen oder –volumina erstellen. Somit können die konstruktiven, mit Transpondern ausgestatteten Bauteile durch Installationen, Beschichtungen oder davor positionierte Gegenstände „verdeckt" werden. Wirken diese Objekte flächig und besitzen stark abschirmende Eigenschaften, so kann der Kontakt zum Transponder massiv eingeschränkt oder gar vollständig verhindert werden. Neben den voran erwähnten Spiegeln im Sanitärbereich sind im errichteten Bürogebäude die im Hohlboden verlegten Elektrotrassen und Stahlkästen als Möbel oder Elektrounterverteiler relevant. Zusätzlich könnten in Serverräumen die zur Sicherstellung der Ableitfähigkeit mit Aluminiumfolie kaschierten Doppelbodenplatten eine Ebene ausbilden, die den Bodentransponder abschirmt.

Durch solche nachträglich installierten oder aufgestellten Objekte erfolgt eine Behinderung der Kommunikation mit dem Transponder, das heißt dass der Datensatz mit Stand der letzten Aktualisierung erhalten bleibt. Wird das abschirmende Objekt temporär oder dauerhaft entfernt oder unterbrochen, steht die vollständige Funktion des Transponders wieder zur Verfügung. Sollte die Abschirmung nicht oder nur mit erhöhten Aufwand zu unterbrechen sein, so sollten mit dem Lesegerät Spiegeltransponder der betroffenen regulären Transponder erstellt werden. Auf diesen gekennzeichneten „Ersatzspeichern" wird vom letzten Stand des Originaltransponders ausgehend der Datenbestand fortgeschrieben. Auf diese Weise können auch im äußerst unwahrscheinlichen Falle des Ausfalles eines Transponders das gesamte Netz der Datenträger vollständig erhalten werden. Nach Möglichkeit und Aufwand wäre jedoch der erneute Einbau in das Bauteil durch die damit verbundene Schutzwirkung vorzuziehen.

---

[116] Vgl. *Jehle et al. 2011.* S. 57.
[117] Bei Bewehrungsmatten der Form Q sind die Stäbe (in Durchmessern d_s 6,0 – 10,0 mm) in einem biaxialen, orthogonalem Raster von 150 mm angeordnet. Durch Übergreifung an den Stößen sowie Ergänzungs- und Bügelbewehrung ist lokal mit einer engmaschigeren Struktur zu rechnen.

5.3.1.2 Anforderungen an den praktischen Einsatz

Lage der Bauteile und Positionierung der Transponder

Die Positionierung der Transponder erfolgte gemäß den Einbauvorschriften[118] und wurde eigenständig durch die ausführenden Arbeitskräfte unter Anleitung des Poliers umgesetzt. Hierbei wurde auf die Unterweisung und Kontrolle der Arbeitskräfte von Seiten der Untersuchenden kaum Einfluss genommen, um den Ablauf äquivalent zu herkömmlichen Baustellenbedingungen beizubehalten. Eine nachträgliche Überprüfung der Einbauposition im fertiggestellten Bauteil mittels Lesegerät kann aufgrund der Feldwirkung nur annähernd erfolgen. Bezüglich der Anwendung sind Genauigkeiten im Dezimeterbereich absolut hinreichend. Sind die Transponder mit Abweichungen größer einem Meter verbaut, können diese bei sehr schwierigen Auslesebedingungen nicht „gefunden" und somit nicht genutzt werden.

Der Einbau erfolgte mit einer sehr großen Genauigkeit. Dennoch wurden Abweichungen vor allem in der Einbauhöhe bei Wandbauteilen aus Mauerwerk festgestellt. Hier erfolgte die Anpassung auf die entsprechende Schichtlage des Mauerwerks. Der Einbau erfolgte in der Regel in einer Höhe von ca. 1,45 m ü. OKFF[119]. Diese Höhe entspricht der Arbeitshöhe mit dem Prototypen „Tablet-PC" (vgl. Abbildung 55).

Abbildung 55: Auslesen des Wandtransponders

Abbildung 56: Aufteilung eines Einzelbüros mit Breite über 2 Systemraster

---

[118] Vgl. *Abbildung 50: Einbauvorschrift für Transponder am Projekt LMdF Potsdam*, S. 118.
[119] ü. OKFF – über Oberkante Fertigfußboden

Die Bauteiltransponder der horizontalen Bauteile (Decken und Böden) wurden in einem Abstand von zwei Metern zur Haupteingangstür verbaut, so dass in der Regel der Zugang zu
den übereinander befindlichen Transpondern gegeben war. Allerdings wird dieser Bereich
des Raumes teilweise durch Möbel, wie Tische und Stühle genutzt. Aus diesem Grunde
empfiehlt sich ein Einbauabstand von einem Meter zur Tür, da dieser Bereich aufgrund der
Begehbarkeit sicher ungestört zugänglich ist (vgl. Abbildung 56). Ein Auslesen der Transponder über die Diagonale von außerhalb des Raumes durch die Tür konnte im Pilotprojekt
nicht gemessen werden. Bei dem angepassten Abstand ist also die Sicherheit vor unbefug-
tem Auslesen über den erforderlichen Zutritt zum Raum weiterhin gewährleistet.

Bezüglich der Erreichbarkeit sind die Bodentransponder horizontaler Bauteile privilegiert, da
der Ausleseabstand bis hin zum Auflegen des Readers verkürzt werden kann. Befindet sich
im Hohl- oder Doppelboden eine hohe Installationsdichte mit Kabeln, kann so der Transponder in der Regel trotzdem ausgelesen werden. Bei Deckenbauteilen ist der Ausleseabstand
primär von der Raumhöhe abhängig. Beim Pilotprojekt sind die Deckentransponder ablauf-
bedingt oberhalb der unteren Bewehrungslage und somit abgeschirmt installiert worden.
Durch die damit reduzierte Auslesereichweite musste in der Regel eine Steighilfe zu Hilfe
genommen werden, so dass die Auslesezeiten durch diese Nebentätigkeiten übermäßig erhöht wurden. Zum Auslesen der Deckentransponder sehr hoher Räume empfiehlt sich eine
teleskopierbar befestigte Readerantenne, die so in den Empfangsbereich des Transponders
gehalten werden kann.[120]

Sollten spezielle, den Räumen zugeordnete Sonder- oder Mastertransponder geplant und installiert werden, so sind diese aufgrund der optimalen Positionierung bezüglich des Ausle-
sens in den Wänden, bevorzugt an der Hauptzugangstür vorzusehen.

Zugänglichkeit und Möblierung

Durch die Anordnung der Transponder im Raum muss in der Regel der Zutritt zum entsprechenden Raum gegeben sein, um diese anzusprechen und zu beschreiben. Einzelne, nur
schwach abschirmende Bauteile können das Auslesen von der rückwärtigen Fläche ermöglichen. Das Applizieren von metallischen Flächen auf der Rückseite des Transponders, welches eine gerichtete Ausbildung der frontalen „Lesekeule" erzielt, würde diesen Effekt weiter reduzieren. Eine herkömmliche Möblierung auf Basis von Holzwerkstoffen behindert das
Ansprechen der Transponder in einer zu vernachlässigenden Weise. Während der Betriebsphase waren die aufgestellten Schränke und Regale überwiegend mit Ordnern gefüllt. Die
normale Bautiefe dieser Möbel kann durch die Lesereichweite überbrückt werden. Schwierigkeiten bereiten Möbel mit metallischen Flächen, wie Stahlschränke, aber auch große Whi-
teboards. Diese können die Transponder abschirmen, wenn sie direkt davor platziert werden.
In einem Büro konnte gezeigt werden, dass eine Einbauteeküche keine messbare Beeinträchtigung darstellt (Abbildung 57).

---

[120] Ähnlich werden die einzelnen Brandmelder in hohen Räumen mittels Prüfnebelhaube (einem Trich-
ter mit angeschlossener Prüfnebelsprayflasche), die mittels Teleskopstange über den Brandmelder
geschoben und ausgelöst wird, für die regelmäßigen BMA-Tests geprüft.

Abbildung 57: Messung an einer Einbauküche

Einbauten in und an Wänden

Werden aus technischen Anforderungen großflächige metallische Einbauten, beispielsweise Blecheinlagen in GK-Wänden zur Erhöhung der Einbruchswiderstandsklasse, oder die vollflächige Aufstellung von metallischen Steuerschränken vorgesehen, so muss abweichend von den Einbauvorschriften ein Transponder außerhalb dieser Abschirmung installiert werden, um dauerhaft auf die Bauteilinformationen zugreifen zu können. Keramische Einbauten wie Sanitärobjekte und Fliesen führten zu keiner abschirmenden Wirkung, so dass die Transponder in Sanitärräumen und ähnlichen Ausbauflächen äquivalent genutzt werden konnten.

Einbauten in und an horizontalen Bauteilen

Im betrachteten Objekt wurden, abgesehen von den Sanitärräumen und Teeküchen, keine Zwischendecken installiert, so dass der Einfluss von Mineralfaserdecken oder ähnlichen Systemen nicht untersucht werden konnte. Die Erreichbarkeit der Transponder in Boden und Decke wurde durch die ungünstige Einbauposition zwischen der unteren und oberen Bewehrung der Deckenbauteile so beeinträchtigt, dass die Lesereichweite die Aufbauhöhe der Zwischendecke in den Sanitärbereichen unterschritt. Auch in einem solchen ungünstigen Fall ist es empfehlenswert, diese Bereiche während der Ausbauphase in den Zwischendecken mit Ersatztranspondern auszustatten. Sind die Transponder innerhalb der Betondeckung installiert, kann bezüglich der Abhang-Deckensysteme aufgrund ähnlicher Eigenschaften zu GK-Trockenbausystemen von normalen Lesereichweiten ausgegangen werden. Zu berücksichtigen ist jedoch die Nutzung des Zwischendeckenraumes, in dem sich beispielsweise großflächige Lüftungskanäle befinden können. In diesen abgeschirmten Bereichen ist ebenfalls der Einbau von Ersatztranspondern empfehlenswert.

Im Bodenbereich ist bei Gebäuden mit Büronutzung die Installation von Doppel- oder Hohlböden gebräuchlich. Dieses Volumen wird zur Installation verschiedenster Gewerke, beispielsweise für Elektroverkabelung genutzt. Bei dem betrachteten Gebäude wurde überwiegend ein Doppelbodensystem der Lindner Group KG eingesetzt, bei dem reversibel Platten aus Calciumsulfat (Gipsfaser) der Stärke 38,5 mm[121] auf einem Ständerwerk verlegt werden (vgl. Abbildung 58).

Abbildung 58: Aufbau Hohlboden und bodenseitige Installationswege

Aufgrund der ungünstigen Einbauposition des Transponders innerhalb des Bauteilkerns hinter der Bewehrung und der geometrischen Verkürzung des Leseabstandes um die Aufbauhöhe des Doppelbodensystems sind die Dämpfungseigenschaften des Bodensystems relevant. Mit dem im Gebäude verwendeten Fabrikat der Lindner Group KG wurden mit verschiedenen Transpondern und dem Prototypen des Lesegerätes „Tablet-PC" Messungen zur Lesereichweite durchgeführt. Als Transponder wurde der Harting HARfid LT 86 (NT) sowie der Transponder deister UDC 160 eingesetzt. Das Lesegerät mit dem Reader deister UDL 120 wurde mit einer Sendeleistung von 500 mW betrieben. Das Lesegerät wurde

- ungerichtet (vgl. Abbildung 59-1) in einem Quadranten ca. 45° zur Achsrichtung der Lesekeule,
- axial frontal auf die Achsrichtung der Lesekeule(vgl. Abbildung 59-2) und
- rückwärtig axial zur Lesekeule (vgl. Abbildung 59-3)

ausgerichtet.

---

[121] Vgl. *Produktdatenblatt Dobo NXI.*

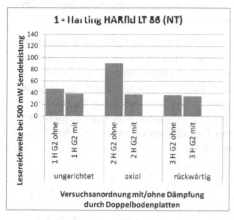

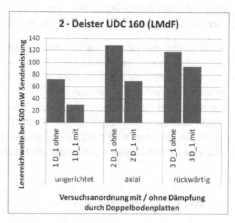

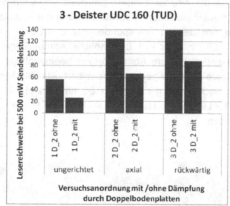

Abbildung 59: Dämpfung der Lesereichweite durch Calciumsulfat-Doppelbodenplatten

Die Messwerte streuen auch unter gleichbleibenden Bedingungen relativ stark, da diese Messungen den Realbedingungen bezüglich Bedienung und Bewegung unterworfen sind. Für eine Beurteilung bezüglich Gebrauchstauglichkeit sind sie hinreichend, da bei einer realen Anwendung nach dem erstmaligen Scheitern ein zweiter Leseversuch ausgeführt werden würde.

Bei den im Gebäude eingesetzten Transpondern des Fabrikats Deister führt die Überbauung mit diesem Doppelbodensystem zu einer Dämpfung, die die Lesereichweiten um ca. 44 % verringerte. Die Vergleichsmessungen mit dem UHF-Transponder Harting HARfid LT 86 (NT), der insgesamt allerdings eine schlechtere Performance erzielte, ergaben ebenfalls eine Reduzierung der Lesereichweite, die jedoch mit ca. 27 % etwas geringer ausfiel. Bei der Beurteilung der gemessenen Lesereichweiten in der Anwendung ist die zusätzliche Dämpfung infolge der Betondeckung zu berücksichtigen. In der praktischen Anwendung ist hier der Einsatz von Lesegeräten mit Sendeleistungen bis 2 W empfehlenswert.[122]

Auffällig sind die nahezu äquivalenten Leseeigenschaften des Transponders deister UDC 160 beim frontalen und rückwärtigen axialen Ansprechen. Dies ist auf die Antennenkonstruktion zurückzuführen, die in der Ebene symmetrisch ist. Im eingebauten Zustand ermöglicht dies bei abgeschirmten Transpondern[123], die Daten aus dem benachbarten Raum auszulesen. Bei hoher Installationsdichte, beispielsweise bei kleinflächiger Aufteilung der Räume mit Trockenbauwänden, können sich so allerdings mehrere Transponder in Lesereichweite befinden, so dass hier eine zusätzliche Dämpfung der rückwärtigen Lesekeule mit Metallklebefolie eine höhere Bedienungsfreundlichkeit erzielen würde.

Verlust / Ersatz / Nachrüstung

Maßgebend für die Größe der einzusetzenden, passiven Transponder im UHF-Frequenzbereich sind als größtes Bauteil die Antenne sowie die Form der Einhausung gemäß Schutzklasse. Die im Gebäude eingesetzten Transponder deister UDC 160 besitzen eine Größe von 18 mm x 22 mm x 158 mm (B x H x L). Ähnliche Abmessungen besitzt der Harting HARfid LT 86 (NT). Wesentlich kürzere Abmessungen beeinträchtigen die Lesereichweite, da daraus eine ungünstigere Antennengeometrie resultiert. Abschließend konnte eine Variation der Abmessungen zwischen 5 mm x 25 mm x 50 mm (B x H x L, Fujitsu) und 5 mm x 60 mm x 140 mm (B x H x L, Prototyp-Harting) bzw. 12 mm x 19 mm x 240 mm (B x H x L, Caenrfid) festgestellt werden.

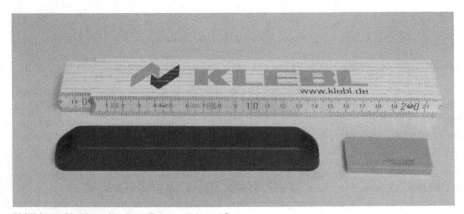

Abbildung 60: Verschiedene Transpondergrößen

---

[122] Vgl. Messungen Bodentransponder *5.3.4 Erreichbarkeit – Validität des Systems*.
[123] Beispielsweise infolge des Aufstellens eines Stahlschrankes.

Bei solchen gängigen Abmessungen ist ein nachträglicher Einbau in viele Bauteile möglich. Während der Errichtung des Rohbaus im Pilotprojekt wurde bei Mauerwerksbauteilen der nachträgliche Einbau praktisch erprobt und die zugehörigen Aufwandswerte erfasst (vgl. Kapitel 7). Wurde der vergessene Einbau zeitnah bemerkt, konnte der Transponder in gewohnter Weise in der darüber liegenden Mauerschicht eingebaut werden. Die maßliche Abweichung der Einbauposition führte in diesem Ausmaß sowohl beim Auffinden des Transponders, als auch bei der Bearbeitung der Daten zu keinen Beeinträchtigungen. Wird in der fortlaufenden Herstellung der Bauteile, auch aus anderen Werkstoffen, festgestellt, dass ein Transponder nicht ordnungsgemäß installiert wurde, so muss nachträglich ein Ersatztransponder integriert werden. Bei Mauerwerkswänden wurden mehrere Transponder nachträglich installiert, indem mittels Handmeißel eine entsprechende Öffnungen an der neu eingemessenen Position hergestellt und der Transponder mit Mörtel fixiert wurde. Wesentlich effektiver dürfte der Einsatz von Mauernutfräsen für Elektroinstallationen sein, deren kleine Versionen bereits Schlitze bis 23 mm Breite schneiden können (vgl. Abbildung 61).

Abbildung 61: Installationen in Schlitzungen durch das Elektrogewerk, EG Bauteil A

Mit diesen Geräten können Abplatzungen, die beim Einsatz des Meißels auftreten, vermieden werden. Vor allem bei der nachträglichen Installation von Transpondern in größerer Anzahl würde ein solcher Geräteeinsatz zur Reduzierung des Aufwandes führen. So wäre auch die nachträgliche Ausstattung eines Gebäudes mit einem System basierend auf „Intelligenten Bauteilen" im Zusammenhang mit einer umfassenden Sanierung effektiv umsetzbar. Ähnlich den Mauernutfräsen können bei Stahlbetonbauteilen mittels Schlitzfräsen passgenau Öffnungen zum Einsetzen von Transpondern hergestellt werden. Hierbei sind die genaue

Einstellung der Frästiefe und die anschließende Versiegelung mit Mörtel zum Schutz der Bewehrung relevant. Der Transponder sollte möglichst tief innerhalb der Betondeckung eingebaut werden.

Bei üblichen Trockenbaukonstruktionen können Installationsöffnung mittels Lochsägen, wie sie zum Einsetzen von Leerdosen für Elektroinstallationen angewendet werden, hergestellt und anschließend wieder mit dem Ausschnitt verschlossen und verspachtelt werden. Hierbei empfiehlt sich die Ausführung einer solchen umfassenden, nachträglichen Installation zentralisiert durch ein Gewerk, um die vollständige Installation sicherzustellen.

Bei der Errichtung des Neubaus erwies sich die Beauftragung der Installation innerhalb der verschiedenen bauteilerstellenden Gewerke als vorteilhaft, da der Einbau in den Bauprozessen integriert erfolgen kann. Bei der umfassenden Sanierung eines Gebäudes kann die Installation zusammengefasst als vorbereitende Maßnahme durchgeführt werden, da die zu bestückenden Bauteile bereits vollständig vorhanden sind. In den weiteren Tätigkeiten sollten dann neu zu errichtende Bauteile kontinuierlich mit gleichen Transpondern ausgerüstet werden. Somit ist die Installation der „Intelligenten Bauteile" nicht auf neu zu errichtende Bauwerke beschränkt, sondern kann auch bei Umnutzungen und Ertüchtigungen von Bestandsgebäuden ausgeführt werden.

5.3.2   Planung der Anordnung und des Einbaus

5.3.2.1 Anordnungsvorschrift

Mit einem einheitlich definierten System der Einbauvorschriften konnte die Planung anhand der Architekturplanung mit relativ geringen Aufwänden durchgeführt und auf der Baustelle umgesetzt werden. Aufgrund der eingetretenen Kollisionen am Objekt empfiehlt sich jedoch eine Koordinationsplanung, zumindest mit dem Elektro- und dem Lüftungsgewerk. Diese beiden Gewerken beinhalteten Installationen, die das größte nachträgliche Abschirmungspotential entwickeln können. Kritisch sind vor allem Lüftungskanäle aus Blech bei ausgereizten Zwischendeckenquerschnitten und Kabeltrassen beziehungsweise Hauptinstallationsbereiche der 230V-Netzspannungsverkabelung im Bodenbereich. Die Festlegung dieser Hauptinstallationszonen wird in der Regel relativ früh im Entwurf und ohne genaue Dimensionierung getroffen. Sie wird den Fachplanern vom koordinierenden Generalplaner als Grundlage zur Planung der technischen Gebäudeausrüstung zur Verfügung gestellt. Dadurch könnten diese mit entsprechenden „Ausweichpositionen" in der Transponderplanung berücksichtigt werden.

Für das Pilotprojekt in Potsdam wurden sowohl gewerkebezogene Pläne, als auch komplette Geschoßpläne erstellt. Für die Ausführung am Bauwerk sind die gewerkebezogenen Pläne durch die eindeutige Leistungszuweisung vorzuziehen. Für koordinierende Tätigkeiten sind komplette Geschoßpläne vorteilhaft, so dass die Planung material- bzw. leistungsbezogen getrennt[124] markiert wird. Für die Anwendung in der ausführungskoordinierenden Bauleitung und im Betrieb stellt ein konsistentes und einheitliches sowie einfach zu erfassendes Anordnungsprinzip einen wichtigen Faktor für die Anwendbarkeit dar. Insoweit haben sich die gewählten und auf Grundlage der Entwürfe in der Forschungsphase 1[125] entwickelten Einbauvorschriften bewährt. Muss von diesen Anordnungsvorschriften punktuell abgewichen werden, wird die Nutzung durch das erschwerte Auffinden beeinträchtigt. Hier empfiehlt es sich, nach Möglichkeit eher Abweichungen global für das gesamte Gebäude festzulegen und so wieder ein effektives Auffinden der Transponder vor Ort zu ermöglichen.

Als vorteilhaft erweist es sich bereits in der Erstellung des Rohbaus, Achsmaße von großflächigen Räumen im Hinblick auf spätere Raumaufteilungen zu berücksichtigen und zusätzliche Platzhaltertransponder in Decken- und Bodenbauteilen vorzusehen. Gerade bei der Errichtung von Büroflächen verzögert sich die endgültige Festlegung der Raumaufteilung in der Praxis meist bis weit in die Ausführungsphase des Ausbaus. Desweiteren ermöglichen diese Platzhaltertransponder bei späteren Umgestaltungen der Raumgrundflächen eine sehr einfache Anpassung des Systems an die neuen Verhältnisse. Im Pilotprojekt wurden beispielsweise von einem im Erdgeschoß befindlichen großflächigen Archiv mittels Trockenbaukonstruktionen drei zusätzliche Büroräume abgetrennt. Die Grundrissänderung wurde lange nach Fertigstellung des Rohbaus in diesem Bereich und kurz vor Beginn des Grundausbaus nachbeauftragt. Durch vorausschauende Planung wurde der großflächige Bereich des Archivraumes bereits in der Rohbauphase mit Transpondern gemäß kleinflächiger Raumaufteilung ausgestattet. So konnte die Grundrissänderung relativ unkompliziert bei der Bezeichnung und Datenzuweisung der Bauteile berücksichtigt werden. Ähnlich wurden auch die Flure in den Bürotrakten ausgestattet, um eventuelle, spätere zusätzliche Abtrennung von Flurbereichen berücksichtigen zu können.

Nach den Erfahrungen aus dem Pilotprojekt Potsdam sollte bei der Erstellung der Ausführungspläne für den Rohbau besonderes Augenmerk darauf gelegt werden, dass die Positionierung anhand der bereits in dieser Phase vorhandenen Rohbaukonstruktionen vorgenommen werden kann. Abweichend von bevorzugten Systemlinien der Architekturplanung ermöglicht die Vermaßung, die sich beispielsweise an Kanten der Rohbaukonstruktion orientiert, eine einfachere und sichere Positionierung durch die ausführenden Arbeitskräfte.

Aus der praktischen Erprobung ergibt sich somit die in Abbildung 62 dargestellte, anwendbare Anordnungsvorschrift für Hochbauten.

---

[124] Bei bisheriger zeichnerischer Planung konnte eine solche Trennung durch verschiedene Layer erzeugt werden. Bei objektorientierter Planung kann die notwendige Zuweisung kontextbezogen erfolgen.
[125] Vgl. *Jehle et al. 2011.*

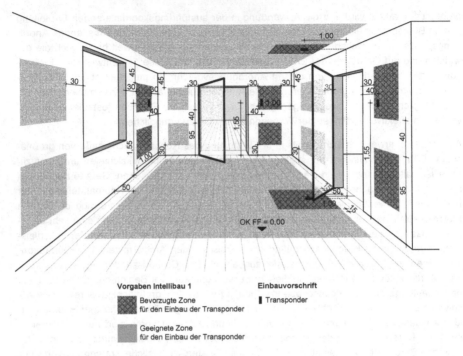

Vorgaben Intellibau 1   **Einbauvorschrift**

▨ Bevorzugte Zone   ▮ Transponder
  für den Einbau der Transponder

▨ Geeignete Zone
  für den Einbau der Transponder

Abbildung 62: Ergebnis Einbaustandards

5.3.2.2 Eineindeutige Bauteilbezeichnung

Die Bezeichnung der Bauteile erfolgte mit dem Ziel, folgende Anforderungen zu erfüllen:

1. **Eineindeutige Zuweisung des Bauteils zwischen Planung und Objekt:**
    Sowohl bei der Identifizierung des Bauteiles in der Planung, als auch im errichteten
    Bauwerk darf weder ein Datensatz noch ein Bauteil eine mehrfach vergebene Be-
    zeichnung enthalten. Desweiteren müssen das Bauteil und der dazugehörige Daten-
    satz jederzeit eineindeutig miteinander verknüpft werden können. Auch bei Verände-
    rung anderer Datensätze muss diese Eineindeutigkeit gewährleistet bleiben.

2. **Geringer Zeichenbedarf:**
    Unabhängig vom gewählten Daten- oder Kryptierungsformat stellt das Speichervolu-
    men momentan einen limitierenden Faktor dar, so dass die Notwendigkeit besteht, In-
    formation zu geringst möglichen Datenvolumen zu komprimieren. Umfangreichere
    Bezeichnungen führen zu erhöhtem Datenaustauschvolumen, das die notwendige,
    sichere Dauer der Übertragung verlängert und den erforderlichen Energieaufwand
    erhöht.

3. **Anpassungsfähigkeit:**

Aufgrund der üblichen Anpassungen innerhalb der Planungs-, Ausführungs- und Betriebsphase ist es erforderlich, dass das System der Bauteilbezeichnungen effektiv erweiterbar und reduzierbar ist, ohne dass eine Anpassung der übrigen Bauteilbezeichnungen erforderlich wird.

4. **Logische Bauteilbezeichnung (speziell für das Forschungsvorhaben):**

Zusätzlich zu den voran dargestellten, erforderlichen Anforderungen wurde für die Versuche festgelegt, dass die Bauteilbezeichnung gemäß einem logischen Code zusammengesetzt wird, um durch die Bauteilbezeichnung Ort und Typ identifizieren zu können (vgl. Abbildung 63). Da in der Arbeit mit den Transpondern die Daten manuell zusammengetragen, verarbeitet, aus dem Transponder ausgelesen und auch abgelegt werden mussten, wurde durch diese kontextbasierende Information der Ablauf erleichtert. Für die spätere Anwendung sind automatische Routinen erforderlich, die durch die Software abgearbeitet werden können, um ein effektives Arbeiten am Objekt zu ermöglichen. Hier ist es nicht erforderlich, weitere Informationen in die bereits eineindeutige Bezeichnung zu integrieren, da rechnergestützte Systeme gegenüber dem Menschen über die datenbankgestützte Referenzierung die erforderlichen Daten nahezu sofort zuweisen können.

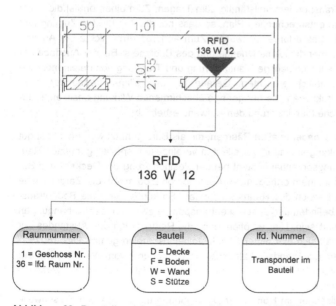

Abbildung 63: Darstellung der Bauteilbezeichnung am LMdF Potsdam

5.3.3 Einbau und Aufwand

Die in der ersten Phase des Forschungsvorhabens entwickelten Einbauvorschriften haben sich während der Installation und auch in der späteren Nutzung bewährt. In Räumen herkömmlicher Grundrissgeometrie können die ordnungsgemäß installierten Transponder intuitiv aufgefunden, angesprochen und beschrieben werden. Bei den zusätzlich installierten Transpondern, die beispielsweise für die Umgestaltung der Raumaufteilung vorgesehen sind, ist aufgrund der Abweichung vom Anordnungsraster und der damit (noch) fehlenden Orientierung das Hinzuziehen der Pläne erforderlich. Bei einem vollständig umgesetzten System kann die Position der zusätzlichen Transponder dem Bauteiltransponder entnommen werden und auch dieser dann relativ einfach aufgefunden werden.

Zufällig wurden während der Messungen auch zwei zusätzliche, falsch positionierte Transponder entdeckt, die sich am Rande des Lesebereiches eines Bauteiltransponders befanden. In der Regel kann jedoch aufgrund des eingeschränkten Lesebereiches davon ausgegangen werden, dass gerade bei größeren Bauteilen fehlinstallierte und nicht gekennzeichnete Transponder unentdeckt bleiben. Es ist erforderlich, zusätzliche Transponder in der Dokumentation zu kennzeichnen um deren spätere Nutzung nicht durch ein „Bestreifen" des Bauteiles zu behindern.

Bei späteren Messungen, bei denen das Beschreiben untersucht wurde, kam der Vorteil des intuitiven Auffindens des Transponders vollständig zum Tragen. Zum einen entfiel die sonst erforderliche Arbeit mit dem entsprechenden Plan, so dass nur die Zeit für den Zugang und die Bedienung des Lesegerätes erforderlich wurde. Zum anderen ermöglichte die Angabe des Bauteiles mit Raumnummer die lokale Orientierung des Bedieners. Bei der Ausgabe der Position und des Bauteiltyps ist die richtige Identifizierung und Trennung von beieinander liegenden Transpondern wesentlich erleichtert. Gerade bei kleinteiligen trennenden bzw. raumabschließenden Konstruktionen, die nur geringe abschirmende Wirkung besitzen, reduziert die schnelle und einfache Identifizierung den Aufwand erheblich.

Insgesamt können die Transponder in allen Räumen, die als Büro genutzt werden, meist gut erreicht werden. Einschränkungen sind in vor allem in vereinzelten, speziell genutzten Räumen aufgetreten. Optimierungspotential besteht bei der Positionierung der Decken- und Bodentransponder, die sich mit einem orthogonalen Abstand von 2,00 m von der Zargenebene bereits im aktiv genutzten Bereich des Raumes befinden. So können sich die Bodentransponder teils unter Tischen befinden und die Deckentransponder zwischen den Abhängungen von Pendelleuchten installiert sein. Hier empfiehlt sich die Reduzierung des Abstandes zur Tür auf 1,00 m, so dass man sich hier hinter dem Installationsbereich gemäß DIN 18015[126] befindet, der bevorzugt für die brandschutztechnische Anordnung von Weichschotts zur Elektrodurchführung, genutzt wird. Bei hoher Installationsdichte ist eventuell die Verschiebung auf die orthogonale schlossseitige Verlängerung der Zarge vorzuziehen, da die Durchführungen für Elektroinstallationen im Hohl- oder Doppelboden meist unter der Türschwelle oder seitlich dazu erfolgt.

---

[126] Vgl. *DIN 18015-3*, Bild 3 — Leitungsführung auf der Decke bei ausschließlich elektrischen Leitungen.

Ausführung des Einbaus in Stahlbeton

Der Einbau der Transponder ließ sich sehr gut in den normalen Ablauf der Fertigung von Stahlbetonbauteilen integrieren. Im Pilotprojekt waren dies vor allem Wände. Hierbei erfolgt spätestens mit der Bewehrungsabnahme die Kontrolle bezüglich Vollständigkeit und Positionierung. Im Vorlauf wurden die Transponder beim Pilotprojekt mittels Draht durch die vorgesehenen Befestigungsöffnungen am Transpondergehäuse an der Bewehrung befestigt (vgl. Abbildung 64). Zur Einhaltung der exakten Positionierung der Transponder wurden teilweise zusätzliche Bewehrungsstäbe eingeflochten. Aufgrund der relativ hohen Toleranz des Systems bezüglich der genauen Positionierung kann dieser Aufwand zukünftig reduziert werden. Es ist jedoch darauf zu achten, die abweichende Position nicht in die Installationsbereiche anderer Gewerke gemäß DIN 18015 zu verschieben, um Beschädigungen des Transponders durch die diese Bereiche nutzenden Gewerke zu vermeiden.

Abbildung 64: Installierte Transponder in Stahlbetonwänden

Abbildung 65: Installierte Transponder auf Filigrandecke

Ausführung des Einbaus in Fertigteile und Halbfertigteile

Da der Einbau der Transponder bei den im Projekt verbauten Halbfertigteilen und Fertigteilen nicht werkseitig erfolgte, kann dieser im Rahmen dieses Vorhabens nicht beurteilt werden. In Halbfertigteilen können die RFID-Transponder äquivalent zu den Untersuchungen in Kapitel 4 betrachtet werden.

Die nachträgliche Installation erfolgte in den Bauteilkernen der Deckenbauteile, der mit Ortbetonergänzung hergestellt wurde. Aufgrund der fehlenden Anhaltspunkte wurden die Positionen durch einen Polier eingemessen, der Einbau der Transponder wurde jedoch im Vorlauf der Verarbeitung der Zulagebewehrung durch die Bewehrungsflechter vorgenommen. Die Fixierung erfolgte mittels einer kleinen Menge Frischbetons bzw. Mörtels, in die der Transponder eingedrückt und ausgerichtet wurde (vgl. Abbildung 65). Zum Schutz vor dem Begehen der oberen Bewehrungslage während der Fertigstellung beziehungsweise während des

Einbringens und Verdichtens des Aufbetons wurden auch die Bodentransponder hinter der Bewehrung fixiert. Hierdurch wird eine erhöhte Abschirmung der Transponder in Kauf genommen, die ein späteres Auslesen der Transponder mit mobilen Lesegeräten aus dem Stand äußerst erschwert. Im Sinne der späteren Nutzung ist die Installation innerhalb der Betondeckung, vor allem bei diesen Bauteilen vorzuziehen.

Ausführung des Einbaus in Mauerwerk

Ein erheblicher Teil des Rohbaus wurde mit Mauerwerk ausgeführt, so dass hier zum einen der Einbau in Hochlochplan- und -blockziegel[127] als auch Vollziegel[128] untersucht werden konnte. Grundsätzlich unterscheidet sich der Einbau bezüglich der vorhandenen Öffnungen in den Systemziegeln. Sind diese von ausreichender Dimension, um den Transponder aufzunehmen, so ist durch Einschieben des Transponders der Einbau mit nahezu vernachlässigbarem Aufwand zu realisieren. Andernfalls muss ein gesonderter Hohlraum, entweder durch breitere Fugen oder durch Ausspitzen, hergestellt werden. Beide Einbauvarianten erwiesen sich als ausführbar und stellten einen vertretbaren Aufwand dar (vgl. Kapitel 7). Selbst der relativ unsanfte Einbau in knapp bemessene Öffnungen der Hochlochziegel (durch Einschlagen des Gehäuses mit einem Hammer) führte zu keinen Ausfällen der installierten Transponder, könnte jedoch deren Dauerhaftigkeit beeinträchtigen. Der im voranstehenden Kapitel dargestellte Einbau mittels Nutfräse wurde aufgrund der Zuordnung der Leistung zu dem Rohbaugewerk nicht untersucht.

Ausführung des Einbaus in Trockenbau

Abhängig vom gewählten Trockenbausystem wurde ein Ständerwerk mit dem Regelabstand zwischen 60 cm und 80 cm errichtet. Um die genaue Positionierung des Transponders sicherzustellen, wurden verschiedene Befestigungsmethoden ausprobiert, wobei maßgeblich Varianten mit Hilfskonstruktionen aus Trockenbauprofilen zur Ermittlung des Aufwandes herangezogen wurde. Hierbei reichen die Hilfskonstruktionen von Profilabschnitten, die direkt an der Einbauposition auf die Beplankung der Stellwand befestigt wurden, bis hin Querprofilen, die zwischen den Regelständern fixiert wurden. Die Installation der Wandtransponder erfolgte unabhängig von der einseitigen Beplankung raumübergreifend innerhalb eines Bereiches, so dass sehr übersichtlich die Vollständigkeit des Einbaus sichergestellt werden konnte. Wesentlich geringeren Aufwand verursacht der Einbau des Transponders durch direkte Befestigung auf die Beplankung innerhalb der Wand. Da die auf Mineralwolle basierende Dämmung keine messbaren Einflüsse auf die Lesereichweite hat, kann der Transponder auch auf die „falsche" Seite direkt auf die Beplankung der Stellwand erfolgen.

Trockenbauvorsatzschalen werden gemäß Bauteildefinition als Bauelemente angesehen, so dass entsprechende Informationen der Grundkonstruktion, beispielsweise dem Stahlbeton-

---

[127] Beispielsweise POROTON-Planziegel-T14 in den Außenwänden.
[128] Beispielsweise POROTON-Schallschutzziegel 2DF oder 2 NF in den Treppenhauswänden.

oder Mauerwerkswandbauteil, zugeordnet werden. Bei Erfordernis eines zusätzlichen Ersatztransponders kann dieser innerhalb des zu schließenden Volumens, vorteilhafterweise rückseitig an der Trockenbaukonstruktion erfolgen.

Bei der Befestigung sind Anforderungen und Vorgaben aus der Zulassung des entsprechenden Trockenbausystems unbedingt einzuhalten.

Abbildung 66: Installierte Transponder in Trockenbaukonstruktionen

Ausführung des Einbaus in Fassaden- und Stahlbaukonstruktionen

Innerhalb des zentralen Zugangs und des Haupttreppenhauses wurde eine Glasfassade installiert. Diese wird als Bauelement betrachtet, das dem entsprechenden Bauteil zugeordnet wird. Da dies ausschließlich für die dem entsprechenden Transponder betreffende Zuweisung relevant ist, wurden diese Konstruktionen nicht weiter untersucht.

5.3.4 Erreichbarkeit – Validität des Systems

Die Transponder sind während der Bauphase bis zur Fertigstellung dem erhöhten Risiko von Beschädigungen ausgesetzt. Durch eine günstige Anordnung im Bauteil kann dies zwar minimiert, aber nicht ausgeschlossen werden. Bereits während der Errichtungsphase wird jedoch die Vollständigkeit der Transponder durch die Abfrage und Speicherung von Daten automatisch einer Kontrolle unterzogen. Ein fehlender Transponder wird aus diesem Grunde bereits während der Herstellung der Bauteile und ein beschädigter Transponder frühest möglich nach dem Ausfallen detektiert und der Aufwand zum Nachrüsten oder Ersetzen reduziert. Durch Zuweisung der Material- und Prozessdaten wäre dies bei Stahlbetonbauteilen spätestens mit der Bewehrungsabnahme, bei Mauerwerksbauteilen mit Herstellung der obersten Lage und bei Trockenbaubauteilen vor dem Schließen. Der spätere Ausfall wurde bei installierten Transpondern im Bauwerk bis zum Abschluss der Messungen nicht festgestellt. Aufgrund der Herstellergarantie für 100.000 Lese- / Schreibzyklen über 30 Jahre ist der Ausfall in der fortgeschrittenen Betriebsphase nicht Umfang der Untersuchungen.

5.3.4.1 Versuchsgruppe I

Mit der Erreichbarkeit der Transponder, somit der Validität des Systems in der beginnenden Anwendung, beschäftigt sich die Versuchsgruppe I „Lesbarkeit". Hierbei erfolgte die Bestandsaufnahme der lesbaren Transponder im fertiggestellten Rohbau, die abschnittsweise sowohl zum Ende der Ausbauphase als auch in der begonnen Nutzungsphase untersucht und nochmals überprüft wurde.

Übersicht der Gliederung innerhalb der Versuchsgruppe I:

Versuch I – 1:   Messung im fertiggestellten Rohbau/ Grundausbau

Versuch I – 2a: Messung im fertiggestellten Gebäude

Versuch I – 2b: Messung im in Nutzung genommenen Gebäude

Als Bemessungsgrundlage wurden die geplanten Transponder herangezogen (vgl. Tabelle 11, Abbildung 67 und Abbildung 68). Die wenigen Transponder, die nachträglich installiert wurden, sind bereits baubegleitend während der Rohbauerstellung nachgerüstet worden und gelten somit als lesbar. Die Stützen wurden dem Bereich der Stahlbetonwände zugeordnet, da die Fertigung und Nutzung nahezu äquivalent ist.

Bereich	EG	1.OG	2.OG	3.OG	4.OG
Wände - Stb	40 Stk	77 Stk	48 Stk	38 Stk	41 Stk
Wände - MW	114 Stk	133 Stk	160 Stk	177 Stk	171 Stk
Wände - GK	63 Stk	95 Stk	89 Stk	93 Stk	96 Stk
Decken/Böden	138 Stk	169 Stk	176 Stk	180 Stk	176 Stk
Summe	355 Stk	474 Stk	473 Stk	488 Stk	484 Stk
insgesamt					2274 Stk

Tabelle 11: Übersicht geplanter Transponder nach Bauteilen und Geschossen[129]

---

[129] Grundlage ist die letztgültige Ausführungsplanung.

Verteilung der Transponder auf Bauteile

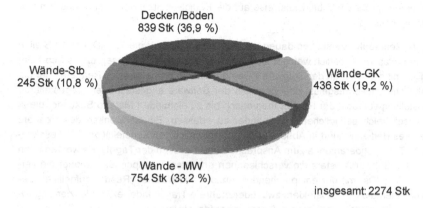

Decken/Böden
839 Stk (36,9 %)

Wände-Stb
245 Stk (10,8 %)

Wände-GK
436 Stk (19,2 %)

Wände - MW
754 Stk (33,2 %)

insgesamt: 2274 Stk

Abbildung 67: Aufteilung der insgesamt geplanten Transponder

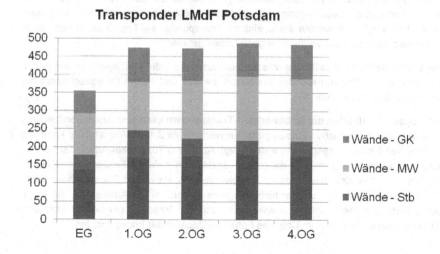

Abbildung 68: Aufteilung der geplanten Transponder nach Geschossen und Konstruktion

Versuch I – 1: Messung im fertiggestellten Rohbau / Grundausbau

Bereits während der Herstellung der Rohbauteile wurden bereichsweise Transponder auf Lesbarkeit überprüft. Da innerhalb der ersten Bauabschnitte des Erdgeschosses die installierten Transponder einem abweichenden Standard „Tagidu" angehören, der mit den für die Versuche zur Verfügung stehenden mobilen Geräten nicht lesbar und beschreibbar ist, wurde dieses Geschoss in der Auswertung der Versuche nicht berücksichtigt. Ebenso müssen zur Auswertung die Transponder des dritten Obergeschosses ausgeklammert werden. Während der Erstellung der dortigen Bauteile standen infolge von Lieferschwierigkeiten zeitweise keine Transponder zum Einbau zur Verfügung. Ebenso wurden die Bauteile, denen ein Transponder zugewiesen wurde, jedoch vertragstechnisch ein Einbau nicht mehr umzusetzen war, bereinigt. Dies trifft beispielsweise auf die Fertigteilstützen im Erdgeschoss und im Haupttreppenhaus zu.

Bei diesen „Read-only"-Versuchen dauert der Ausleseprozess für die Tag-ID, der 12 Stellen à 2 Blöcke umfasst, wesentlich weniger als eine halbe Sekunde. Der Leseprozess wird beim „Tablet-PC" mit dem Starten der Software RDemo und dem Anmelden des Readers über die Bluetooth-Schnittstelle ausgelöst und innerhalb der Software angestellt oder ausgestellt. Je nach Einstellung versucht der Reader theoretisch bis zu einhundert Mal pro Sekunde, die in seinem Lesebereich befindlichen Transponder zu erfassen. Ein Schwenken des Readers ohne weiteres Bedienen führt in Abhängigkeit der gegenseitigen Konstellation der „Lesekeule" und der Transponderantenne zum Ansprechen und Erfassen der Tag-ID. Es werden dann innerhalb des Softwarefensters die verschiedenen erfassten Transponder, genauer die verschiedenen Tag-IDs, mit der entsprechenden Anzahl erfolgreicher „Reads" aufgelistet. Befinden sich innerhalb des Lesefelders zwei oder mehrere Transponder exakt gleicher Tag-ID-Bezeichnung, so werden diese als ein Transponder identifiziert.

Weitere Messungen wurden mit dem Handlesegerät „MicroPlex" ausgeführt, bei dem nach Starten der Software der Lesevorgang manuell durch Tastendruck ausgelöst wird. Im Ergebnis dieses Lesevorganges werden die erreichten Transponder als Tag-ID angezeigt. Jeder neue Lesevorgang löscht das vorangegangene Leseergebnis.

Aufgrund voranstehender Ausführung müssen zur Auswertung der Lesbarkeit die untersuchten Bereiche auf die Wandtransponder des ersten, zweiten und vierten Obergeschosses beschränkt werden (vgl. Abbildung 69).

Mit den insgesamt 910 Stück der so bewerteten Transpondern kann eine hinreichend sichere Aussage über den erfolgreichen Einbau getroffen werden. Mit 2,17 % Ausfallquote kann von einem effektiven Einbau ausgegangen werden (vgl. Abbildung 70). Dieser Anteil, der frühzeitig festgestellt werden kann, müsste mit einem vertretbaren Aufwand für die entsprechende Nachrüstung innerhalb des Bauprozesses korrigiert werden. Im vierten Obergeschoss konnte ein Transponder zwar erfasst aber nicht ausgelesen werden. Die Auswertung der Leseprotokolle durch den Hersteller der Transponder und des Readers, der deister electronic GmbH, deutet auf einen Fehler im Chip des Fabrikats „Monza" der Impinj, Inc. hin.

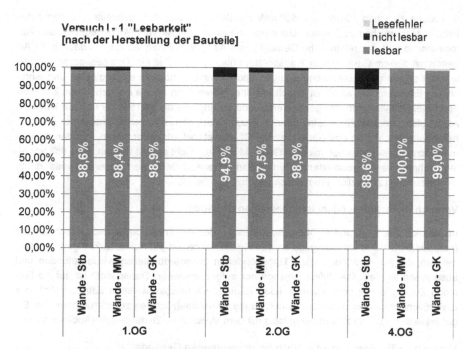

Abbildung 69: Lesbarkeit der Transponder nach Geschossen und Konstruktion

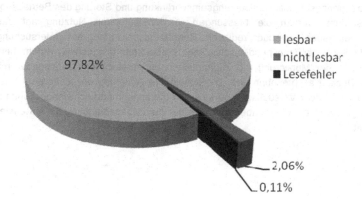

Abbildung 70: Lesbarkeit der Transponder

Sowohl mit dem Lesegerät „Tablet-PC" als auch „MicroPlex" lassen sich an Wänden äußerst gute Leseergebnisse erzielen. Durch die relativ einfache Möglichkeit, die Kommunikation zwischen Reader und Transponder im Tablet-PC mitzuloggen, in Kombination mit der umfassenden Funktionalität eines vollwertigen Notebooks, lassen die Leseergebnisse sehr gut automatisch erfassen und dokumentieren. Ebenso ist die stufenweise Regelbarkeit der Sendeleistung zwischen 10 mW und 500 mW zur Beeinflussung der Lesekeule und damit des Erfassungsbereiches von Vorteil. Die durch die Monitorgröße von 14 Zoll recht großen Abmessungen und das relativ hohe Gewicht von 6,43 kg schränken jedoch das dauerhafte Arbeiten mit diesem Gerät an den Transpondern über längere Zeit ein. Das Lesegerät „MicroPlex" mit seinen geringeren Abmessungen und Gewicht ermöglicht ein zügigeres und einfacheres Erfassen der Tag-ID, ist jedoch in seiner Anwendung infolge der geringeren Zahl vorhandener Schnittstellen, der geringeren Sendeleistung von bis zu 150 mW und der kürzeren Akkulaufzeit eingeschränkt. Eine geringe Anzahl stark abgeschirmter Transponder in Stahlbetonbauteilen, die für das Gerät „Tablet-PC" akzeptabel auslesbar waren, konnten auch in mehrfachen Leseversuchen mit dem Gerät „MicroPlex" nicht erfasst werden. Dies trifft vor allem während der fortgeschrittenen Fertigstellung Transponder, deren „Lesereichweite" durch Vorsatzschalen zusätzlich geometrisch verkürzt worden ist.

Versuch I – 2a: Messung im fertiggestellten Gebäude

Im Bereich des 1., 2. und 4. Obergeschosses wurden die Transponder nach Abschluss der Ausbauarbeiten und vor Übergabe an den Nutzer wiederum auf Auslesbarkeit geprüft. Hierbei konnten alle funktionsfähigen Transponder in Standardbauteilen wiedergefunden und ausgelesen werden. Die Differenzmenge der aufgenommenen Transponder ist auf die fehlende Zugänglichkeit der entsprechenden Räume, wie beispielsweise in Betrieb befindliche Elektroverteilerräume, oder durch Überbauung wie Vorsatzschalen zurückzuführen. Die Ergebnisse sind folgend zusammengefasst mit dem Versuch I – 2b dargestellt (Abbildung 71).

Versuch I – 2b: Messung im in Nutzung genommenen Gebäude

Wegen des erhöhten Aufwandes, auch infolge der erforderlichen Einhaltung des Datenschutzes sowie der geringst möglichen Nutzungseinschränkung und Störung des Betriebsablaufes im Ministerium, wurden die Messungen in der laufenden Nutzung auf das 1.Obergeschoss des neuen Gebäudes reduziert. Bereits dieser Umfang der Untersuchung lässt auf die Nutzbarkeit der Transponder schließen. Hierbei kann festgestellt werden, dass bis nach der Phase der Möblierung die zugänglichen und messbaren Transponder mit gleichbleibender Qualität ansprechbar sind. Die scheinbare Abnahme der lesbaren Transponder ist, wie bereits in der Versuchsgruppe I-2a, auf die zunehmend schwierige Zugänglichkeit, teils infolge der Überbauung, aber vor allem der Zutrittsbeschränkung für Außenstehende geschuldet.[130]

---

[130] So befindet sich im 1. Obergeschoß beispielsweise die Registratur, in der Personalakten des Ministeriums untergebracht sind. Dieser Raum konnte erst zu einem wesentlich späteren Zeitpunkt kurz betreten werden, als sichergestellt werden konnte, dass durch den Verschluss sämtlicher Akten dem Datenschutz vollumfänglich Genüge getan wurde. Es konnten jedoch nicht die dicht zusammen stehenden Blechschränke verschoben werden, um die Validität der Bauteiltransponder nachzuweisen.

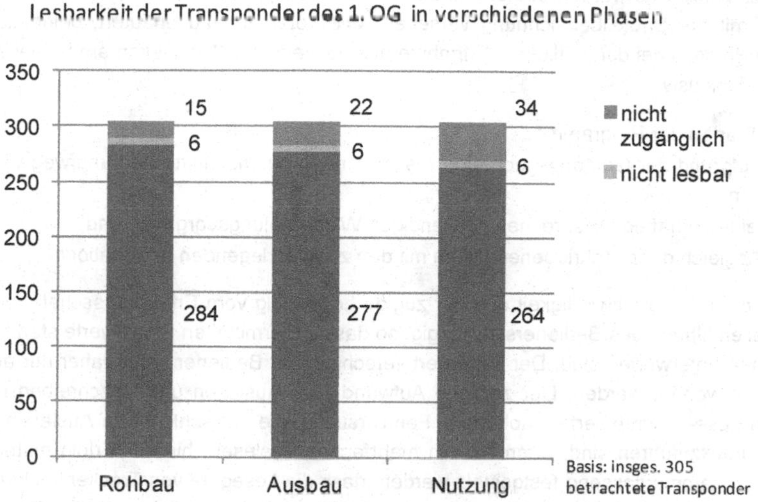

Lesbarkeit der Transponder des 1. OG in verschiedenen Phasen

Abbildung 71: Lesbarkeit der Transponder 1. OG in verschiedenen Phasen

5.3.4.2 Versuchsgruppe II: Beschreiben von Bauteiltranspondern

Für jeden Transponder, der während der Errichtung als lesbar identifiziert worden ist, kann angenommen werden, dass er auch in der weiteren Nutzung beschreibbar bleibt. Ausnahme bildet der Transponder 433W04 im 4. Obergeschoss, der durch einen Fehler im Chip des Fabrikats „Monza" der Impinj, Inc. (s.o.) zwar kommuniziert, jedoch nicht konform der Iso-Norm und des Protokolls antwortet. Er ist somit nicht gebrauchstauglich.

In der praktischen Umsetzung kommt der Umstand zum Tragen, dass der Schreibzyklus innerhalb des Speichers einen höheren Energiebedarf zur Verarbeitung und zur Verifizierung benötigt. Dies hat zur Folge, dass stark abgeschirmte Transponder, die bereits beim Auslesen sehr schwer zu erfassen sind, bei gleichbleibender Sendeleistung praktisch nicht beschrieben werden können. Solch stark abgeschirmte Transponder befinden sich in den Decken- und Bodenbauteilen. Aus diesem Grund sind die umfassenden Messungen für diese Transponder mit dem für den stationären Einsatz angedachten Readersystem Harting „Ha-VIS RFID Reader" ausgeführt worden. In der Standardkonfiguration kann das System 2,0 W Sendeleistung und unter Laborbedingungen 4,0 W Sendeleistung erzielen. Mit dem Reader delster UDL 120, der der Beschränkung auf die maximale Sendeleistung von 500 mW unterliegt, konnten nur vereinzelt die Decken- bzw. Bodentransponder ausgelesen werden. Für den Einsatz zum Auslesen und Beschreiben der Wandtransponder konnte das Lesegerät „Tablet-PC" sehr effizient und erfolgreich eingesetzt werden.

Innerhalb des Versuches wurden alle erreichbaren Wandtransponder des ersten bis vierten Geschosses mit der Bauteilbezeichnung versehen. Wie voranstehend erläutert, beinhaltet der gesamte Prozess bei der zeitlichen Aufnahme alle notwendigen Tätigkeiten am betriebsbereiten Gerät inklusive

- dem Starten der Programme,
- den aufgrund der Grundrissgeometrie resultierenden durchschnittlichen Laufweg von ca. 11 m,
- die bei fehlerhaftem Ansprechen notwendigen Wiederholungsvorgänge und
- den Abgleich der geschriebenen Daten mit den zu hinterlegenden Informationen.

Hierbei sind die Lesegeschwindigkeit und der zügige Leseerfolg vom Erfahrungsschatz und der individuellen Übung des Bedieners abhängig, so dass die ermittelten Einzelwerte starken Schwankungen unterworfen sind. Der Mittelwert verschiedener Bediener kann daher nur als Anhaltswert verwendet werden. Der zeitliche Aufwand zum Auslesen und Beschreiben ist vom zügigen Lese- / Schreiberfolg abhängig. Fehlversuche, die auf schlechtere Auslesebedingungen zurückzuführen sind, erfordern ein mehrfaches Auslesen, bis der Erfolg eintritt. Hierbei kann zusammenfassend festgestellt werden, dass die Lesegüte von Trockenbaukonstruktionen über Mauerwerkkonstruktionen zu den Stahlbetonkonstruktionen abfällt. Durch Auswertung der entsprechenden Log-Files kann der Leseerfolg des Erstversuches innerhalb der gesamten Wandkonstruktionen annähernd durch die in Abbildung 72 gezeigte Verteilung dargestellt werden.

Leseerfolg bei Wandtranspondern

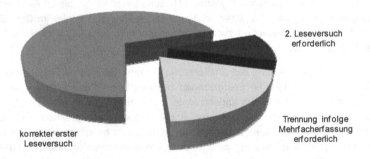

Abbildung 72: Leserfolg beim ersten Auslesen der Wandtransponder

Bei etwa 10 % der angesprochenen Transponder konnte die Tag-ID nicht vollständig erfasst werden, so dass ein erneutes Auslösen des Lesevorgangs erforderlich wurde. Ungefähr 20 % der Leseversuche erforderten Anpassungen an den Einstellungen bzw. manuelles Auswählen der Transponder, um nah beieinander installierte Transponder eindeutig identifizieren zu können. Der dominante Anteil mit ca. 70 % führte beim ersten Auslesen zum Erfolg, wobei aufgrund guter Ausleseeigenschaften die jeweiligen Transponder mehrfach erfasst und ausgelesen wurden.

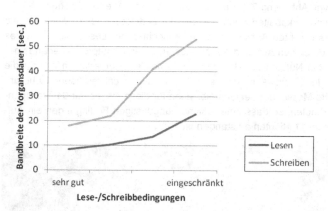

Abbildung 73: Lese- / Schreibdauern

Die Lese- / Schreibdauern sind erheblich von den umgebenden Bedingungen abhängig und schwanken stark. Bei der Anordnung in frei zugänglichen Büros, wie sie in dem Neubau anzutreffen sind, ergibt sich eine Schreibdauer von durchschnittlich 22,4 s, wobei alle vier im Raum angeordneten Transponder beschriftet wurden. Der Synergieeffekt bei der Beschriftung mehrerer Transponder ist durch die Differenzierung zwischen dem ersten zu beschriftenden und den darauf folgenden Transponder zu erkennen. So ergibt sich für den ersten Transponder eine durchschnittliche Dauer von 41,4 Sekunden während für folgende Transponder lediglich 17,7 Sekunden benötigt wurden.

Werden die erforderlichen Nebentätigkeiten im Prozess einbezogen, wie beispielsweise das Aufschließen der Räume, das Überziehen von Füßlingen und die Orientierung anhand eines Planes, so steigt die durchschnittlich erforderliche Dauer bei gleicher Geometrie von 22,4 Sekunden auf 53,3 Sekunden.[131]

Werden bereits beschriebene Transponder überschrieben, so gelten für diese Vorgänge die gleichen Anhaltswerte und Randbedingungen, da die erforderlichen Prozesse identisch sind.

Decken- und Bodentransponder

Neben den Versuchen an den relativ gut zugänglichen Wänden und Stützen wurden die Boden- und Deckentransponder in einer gesonderten Messreihe untersucht Der Grund dafür ist, dass sowohl das Auslesen als auch das Beschreiben dieser Transponder mit den mobilen Lesegeräten durch die beschränkte Sendeleistung nicht gesichert umsetzbar war. In den fertiggestellten Bereichen wurde nach der Inbetriebnahme innerhalb der Bürobereiche eine

---

[131] Im Gegensatz zu den einzeln erfassten Messungen, die im ersten Obergeschoss durchgeführt wurden, erfolgte im vierten Obergeschoss die bereichsweise Erfassung der Gesamtdauern, die auf die einzelnen Transponder umgerechnet wurde.

Lese- / Schreibprüfung durchgeführt. Umfang der untersuchten Transponder waren jeweils 47 Boden- und Deckentransponder. Zum Einsatz wurden hier das Lesegerät Harting „Ha-VIS RFID Reader" gebracht (vgl. Abbildung 74), das jedoch aufgrund des erforderlichen Netzanschlusses und der einzelnen verkabelten Komponenten nur bedingt für den mobilen Einsatz geeignet ist. Aufgrund des erhöhten Aufwandes beim Ausrichten der Lesekeule sowie des Wechsels der Messstelle durch den Auf- und Abbau, des erhöhten Erläuterungsbedarfes der Messtätigkeit gegenüber den Nutzern der Büroflächen sowie der erforderlichen Zeit für die eventuelle Sicherstellung des Zutritts kann die Lese- / Schreibzeit nicht repräsentativ herangezogen werden. Die Netto-Messdauer der Schreibzyklen für diese insgesamt 94 Transponder beläuft sich auf 488 Minuten, so dass unter solchen ungünstigen Bedingungen ein Aufwand von durchschnittlich 05:11 Minuten entstanden ist.

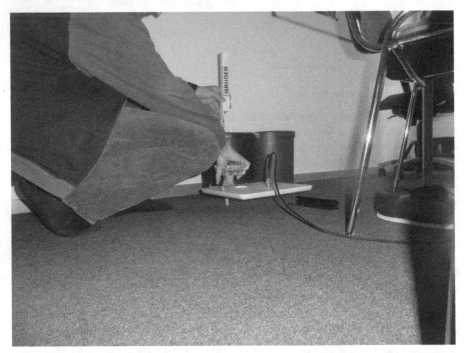

Abbildung 74: Antennenposition beim Auslesen eines Bodentransponders

5.3.4.3 Versuchsgruppe III: Anbindungen an Softwareanwendungen

Für die Simulation der Softwareanwendung wurde durch den Praxispartner BIB GmbH eine Schnittstellensoftware entwickelt, die in der Lage ist, den Reader des „Tablet-PC" anzusteuern und die entsprechende Bauteilkennung auszulesen. In diesem Falle ist dies die Tag-ID, die dann in der angeschlossenen Software in einem definierten Format abgelegt wird. Das Programm Allbudget® ist in der Lage, diese Informationen auszuwerten, dem Benutzer das referenzierte Bauteil in einem hinterlegten Projekt zu öffnen und dessen Informationen anzuzeigen. Innerhalb dieses Forschungsvorhabens wurden die geplanten Transponder in ein Projekt eingepflegt und mit entsprechenden Raumgeometrien als Informationen versehen. Bezüglich der Detailtiefe besteht innerhalb des Programmes die Möglichkeit, sämtliche Informationen aus der Leistungsbeschreibung abzulegen.

Versuche IIIa: Informationsbearbeitung (Zuweisung Materialdaten)

Ein Bestandteil dieses Versuches der Versuchsgruppe III ist als Auswertung der Schreibdauern in Abbildung 73 visualisiert. Für die Versuche wurden desweiteren zwei verschiedene Szenarien herangezogen. Beiden Szenarien steht ein vorbereiteter Textbaustein zur Simulation der vor Ort aufgenommen Materialdaten zur Verfügung. Das Messgerät wird mit dem laufenden Betriebssystem bereitgehalten. Während bei der einen Messreihe „Zuordnen von Materialdaten – incl. Allbudget® laden" das Starten des Programms Allbudget® inklusive Schnittstellensoftware als Bestandteil des Prozesses miterfasst wurde, begann die Zeitaufnahme der anderen Messreihe „Zuordnen von Materialdaten – betriebsbereit" mit dem laufenden Programm Allbudget®, bei dem das Projekt bereits geöffnet war. Somit konnte für die reine Ablage der Information ein arithmetischer Mittelwert von 48 Sekunden ermittelt werden, während die Ablage der Information inklusive des Startens des Programms im Durchschnitt 89 Sekunden benötigte (vgl. Abbildung 75).

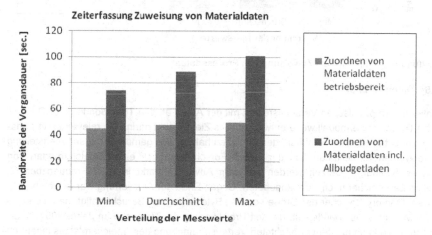

Abbildung 75: Dauern für die Zuweisung von Materialdaten

Versuche IIIb: Informationsbearbeitung (Zuweisung Prozessdaten)

Für die Zuweisung von Prozessdaten ist nicht nur die Ablage eines ausgelesenen oder vorbereiteten Datenpakets erforderlich, sondern es müssen Teilinformationen kombiniert, geordnet und abgelegt werden. Für die Simulation der Ablage von Prozessdaten wurde die Abnahme eines Bauteils im Sinne einer Leistungsfeststellung nachgestellt. Hierbei wurden folgende Informationen den dem Bauteil zugeordneten Tagebuch zugewiesen:

- Person (verantwortlicher Bauleiter – Eingabe „Müller")
- Zeitpunkt (Datum der Abnahme – Eingabe nach Auswahl „TT.MM.JJJJ")
- Status der Leistung (mangelfrei oder mangelbehaftet – Eingabe durch Markierung eines Kreuzes in einer vorbereiteten Auswahlmaske)

Die Szenarien dieser Versuche wurden äquivalent denen der Versuche IIIa simuliert, so dass hier für die Zuweisung der Prozessdaten in einem betriebsbereiten Gerät im Durchschnitt 82 Sekunden und inklusive des vollständigen Startens des Programmes im Durchschnitt 106 Sekunden ermittelt wurden (vgl. Abbildung 76).

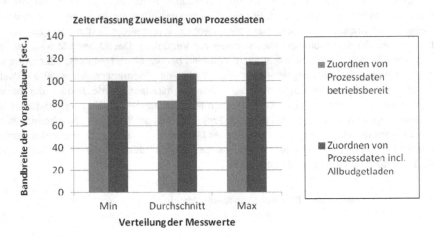

Abbildung 76: Dauern für die Zuweisung von Prozessdaten

5.3.5 Datentransfer

Parallel zu den praktischen Versuchsreihen mit der Arbeit an den Transpondern vor Ort wurde das Datentransfermodell weiterentwickelt. Das Ziel besteht darin, alle relevanten Informationen vor Ort am Bauteil zu hinterlegen und vorzuhalten, was gemäß der Zusammenstellung der relevanten Bauteildaten aus der ersten Forschungsphase einen Speicherbedarf von 400kByte bedingt.[132] Derzeit werden auf dem Anwendermarkt im UHF-Frequenzbereich solch große Speicher noch nicht angeboten. Gegen Ende der Auswertung war jedoch bereits ein User-Memory-Speicher der Größe von 64 kByte verfügbar. Berücksichtigt man die enorme Entwicklungsgeschwindigkeit, die seit Projektierung der Versuche im Jahre 2007[133] ersichtlich ist, so kann mit der beobachteten Vertausendfachung des Speicherplatzes innerhalb dieses Zeitraumes die zukünftige Verfügbarkeit ausreichender UHF-RFID-Speicher als höchst wahrscheinlich angesehen werden. Es ist damit zu rechnen, dass innerhalb der nächsten Jahre solche ausreichend großen Speicher zur Verfügung stehen und zu vertretbaren Kosten erworben werden können. Grund dafür ist die steigende Nachfrage aus baufrem-

---

[132] Vgl. *Jehle et al. 2011.*
[133] Zu diesem Zeitpunkt waren für die Versuche lediglich 512 Bit verfügbar. 512 Bit entsprechen 64 Byte, also 64 8-Bit-Zeichen.

den Anwendungsbereichen, besonders aus äußerst sicherheitsrelevanten und datenintensiven Bereichen wie der Avionik[134] oder militärischer Anwendungen.

Wie bereits dargestellt[135], kann sowohl aufgrund dieses mangelnden Speichers, als auch aufgrund der fehlenden einheitlichen Definition des Datentransfers, die praktische Erprobung der vollständigen Bauteilinformationen nur simuliert werden.

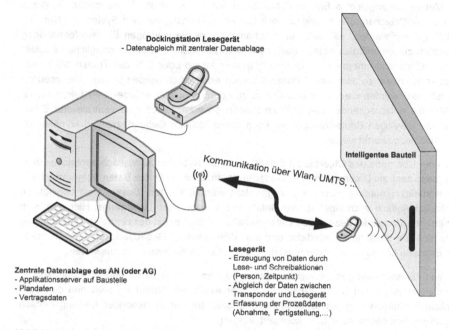

Dockingstation Lesegerät
- Datenabgleich mit zentraler Datenablage

Intelligentes Bauteil

Kommunikation über Wlan, UMTS, ...

Lesegerät
- Erzeugung von Daten durch Lese- und Schreibaktionen (Person, Zeitpunkt)
- Abgleich der Daten zwischen Transponder und Lesegerät
- Erfassung der Prozeßdaten (Abnahme, Fertigstellung,...)

Zentrale Datenablage des AN (oder AG)
- Applikationsserver auf Baustelle
- Plandaten
- Vertragsdaten

Abbildung 77: Datentransfer innerhalb des semidezentralen Systems

5.3.5.1 Versionssicherheit der Standards und deren Weiterentwicklung in der Anwendung

Für die praktische Anwendung durch am Bau Beteiligte ergeben sich Anforderungen, die durch die Beschränkung auf einen einzigen Anwender im Versuch nicht zum Tragen kommen. So konnten Erkenntnisse aus dem Prozess in Form von Anpassungen sofort berücksichtigt werden. Da durch den Gerätezugriff der Zugang zu den Bauteiltranspondern auf die Messenden kanalisiert war, konnten Änderungen sofort und vollumfänglich durchgesetzt werden. Für später zu definierende Standards, aber vor allem für deren Weiterentwicklung

---

[134] Avionik bezeichnet den technischen Fachbereich der elektrischen, elektronischen Gerätetechnik in der Luftfahrt, die zum Betrieb und Wartung von Luftfahrzeugen benötigt wird. Im engeren Sinne wird unter diesem Begriff die gesamte elektronische Bordausrüstung eines Flugzeugs zusammengefasst.
[135] In Abschnitt *5.2.5 Datentransfer*, S. 129.

muss sichergestellt sein, dass die Anwender des Systems „Intelligentes Bauteil" sicher und zuverlässig auf die Bauteilinformationen vor Ort zugreifen und diese auch korrekt interpretieren können.

5.3.5.2 Redundanz der Bauteilinformationen

Die Menge der abgelegten Bauteilinformationen auf den jeweiligen Transpondern ist durch die geringe Speichergröße niedrig. Jedoch konnte im Umgang mit dem System die Notwendigkeit gezeigt werden, während der Errichtungsphase die jeweiligen Bauteilinformationen zusätzlich zur dezentralen Ablage auch zentral vorzuhalten. Von den zugänglichen Bauteiltranspondern sind innerhalb der Errichtungsphase knapp über 2 % der Transponder nicht nutzbar gewesen, so dass eine Ersatzinstallation erforderlich werden würde. Die ersetzten Transponder würden dann über den Export aus dem zentralen Ablage- oder Informationssystem die entsprechenden Bauteilinformationen erhalten. Durch eine zentralisierte Erfassung der jeweiligen Bauteiltransponder kann der detaillierte Gebäudezustand komplett erfasst und ausgewertet werden.

Nach der Übergabe des Objektes an Eigentümer oder Nutzer muss vielfach beobachtet werden, dass zentrale Datenspeicher entweder verloren gehen oder die Daten aufgrund fehlender Kontextverknüpfung nicht mehr zugeordnet werden können. Desweiteren bedingt die Zentralität vielfach auch eine erhöhte Gefahr des vollständigen Untergangs. Hier zeigt sich der enorme Vorteil der dezentralen Datenvorhaltung. Bei Verlust der zentralen Datenhaltung lässt sich die gesamte erforderliche und vor allem aktuelle Gebäudedokumentation durch das Erfassen der Bauteile wieder herstellen, bauteilweise zuweisen und auswerten.

Anhand der sechsstelligen Bauteilbezeichnung, die im Pilotprojekt verwendet wurde, konnte beispielsweise an den Bauteiltranspondern sehr exakt eine Verortung zwischen den sehr ähnlichen Räumen erfolgen. Unbeschriebene bzw. fremde Transponder konnten einfach identifiziert und beschrieben bzw. korrigiert werden.

5.3.5.3 Datenharvesting der Bauteilinformationen

Obwohl der zur Verfügung stehende Bauteilspeicher die Ablage der vollständigen Informationen nicht zuließ, wurden die Informationen einem virtuellen Speicher innerhalb einer Datenbank zugewiesen. Hierbei werden die Daten kontextorientiert drei Gruppen zugeordnet:

Plandaten

Anhand der Planung wurden nach der erfolgten Definition und Bezeichnung der einzelnen Bauteile die jeweiligen Informationen extrahiert und einer Excel-Datenbank über Eingabesheets zugewiesen. Hierbei konnte auf die zeichnerischen Darstellungen der Ausführungsplanung, weitere Listen (z. B. Raumbuch und Türliste) sowie auf Gutachten, die auch über ein Projektkommunikations- und -managementsystem (PKMS) verfügbar waren, zurückgegriffen werden.

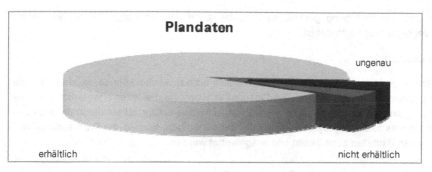

Abbildung 78: Qualitative Abschätzung der Datenverfügbarkeit bei den Plandaten

Materialdaten

Für die Erfassung der Materialdaten wurde vor allem der Leistungsumfang der Rohbauarbeiten betrachtet. Aufgrund der wenigen Beteiligten und der durch die Normung erforderlichen Dokumentation des verarbeiteten Materials wurde hier versucht, eine möglichst vollständige Erfassung zu erzielen. Als Quellen dienten das Bautagebuch der Bauleitung und der einzelnen ausführenden Unternehmen, die Dokumentation der Betonüberwachung, die Lieferscheine und zahlreiche Konsultationen der Beteiligten. Anhand der Definition der Bauteile konnten dann die einzelnen Materialien mit einer nahezu chargengenauen Zuweisung erfasst werden.

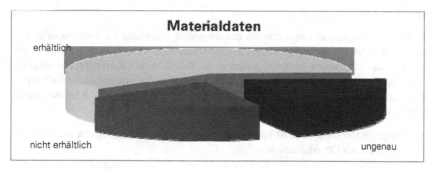

Abbildung 79: Qualitative Abschätzung der Datenverfügbarkeit bei den Materialdaten

Für den Bereich des Ausbaus gestaltete sich die Erfassung wesentlich schwieriger, da zum einen wesentlich mehr Beteiligte involviert sind und zum anderen in Paletten und Gebinden angelieferte Materialien gebäudeübergreifend verbaut werden. Desweiteren werden bei Materialien geringeren Verbrauchs auch offene, firmenseitig baustellenübergreifend eingekaufte Baustoffe eingesetzt, für die dann höchstens in der kaufmännischen Abteilung des ausführenden Unternehmens detaillierte Unterlagen zur Verfügung stehen. Da im Anlieferprozess die Lieferdokumente zur Erfassung von den Materialien getrennt werden, ist eine spätere bauteilgenaue Nachverfolgung meist nicht mehr möglich. Ebenso werden üblicherweise die Produktionsdokumentionen und Überwachungsnachweise erst nach Anforderung von den

Herstellern zur Verfügung gestellt, so dass bei zunehmender Länge der Lieferkette die Nachverfolgbarkeit gefährdet ist.

Prozessdaten

Da die Prozessdaten momentan nicht automatisch erfasst werden können, wurden diese für Trockenbauteile ausführungsbegleitend manuell erhoben. Hierbei ist es erforderlich, dass die Erfassung prozessbegleitend und ohne erhöhte Aufwände erfolgt. Ist ein durchgängiges und ganzheitliches Erfassungssystem jeweils vor Ort vorhanden, können die Prozessdaten vollständig den Bauteilen zugewiesen und ausgewertet werden.

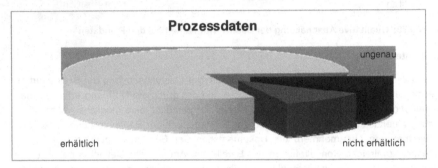

Abbildung 80: Qualitative Abschätzung der Datenverfügbarkeit bei den Prozessdaten

Datenverfügbarkeit

Wie bereits voran dargestellt, verursacht die bauteilgenaue Erfassung von Informationen mit den heute eingesetzten Werkzeugen einen wirtschaftlich nicht vertretbaren Aufwand. Teilweise kann selbst mit diesem erhöhten Aufwand der Bruch in den Kommunikationswegen nicht überbrückt werden. Aus der Zusammenstellung der Bauteilinformationen für die zentrale Datenablage am Pilotprojekt können qualitativ folgende die in Abbildung 78 bis Abbildung 80 gezeigten Verfügbarkeiten der Daten abgeschätzt werden.

Für den durchgängigen Datenfluss ist somit die Einbindung der Materiallogistik als auch der Ausführenden direkt vor Ort erforderlich.

5.4 Zusammenfassung der Ergebnisse des Pilotprojektes

Die Installation der Transponder innerhalb der Bauteile konnte materialübergreifend gut in die regulären Abläufe der Fertigungsprozesse integriert werden. Hierbei sind die erforderlichen Hilfsstoffe zur Befestigung, wie beispielsweise Bindedraht bei Stahlbetonbauteilen, Trockenbauschrauben oder Mörtel im Mauerwerksbau regulär vorhanden, so dass bei der Errichtung der Grundstruktur der Transponder eingebaut, anschließend initialisiert und genutzt werden kann. Mit der frühen Nutzung der Transponder kann die schon ohnehin äußerst geringe Ausfallquote mit relativ niedrigem Aufwand behoben werden. Da im Anschluss an den Einbau kein weiterer Verlust an Transpondern gemessen wurde, kann bezüglich der Beständigkeit der Transponder und der damit verbundenen Dauerhaftigkeit des installierten Systems in Abhängigkeit der Werksgarantien von momentan mindestens 30 Jahren[136] ausgegangen werden. Somit konnte der erfolgreiche Einsatz der UHF-Transponder als Datenspeicher der Bauteile nachgewiesen werden.

Die regulär verbauten Transponder können materialübergreifend bis auf Konstruktionen mit vollflächiger Metallüberdeckungen gut mit üblichen Lesegeräten erreicht werden. Vor allem bei Stahlbetonbauteilen empfiehlt sich der Einbau innerhalb der Betondeckung und außerhalb der Bewehrung, um die komfortablen Lesereichweiten um einen bis eineinhalb Meter sicherzustellen. Während die in den Wänden eingebauten Transponder somit relativ komfortabel mit geringsten Lese- und Schreibzeiten erreicht werden können, ist bei den Transpondern der horizontalen Bauteile, beispielsweise infolge

- der Deckenhöhe,
- aufbauenden Konstruktionen wie Abhangdecken, und
- Abschirmung von Bodenkonstruktionen, wie Hohl- und Doppelböden

mit einer Beeinträchtigung der Zugänglichkeit zu rechnen.

Als Datenspeicher der Kommunikationsplattform am Bauteil haben sich die Transponder verfahrenstechnisch bewährt. Bezüglich der zeitlichen Aufwände ist das Auslesen und Ablegen von Informationen in übliche Prozesse der Ausführung integrierbar. Allerdings besitzen die für die Versuche eingesetzten Transponder nicht den erforderlichen Speicher, um alle Bauteilinformationen vollständig abzulegen. Jedoch lässt hier die rasante Entwicklung im Bereich der passiven UHF-Transponder in absehbarer Zeit ausreichend großes Speichervolumen erwarten. Mit den bereits jetzt verfügbaren 64 kByte steht für die wichtigsten Bauteilinformationen ausreichend Speicher zur Verfügung.

Mit dem Prototypen „Tablet-PC" konnte über eine speziell eingerichtete Schnittstelle innerhalb des Programms „Allbudget®" das Lesegerät angesteuert und somit der RFID-Transponder an eine Softwareanwendung angebunden werden. Mit dem Einlesen der Bauteilkennung werden automatisch die entsprechenden Bauteilinformationen aus einer Datenbank angezeigt und das Bauteil visualisiert. Desweiteren besteht die Möglichkeit, manuell weitere Informationen zuzuweisen oder bestehende zu bearbeiten.

Somit kann bezüglich der technischen Voraussetzung für den Einsatz von UHF-Transpondern am Bauwerk davon ausgegangen werden, dass die RFID-Technologie als kontakt- und sichtlos nutzbaren Datenspeichern innerhalb der Bauteile gut und nachhaltig geeignet ist.

---

[136] Die neu entwickelten Transponder mit FRAM-Speichermodulen weisen sich nicht nur durch erheblich umfangreicheren Usermemory aus, sondern besitzen mit momentan einer Rate bis zu 10^{10} zugesicherte Wiederholungen auch eine höhere Lese-/Schreibsicherheit als die bisher in der Warenlogistik verwendeten Speichertypen.

Für die vollständige Ausschöpfung des Potentials dieses Systems ist die Anbindung an die tangierenden, bestehenden Softwareanwendungen in Form einer digitalen, automatisierten Schnittstelle erforderlich. Innerhalb des Pilotprojektes wurde mit erheblichem manuellen Aufwand auf Grundlage der zur Verfügung stehenden Planung, Baudokumentation und zusätzlicher Erfassung die bauteilbezogenen Informationen erhoben und zu Daten aufbereitet. Hierbei ist eine qualitativ hochwertige Aufbereitung, beispielsweise der Bauwerksdaten als Solldaten aus der Planung, sowie Prozessdaten als Sollwerte für die Fertigung aus den bestehenden Informationsquellen, auf Grundlage einheitlich definierter Datenformate erforderlich. Neben der Hürde der nicht automatisierten und damit zu aufwendigen Datenerhebung sind andere Informationen, beispielsweise Kenndaten der Herstellung der Baumaterialien, mit momentan üblichen Informationswegen nicht bis zur Ausführung durchgängig.

Mit dem vorgestellten System sind bisher einzigartig verfügbare Daten für das Controlling und die Prozesssteuerung verfügbar und relevant, und sollten somit ebenfalls für andere Anwendungen zur Verfügung stehen.

In dieser Forschungsphase wurden die technischen Voraussetzungen in der Praxis nachgewiesen. Für den nachhaltigen Einsatz und die hochwertige Ausschöpfung des Potentials dieser neuen Kommunikationsschnittstelle ist die periphere Anbindung bezüglich des Dateninputs und -outputs in Form von Schnittstellendefinitionen erforderlich. Das Pilotprojekt hat nachgewiesen, dass eine projektspezifische Lösung mit entsprechendem Aufwand bereits auf Grundlage dieser Erkenntnisse möglich ist.

6 Anwendungspotenziale in der Nutzungsphase von Gebäuden

Für die Planung eines Objektes gewinnt die Betrachtung der Lebenszykluskosten immer mehr an Bedeutung. Angestrebt werden optimale Nutzung und Betrieb eines Objektes bei möglichst geringen Kosten.

Ein in der Bauphase bereits installiertes RFID-System kann übernommen und zur Optimierung der Gebäudenutzung und des Gebäudebetriebs herangezogen werden. Im folgenden Kapitel werden mögliche Einsatzbereiche vorgestellt und daraus technische Anforderungen formuliert, anhand derer die Anwendung der RFID-Technologie für die Nutzer des Gebäudes möglich sein soll.

6.1 Begrifflichkeiten und Hintergründe: Die Nutzungsphase

Nach *Schulte 2008* wird der Lebenszyklus definiert als „zeitliche Abfolge der Prozesse von der Entstehung eines Gebäudes über verschiedene Nutzungen hinweg bis zum Abriss [...]."[137] „Die an dem zeitlichen Verlauf orientierten Abschnitte des Lebenszyklus werden im Allgemeinen als Lebensphasen bezeichnet."[138] Die Nutzungsphase ist also ein Bestandteil des Lebenszyklus eines Gebäudes. Eine Übersicht über mögliche Gliederungen des Lebenszyklus eines Bauwerkes gibt Tabelle 12. „Dabei können Zeiten der Nutzungen durch Leer- und Teil-Leerstände unterbrochen sein – teilweise einhergehend mit Renovierungen, Umbauten und anderen umstrukturierenden Maßnahmen."[139]

Quelle	Phasen im Gebäudelebenszyklus								
ISO 15686-5	Acquisition			Use & Maintanance			Renewal & Adaption		Disposal
GEFMA 100-1 (2004-07)	Konzeption	Planung	Errichtung	Vermarktung	Beschaffung	Betrieb & Nutzung	Umbau und Sanierung	Leerstand	Verwertung
OENORM EN 15221-1	Projektidee	Projekt-entwicklung	Errichtung	Nutzung					Abriss / Entsorgung

Tabelle 12: Phasen im Gebäudelebenszyklus[140]

Der Begriff „Nutzung" steht für den Gebrauch eines Gegenstandes, d. h. in diesem Fall für den Gebrauch eines Bauwerkes gemäß seinem Zweck zum Wohnen, Arbeiten etc. Nach *DIN 31051* (Abschnitt 4.3.2) ist die Nutzung die „bestimmungsgemäße und den allgemein anerkannten Regeln der Technik entsprechende Verwendung einer Betrachtungseinheit[141], wobei unter Abbau des Abnutzungsvorrats Sach- und / oder Dienstleistungen entstehen".

---

[137] Aus *Schulte 2008*. S. 211.
[138] Aus *Herzog 2005*. S. 31.
[139] Aus *Schulte 2008*. S. 211.
[140] Nach *Herzog 2005*. S. 32.
[141] Betrachtungseinheit: jedes Teil, Bauelement, Teilsystem, jede Funktionseinheit, jedes Betriebsmittel oder System, das für sich allein betrachtet werden kann. Nach *DIN 31051*.

Die Nutzungsphase nimmt normalerweise den größten zeitlichen Anteil am Lebenszyklus eines Bauwerkes ein. Während die Bauzeit meist zwischen mehreren Monaten bis hin zu einigen (wenigen) Jahren andauert, beträgt die geplante Lebensdauer eines Gebäudes in der Regel 30 Jahre.[142] Die Nutzung beginnt dabei in der Regel mit der Übergabe an den zukünftigen Nutzer und der Inbetriebnahme des Objektes. Sie endet mit der Demontage bzw. dem Abbruch des Bauwerks.

Wesentlicher Bestandteil des Nutzungsprozesses ist der Betrieb des Objektes, d. h. die Versorgung mit Energie, Wasser, Heizung / Kälte, Wartung und Instandhaltung des Objekts und seiner zugehörigen Anlagen. Die Instandhaltung ist dabei „Kombination aller technischen und administrativen Maßnahmen, sowie Maßnahmen des Managements während des Lebenszyklus einer Betrachtungseinheit zur Erhaltung des funktionsfähigen Zustandes oder der Rückführung in diesen, so dass sie die geforderte Funktion erfüllen kann"[143] (vgl. Abbildung 81). Nach *DIN 31051* enthält dies:

- Maßnahmen zur Verzögerung des Abbaus des vorhandenen Abnutzungsvorrats (Wartung), Vermeidung und Reduzierung von Verschleiß,
- Maßnahmen zur Feststellung und Beurteilung des IST-Zustands einer Betrachtungseinheit (Inspektion),
- Maßnahmen zur Erstellung der geforderten Abnutzungsvorräte einer Betrachtungseinheit ohne technische Verbesserung (Instandsetzung),
- Kombination aller [...] Maßnahmen zur Steigerung der Funktionssicherheit einer Betrachtungseinheit, ohne die von ihr geforderte Funktion zu ändern (Verbesserung).

Abbildung 81: Unterteilung der Instandhaltung[144]

Aus ästhetischen oder technischen Gründen kommt es außerdem zu Umbauten, Sanierungen, Modernisierungen und zur Revitalisierung.[145] Auch die wirtschaftliche Optimierung (Aufwertung, Verbesserung) kann ein Grund dafür sein.

---

[142] Nach *Floegl 2003*.
[143] Aus *DIN EN 13306*. Abschnitt 2.1.
[144] Nach *DIN 31051*.
[145] Revitalisierung: Bauwerke werden technisch, funktional, konstruktiv, optisch überholt und nutzbar gemacht.

Die Nutzungsphase kann auch anhand der Lebensdauer selbst eingeordnet werden, die sich nach *Schulte 2000* in die *tatsächliche, technische* und *wirtschaftliche* Lebensdauer unterscheiden lässt (vgl. Abbildung 82). Demnach liegt die Nutzungsphase im „wirtschaftlichen" Bereich.

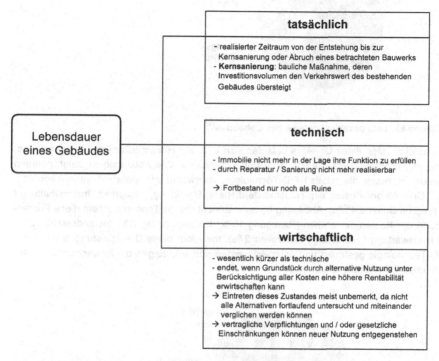

Abbildung 82: Lebensdauer eines Gebäudes[146]

Finanziell betrachtet, entfallen abhängig von seiner Nutzungsart ca. 80 % der Kosten eines Bauwerkes auf seine Nutzung (vgl. Abbildung 83). Schnell überschreiten dabei die Baufolgekosten die Errichtungskosten. Es ist leicht zu erkennen, dass die Nutzung der kostenaufwendigste Anteil am Lebenszyklus eines Gebäudes ist.

---

[146] Nach *Schulte 2008*. S. 212.

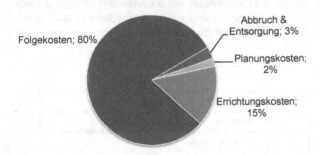

Abbildung 83: Lebenszykluskosten eines Gebäudes[147]

Die Betriebskosten eines Objektes belaufen sich u. a. auf Hausmeisterdienste, Bewachung, Reinigung, Wartung, Versicherung, Ver- und Entsorgung. Wie Abbildung 84 zeigt, nehmen dabei die Prozesse, die mittels RFID-Technologie überwacht und gesteuert werden könnten, einen Großteil der Kosten ein: Hausmeisterdienste, Reinigung, Sicherheit, Instandhaltung / -setzung (in Summe 41 %). Abbildung 85 unterstreicht dieses Tendenz, indem diese Prozesse 63 % der Kosten einnehmen (Reinigung 15 %, Instandhaltung 7 %, Instandsetzung 39% und Hauswartung / Sicherung / Kontrollen 2 %). Inwiefern diese Dienstleistungen durch die RFID-Technologie gesteuert und optimiert werden können, zeigen die Anwendungsszenarien im folgenden Abschnitt 6.2.

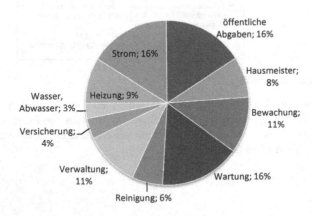

Abbildung 84: Betriebskosten eines Bürogebäudes[148]

---

[147] Nach *Djahanschah 2008*. Folie 7.
[148] Aus *Ast*. Folie 39.

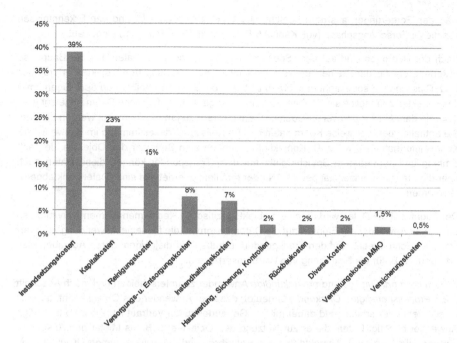

Abbildung 85: Zusammensetzung der Lebenszykluskosten[149]

Nach *Floegl 2003* ergibt sich beim Übergang der Bau- in die Nutzungsphase ein gravierendes Problem: Während der Planung eines Bauwerks steigt die Zahl der Beteiligten und die Menge der Informationen deutlich an, wobei die Informationen immer komplexer werden. Nach und nach scheiden immer mehr Beteiligte aus der Planung und Realisierung aus, wodurch Wissen um das Gebäude und z. B. nicht aktualisierte Pläne verloren geht. Die Baubeschreibung selbst mag umfangreich sein, jedoch ist ihre Aktualität nicht garantiert. Die Folge davon ist, dass neue Beteiligte (vgl. dazu auch Abschnitt *2.2.5 Prozessbeteiligte*), wie Nutzer oder Betreiber, die Daten neu nutzungs- und betriebsbezogen beschaffen oder aufarbeiten müssen, um das Objekt ökonomisch und effektiv betreiben zu können. Zusätzlich hat das Entwurfsmodell einen anderen Schwerpunkt und Sichtwinkel als das Modell des Bauwerks aus der Sicht des Betreibers.

6.1.1 Grundmodell

Um die folgend dargestellten Anwendungsszenarien nachvollziehen zu können, sollen zunächst die zugrundellegenden Annahmen beschrieben werden.

Basierend auf den bisher beschriebenen Modellen soll das Bauwerk aus der Bauphase heraus mit Transpondern ausgestattet sein. Diese wurden in ihrer Anzahl und ihrer Position ge-

---

[149] Aus *Kälin et al. 2008*, Folie 4

mäß den Forderungen aus dem Forschungsprojekt „IntelliBau 1"[150] und den Erkenntnissen aus dieser Forschungsphase (vgl. Kapitel 5 *Pilotprojekt LMdF Potsdam*) eingebaut.

Nach der Übergabe sind auf dem Speicher der Transponder die Daten aus der Bauphase hinterlegt, die für den Betrieb und die Instandhaltung / Wartung des Objektes erforderlich sind. Dies sind die sogenannten *internen* Daten, die nur dem Betreiber und dem Eigentümer des Objektes zugänglich sind. Weiterhin können sogenannte *öffentliche* Daten abgelegt werden, die dem Nutzer und verschiedenen Dienstleistern zugänglich gemacht werden können. Sie enthalten beispielsweise Koordinaten des Bauteils zur Ortsbestimmung im Bauwerk oder Kontextinformationen, wie z. B. Kontaktinformationen zum Betreiber des Objektes. Je nach Umfang und verfügbarem Speicherplatz auf dem Transponder können diese Daten auch über die Transponderidentität per WLAN oder mobilem Internet aus einer Datenbank abgerufen werden.

Der Zugriff auf die Daten wird durch ein objektspezifisches Rechtemanagement verwaltet, so dass jeder Anwender nur Einblick auf die Daten bekommt, die für seine Anwendung erforderlich sind. Schreibrechte auf den Transpondern erhalten nur diejenigen, deren Aufgaben dies erfordern (z. B. für die Eintragung von Wartungsarbeiten).

Zudem ist in *ortskundige* und *ortsunkundige* Anwender zu unterscheiden (vgl. auch Abschnitt *2.2.5 Prozessbeteiligte*). *Ortskundig* bedeutet, dass der Anwender das Objekt kennt, da er in diesem lebt oder arbeitet und daher mit der Gebäudestruktur vertraut ist. Dieser ortskundige Anwender benötigt Daten, die er zur Nutzung des Objektes (z. B. als Mieter den Ansprechpartner beim Vermieter, Kontaktdaten des Betreibers und / oder Eigentümers, Kontaktdaten zu Dienstleistern), als Betreiber oder als Dienstleister benötigt. Demnach unterscheiden sich die Informationen von denen, die ein *ortsunkundiger* Anwender benötigt, der beispielsweise ein Besucher in einem Krankenhaus sein kann. Ortsunkundige Anwender bedürfen im Wesentlichen Informationen hinsichtlich ihres aktuellen Standortes, Wegbeschreibungen und ggf. Kontextinformationen wie Ansprechpartner, Telefonnummern etc.

Für die nachfolgend angeführten Anwendungsszenarien wird davon ausgegangen, dass der Anwender entweder über ein eigenes Lesegerät verfügt (als mobiles Lesegerät oder durch einen im Smartphone[151] integrierten Reader) oder ein mobiles Lesegerät im Gebäude erhält.

6.1.2 Anwendergruppen der RFID-Technik

Die möglichen Anwender der RFID-Technologie sind abhängig von der Art und der Nutzung des Gebäudes. Einige Beispiele dafür sind

- in Wohnhäusern: Eigentümer, Mieter, Betreiber / Dienstleister,
- in Bürogebäuden: Eigentümer, Mieter, Angestellte, Betreiber / Dienstleister,

---

[150] Vgl. *Jehle et al. 2011*.

[151] „Zwar hat das Google-Handy Nexus S bereits einen solchen [NFC-]Chip eingebaut, doch ist dessen Verbreitung noch minimal. Ein ähnliches Bild bietet Nokia. Der finnische Konzern will ab 2011 alle neuen Smartphones mit NFC ausrüsten, hat einen solchen bereits in das Modell C7 eingebaut." *Spiegel 2011*. Die Quellen *Inside Handy* und *NFCworld 2011* bestätigen dies. Die Website *Nokia 2011* erklärt dem potenziellen Käufer die Technologie dahinter.

- in Bildungseinrichtungen: die öffentliche Hand als Eigentümer, Schüler / Studenten, Lehrer, Betreiber / Dienstleister,
- in Verwaltungsgebäuden: Eigentümer, Angestellte, Besucher, Betreiber / Dienstleister,
- bei Verkehrsbauwerken: die öffentliche Hand als Eigentümer, Nutzer, Betreiber / Dienstleister,
- Krankenhäuser: Eigentümer, Ärzte und Pflegepersonal, Patienten, Besucher, Betreiber / Dienstleister,
- in allen Bauwerken: Rettungskräfte etc.

In der folgenden Abbildung 86 werden die Anwendergruppen und die weiteren Beteiligten in der Nutzungsphase grafisch dargestellt. Dabei wird ersichtlich, dass außer dem „Nutzer" alle Gruppen in Abhängigkeit von der Gebäudeart klar definierbar sind. Auf Basis dieser Gruppierungen sollen nun mögliche Anwendungen und Einsatzszenarien für die RFID-Technik in der Nutzungsphase entwickelt werden. Dabei werden mögliche Probleme aufgezeigt und Vorschläge zu deren Lösung gemacht.

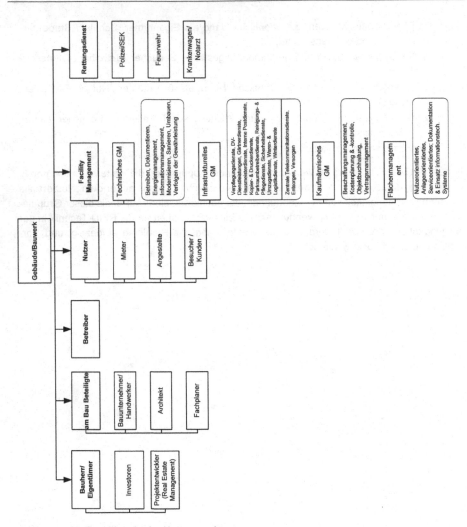

Abbildung 86: Beteiligte in der Nutzungsphase

6.2 Einsatzszenarien

Im Folgenden werden verschiedene Einsatzszenarien vorgestellt. Danach werden mögliche Probleme bei der Umsetzung und Lösungsvorschläge benannt. Zum Abschluss werden die technischen Anforderungen für die Umsetzung zusammengestellt.

6.2.1 Facility Management

Das Facility Management ist bei weitem die größte potenzielle Benutzergruppe für RFID-Anwendungen in Bauwerken (vgl. Abbildung 86). Der Begriff des Facility Management (FM) wurde erstmals 1980 durch die IFMA[152] definiert. Aktuell definiert die GEFMA[153] den Begriff „Facility Management" als „eine Managementdisziplin, die durch ergebnisorientierte Handhabung von Facilities und Services im Rahmen geplanter, gesteuerter und beherrschter Facility Prozesse eine Befriedigung der Grundbedürfnisse von Menschen am Arbeitsplatz, Unterstützung der Unternehmens-Kernprozesse und Erhöhung der Kapitalrentabilität bewirkt."[154] „Dabei stehen Arbeitsplatzgestaltung, Werteerhalt und Kapitalrentabilität im Fokus des Facility Managers."[155] Allgemeine Anforderungen an das Facility Management können dabei nach GEFMA Homepage sein:

- „Unterstützung von Unternehmens-Kernprozessen,
- Erhöhung der Leistungsfähigkeit betrieblicher Arbeitsplätze,
- Gewährleistung von Sicherheit und Gesundheitsschutz für die Mitarbeiter,
- Erhaltung baulicher und anlagentechnischer Werte,
- Einhaltung gesetzlicher Vorschriften,
- Erhöhung von Nutzungsqualitäten,
- Reduzierung von Nutzungskosten."

Für den Begriff Facility Management sind noch viele weitere Definitionen vorhanden, beispielsweise vom Verband Deutscher Maschinen- und Anlagenbau e. V. (VDMA). Allen Definitionen und Erklärungen ist dabei gemein, dass die Betriebs- und Bewirtschaftungskosten dauerhaft gesenkt, die Verfügbarkeit technischer Anlagen gesichert und der Wert der baulichen Anlagen langfristig sicher gestellt werden soll. Dabei müssen die Prozesse des Facility Managements an wechselnde Bedingungen im Objekt (durch Betreiber- und Nutzerwechsel etc.) angepasst werden. Die Optimierung von Betrieb, Nutzung, Vermarktung und Werterhaltung soll so langfristig Ertragssteigerungen und die Sicherung der Qualität gewährleisten. Wichtig ist, dass das Facility Management nicht mit dem so genannten Gebäudemanagement[156] gleichzusetzen ist, sondern dieses mit einschließt. Die Aufgaben des Gebäudemanagements sind in Abbildung 87 dargestellt.

---

[152] IFMA: International Facility Management Association, Houston Texas.
[153] GEFMA: German Facility Management Association.
[154] Aus GEFMA Richtlinie 100-1. S. 3.
[155] Aus GEFMA Homepage.
[156] Vgl. DIN 32736.

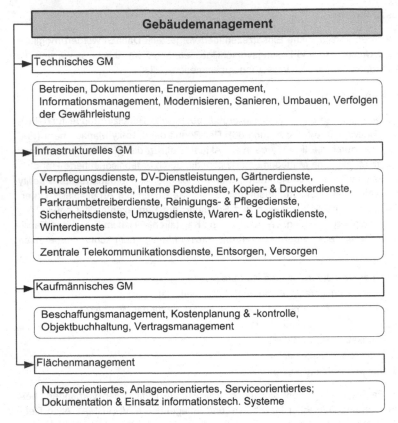

Gebäudemanagement

Technisches GM

Betreiben, Dokumentieren, Energiemanagement, Informationsmanagement, Modernisieren, Sanieren, Umbauen, Verfolgen der Gewährleistung

Infrastrukturelles GM

Verpflegungsdienste, DV-Dienstleistungen, Gärtnerdienste, Hausmeisterdienste, Interne Postdienste, Kopier- & Druckerdienste, Parkraumbetreiberdienste, Reinigungs- & Pflegedienste, Sicherheitsdienste, Umzugsdienste, Waren- & Logistikdienste, Winterdienste

Zentrale Telekommunikationsdienste, Entsorgen, Versorgen

Kaufmännisches GM

Beschaffungsmanagement, Kostenplanung & -kontrolle, Objektbuchhaltung, Vertragsmanagement

Flächenmanagement

Nutzerorientiertes, Anlagenorientiertes, Serviceorientiertes; Dokumentation & Einsatz informationstech. Systeme

Abbildung 87: Einsatzbereiche bezogen auf das jeweilige Gebäudemanagement[157]

Für das Erreichen der Ziele des Facility Managements ist jedoch die Dokumentation der Gebäudesubstanz und der ausgeführten sowie auszuführenden Maßnahmen unerlässlich. „Das Top-Management, welches Immobilien als Teil der Unternehmensstrategie begreift und behandelt, kann durch einen aktiven und ergebnisorientierten Umgang mit ihnen einen positiven Beitrag zum Unternehmensergebnis erwirtschaften und so die Wettbewerbsfähigkeit steigern. [...] Trotzdem verfügen die meisten Unternehmen noch nicht einmal über ein Informationssystem, das aktuelle, grundstücks- und gebäudebezogene Daten bereithält."[158] An dieser Stelle kann die Nutzung der RFID-Technologie eingreifen, die notwendigen Daten erfassen und je nach Bedarf zur Verfügung stellen. Dabei kann zusätzlich die bereits vorhandene Gebäudeautomation zur Überwachung, Steuerung und Regelung des Betriebs genutzt werden. Ziel dessen ist es, die Funktionsabläufe über alle Gewerke des Gebäudebetriebs

---

[157] Nach *Kochendörfer et al. 2007*. S. 12.
[158] Vgl. *Mohrmann 2007*. S. 13.

und der Instandhaltung / Instandsetzung hinweg weitgehend zu automatisieren oder zumindest zu vereinfachen.

In einer 2009 veröffentlichten Umfrage des Forschungsinstituts für Rationalisierung (FIR) an der RWTH Aachen wurden verschiedene Unternehmen des Maschinen- und Anlagenbaus, der Medizintechnik, des Facility Managements und des Gesundheitswesens befragt, wo sie den größten Nutzen der RFID-Technologie im Facility Management sehen (vgl. Abbildung 88 und *Rhensius u. Quadt 2009*). Das Ergebnis zeigt eindeutig, dass die größten Potenziale im Bereich der Instandhaltung (48 %), des Störfallmanagements (41 %) und im Sicherheits- / Schließmanagement (55 %) gesehen werden. Unter diesem Gesichtspunkt wird der Entwicklungsbedarf von Lösungen ersichtlich und die Anwendungsszenarien des Facility Management werden daraus entwickelt.

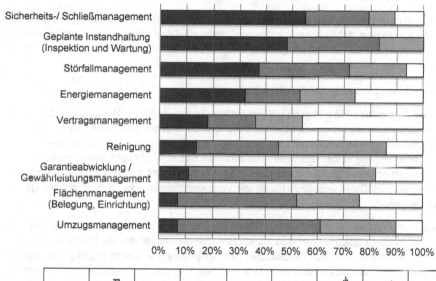

	Sicherheits-/ Schließ-management	Geplante In-standhaltung (Inspektion und Wartung)	Störfall-management	Energie-management	Vertrags-management	Reinigung	Garantie-abwicklung/ Gewährleistungs-management	Flächen-management (Belegung, Ein-richtung)	Umzugs-management
Sehr hoch	55%	48%	41%	32%	18%	14%	11%	7%	7%
hoch	24%	35%	38%	21%	18%	31%	39%	45%	54%
mittel	10%	17%	24%	21%	18%	41%	32%	24%	29%
niedrig	11%	0%	7%	26%	46%	14%	18%	24%	10%

Abbildung 88: Nutzenpotentiale von RFID im Facility Management.[159]

---

[159] Nach *Rhensius u. Quadt 2009*. S. 2.

Einsatz im Gebäudemanagement

Hilfsmittel des Gebäudemanagements

Das Gebäudemanagement erfolgt informationstechnisch derzeit mithilfe von CAFM-Anwendungen[160], ERP-Systemen[161] und der Gebäudeautomation. Da die Datenerhebung dafür aber interessenabhängig[162] und selten kontinuierlich ist, werden Daten immer nur dann erfasst, wenn sie gebraucht werden. Diese Datenerfassung erfolgt zumeist auch nur in dem Umfang, wie es zur Erfüllung der aktuell vorliegenden Aufgabe erforderlich ist. Die Aktualität der Daten und deren Vollständigkeit sind demnach auch durch die Anwendung der genannten Systeme nicht gewährleistet. Gleichzeitig können durch die bedarfsweise, aufgabenorientierte Erfassung der Daten Dopplungen entstehen, die durch unterschiedliche oder fehlende Aktualisierungen zu Widersprüchen und damit zu Problemen führen können.

Durch eine kontinuierliche Datenerfassung mittels RFID kann dem vorgebeugt werden: Alle Daten von Beginn der Bauphase an werden gesammelt und können so, je nach konkretem Aufgabenbereich des Betreibers gefiltert, zur Inbetriebnahme des Gebäudes an den Betreiber übergeben werden.

Mängelmanagement in der Gewährleistungsphase

In den Bereich des FM fällt auch die Instandhaltung und damit die Wartung des Gebäudes. Demnach ist der Betreiber des Objektes derjenige, der Mängel daran während seiner Aufgabenerfüllung am ehesten feststellen und an den Eigentümer melden kann, der wiederum die Mängelbeseitigung selbst veranlasst oder dies dem Betreiber übergibt. Bisher muss dazu die Baudokumentation nach den Verantwortlichkeiten durchsucht und ein Ansprechpartner gefunden werden. Diese versuchen häufig, die Verantwortlichkeit oder „Schuld" am Mangel von sich zu weisen.

Durch die im Bauteil befindlichen Transponder, auf denen in der Bauphase kontinuierlich alle Herstellprozesse dokumentiert wurden, können nun die zeitaufwändige Suche nach Verantwortlichen verkürzt und das Durchsetzen des Anspruchs auf Gewährleistung erheblich beschleunigt werden. Das ausführende Unternehmen hat, um die Abnahme und Abrechnung eines Bauwerksteiles zu erreichen, auf dem entsprechenden Transponder selbst den Status „fertig gestellt" hinterlegt und ist somit eindeutig zuordenbar. Da es den Status selbst vermerkt hat, ist auch die Abweisung der Verantwortung nicht mehr möglich. Diese Art der „Beweisführung" kann Streitigkeiten vermeiden, sofern sichergestellt ist, dass eine Manipulation der Transponder nicht möglich ist.

Unter Benutzung des RFID-Systems kann nun zügig die Beseitigung des Mangels angeordnet werden. Selbstverständlich kann durch die hinterlegten Informationen auch bei Vandalismus oder anderen Schäden, die nicht in die Gewährleistungspflicht des Errichters fallen, schnell deren Beseitigung erreicht werden, da die Bezugsquellen jederzeit schnell und ein-

---

[160] CAFM: Computer Aided Facility Management.
[161] ERP: Enterprise Ressource Planning.
[162] Vgl. *Floegl 2003*.

fach einzusehen sind und somit die Bestellung von Ersatz zeitnah möglich ist. Nach Durchführung der notwendigen Maßnahmen wird der Fertigstellungsstatus und die Abnahme der
Leistung auf dem Transponder vermerkt und in das Mängelmanagementsystem übertragen.
Die sich aus der Mängelbeseitigung ergebenden verlängerten Fristen für die Gewährleistung
können so bauteilgenau verwaltet werden. Somit sind wieder an allen Stellen aktuelle Daten
verfügbar.

Instandhaltung und Wartung, Umbau und Sanierung

Der Betreiber eines Gebäudes muss stets den aktuellen Zustand des Gebäudes kennen, um
es gezielt instandhalten und warten zu können. Diese Maßnahmen müssen anschließend
zur Leistungserfassung und für die Festlegung der weiteren Wartungszyklen dokumentiert
werden. Auch außerplanmäßige Reparaturen müssen erfasst werden, um bauliche / technische Probleme oder aber Fahrlässigkeiten bzw. wiederholte mutwillige Zerstörung frühzeitig
erkennen zu können. Durch die RFID-Technologie können alle diese Dinge erfasst und gesteuert werden. So kann durch die Informationen in / aus einem Bauteil zum Beispiel auch
eine Benachrichtigung ausgelöst werden, damit der Wartungsprozess ausgeführt wird.

Neben Instandhaltung und Wartung können selbstverständlich auch Umbauten und Sanierungsmaßnahmen dokumentiert werden. Dies ist beispielsweise dann sinnvoll, wenn Wände
versetzt oder neue Durchbrüche erstellt wurden. Statt später mühsam nach alten Plänen zu
suchen oder die Gebäudestruktur zu analysieren, kann durch die Transponder in den Bauteilen schnell und einfach geprüft werden, welche Umbaumaßnahmen stattgefunden haben.

Bei der Instandhaltung von Objekten wird an einigen Orten zu Versuchszwecken schon mit
RFID gearbeitet. So sind beispielsweise die Brandschutzklappen des Flughafen Frankfurt
(Fraport AG) mit Transpondern ausgestattet: Ziel dabei ist die Zeitreduzierung der Erfassung
und Dokumentation von erfolgten Wartungsarbeiten und die Feststellung notwendiger Reparaturen. Gleichzeitig sollen so Fehler bei der manuellen Erfassung der Arbeiten vermieden
und das Archivierungssystem in Papierform abgelöst werden. Eingesetzt werden passive
Transponder mit einer HF-Frequenz von 13,56 MHz und mobile Reader. Die maximale
Reichweite des Systems ist hier auf 3 cm begrenzt, um sicherzustellen, dass das Wartungs-
personal direkt an die Brandschutzklappen herangeht und damit die erforderlichen Arbeiten
auch ausführt. Die entstehenden und vorhandenen Daten werden über SAP verwaltet, womit
die gesetzlichen Vorgaben und Auflagen hinsichtlich der Dokumentation erfüllt werden konnten. Ergebnis der Integration von RFID war, dass die Instandhaltungskosten und die administrativen Tätigkeiten des Personals reduziert wurden, und durch die Nachweisbarkeit der
ausgeführten Tätigkeiten ein großer Nutzen entsteht.[163]

Ähnliche Anwendungen können an nahezu jedem zu wartenden Bauteil angewandt werden.
Die verschiedenen Anwendungen müssen aufeinander abgestimmt und standardisiert sein,
so dass ein Datenaustausch über ein zentrales System möglich ist.

---

[163] Nach *Helmus et al. 2009*. S. 440 und *ECC 2009*.

Kombination von Wartungsmechanismen mit Indoornavigation zur weiteren Optimierung

Wenn zusätzlich zu den Bauteil- und Wartungsdaten auch die Daten über die Lage des Bauteils im Gebäude in Form von Koordinaten hinterlegt sind, kann über eine sogenannte Indoornavigation der zuständige Wartungstechniker schnell und einfach zum Einsatzort geleitet werden. Vor allem Prüfungen, die durch Sachverständige durchgeführt müssen, erfolgen häufig durch Ortsunkundige. Das Führen zum Einsatzort geschieht über das gleiche Endgerät, wie es zur Dokumentation der Wartungsprozesse genutzt wird. Der Wartungsauftrag wird zusammen mit den Angaben über die Lage des Einsatzortes auf das Endgerät (Reader) aufgespielt und zeigt über die entsprechende Software die Wegbeschreibung ähnlich einem Navigationssystem an. Anhand der auf dem Weg erfassten Transponder und der darauf hinterlegten Koordinaten kann das Gerät den aktuellen Aufenthaltsort bestimmen und die Wegbeschreibung aktualisieren. Das Suchen von Einsatzorten kann auf diese Weise entfallen.

Als Beispiel sei hier die Wartung der Kanalschächte in Warendorf genannt. Dort wurden ca. 5500 Schächte mit passiven Transpondern ausgestattet.[164] Der Wartungsauftrag wird per Software auf ein mobiles Lesegerät überspielt. Da der Transponder, d. h. seine Identifikationsnummer, mit dem Datensatz des zu wartenden Objektes im Geografischen Informationssystem (GIS) der Verwaltung verknüpft ist, ist seine Lokalisierung möglich. Eine Reichweitenbegrenzung auf 20 cm soll eine eindeutige Identifizierung bei Vorhandensein mehrerer Transponder in unmittelbarer Nähe sicherstellen, aber auch, dass die Arbeiten ordnungsgemäß ausgeführt werden. So ist der Kontakt zwischen Reader und Transponder erst möglich, wenn der Gully geöffnet und der Schmutzfang entfernt wurde. „Die Investition in die RFID-Hard- und –Software hat sich schnell rentiert. Außer der Schachtidentifikation und der papierlosen Zustandserfassung sind die Arbeitsabläufe nun kontrollierbar. Ein weiterer Vorteil ist die enorme Zeitersparnis durch den vereinfachten Datentransfer."[165]

Planung und Organisation von Sanierungsmaßnahmen

Bevor heute Umbau- und Sanierungsmaßnahmen durchgeführt werden, muss in der Regel eine Bauzustandsanalyse (vgl. Abbildung 89) durchgeführt werden, da keine oder zumindest keine aktuellen Daten über das Bauwerk vorliegen. „Der Trugschluss, Bestände einfach übernehmen zu können und die ‚paar Änderungen, die sich im Laufe der Zeit durch kleinere Umbauten ergeben haben oder erst gar nicht nach Beendigung der Bauphase dokumentiert wurden (was leicht 20% des Gesamtvolumens annehmen kann)' zu ignorieren, führt zu unbrauchbaren Datenbeständen und großen Problemen."[166] Dieser Datenmangel bzw. das Vorhandensein falscher oder nicht aktueller Informationen ist die größte Schwachstelle bei der Planung und Organisation von Sanierungsarbeiten und liegt darin begründet, dass die Erfassung und Pflege der Daten nutzer- / betreiberspezifisch und damit unzureichend erfolgt. Die Daten, die ein Nutzer sammelt, sind für einen anderen Anwendungsfall nicht immer zu

---

[164] Die RFID-Anwendung namens ELEUSIS+ wurde von Tectus Transponder Technology GmbH entwickelt. Aus: *Informationsforum RFID 2006*. S. 12f.
[165] Aus *Informationsforum RFID 2006*. S. 13.
[166] Aus *Gänßmantel et al. 2005*. S. 33.

gebrauchen. Die Daten werden zudem von jedem Nutzer und / oder Betreiber separat erfasst und in eigenen Systemen gepflegt. Es gibt keine gemeinsame Datenplattform, über die die erforderlichen Daten ausgetauscht werden können.

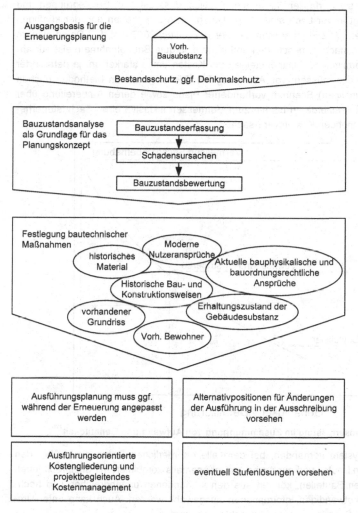

Abbildung 89: Besonderheiten bei der Erneuerungsplanung.[167]

Tritt nun ein Schaden in einem Bauwerk auf, müssen alle bauteilbezogenen Daten (Material, statische Kennwerte etc.) aus alten Dokumentationen, sofern diese vorhanden sind, herausgesucht werden oder durch eine Bauwerksaufnahme ermittelt werden. „Die Erfassung der

---

[167] Aus *Streck 2011.* S. 31.

Gebäudebestandsdaten, besonders im Inneren, wird heute von Architekten, Bauingenieuren, Vermessungsingenieuren, dem Unternehmen mit seinen eigenen Strukturen (Buchhaltung, technischer Dienst soweit vorhanden) und Gebäudedienstleistern ausgeführt. [...] Die Vielfalt der Datenarten, die es zu erfassen gilt, macht deutlich, dass die o. g. Berufsgruppen und Strukturen nur bedingt in der Lage sind, diese Daten allein zu erheben und der künftigen Verwaltung zuzuführen."[168] Zudem stellten *Cramer u. Breitling 2007* fest „[...] Daten sind im Bestand häufig nicht einfach zu beschaffen und ohne eine gute Bauaufnahme meist nur annäherungsweise zu ermitteln."_[169] Dabei steigen die Kosten umso stärker an, je detaillierter die Daten erfasst werden müssen (vgl. Abbildung 90). Die eingesetzten Methoden reichen dabei vom (kostengünstigen) Scannen vorhandener Pläne sowie deren Aufbereitung über die Digitalisierung von Papierdaten bis hin zum Vermessen inklusive einer Sachdatenerhebung, die die entsprechenden Kosten verursachen.

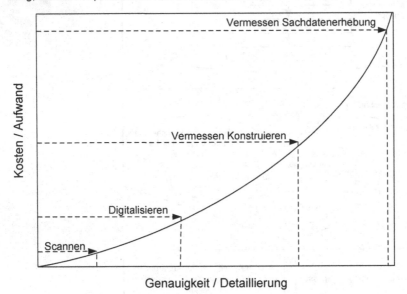

Abbildung 90: Bestandserfassung im Zusammenhang von Aufwand und Genauigkeit[170]

Ist aber ein RFID-System vorhanden, bei dem alle erforderlichen Daten direkt über den Transponder mit dem Bauteil verknüpft sind, gegebenenfalls kombiniert mit entsprechenden Sensoren in kritischen Bauteilen, können aus den vorhandenen umfangreichen und hochwertigen Daten die notwendigen Informationen ausgewählt werden. Auch kann unter Umständen auf mögliche Schadensursachen geschlossen werden.

Aus den ermittelten Daten und den Schadensursachen lassen sich dann die erforderlichen bautechnischen Maßnahmen ermitteln, planen und ausführen. Im Falle eines Umbaus aus

---

[168] Aus *Gänßmantel et al. 2005*. S. 32f.
[169] Aus *Cramer u. Breitling 2007*. S. 47.
[170] Aus *Gänßmantel et al. 2005*. S. 34.

einer Nutzungsänderung oder aus ästhetischen Gründen ist der Ablauf ähnlich: auch hier müssen die Daten über das Bauteil bzw. das gesamte Bauwerk beschafft werden, lediglich die Suche nach der Schadensursache entfällt gegebenenfalls.

Sicherheits- und Schließmanagement

Die RFID-Technologie kann auch für das Sicherheits- und Schließmanagement herangezogen werden. Allerdings wird dabei im Gegensatz zu den bisher vorgestellten Anwendungsmöglichkeiten ein festes Lesegerät in jedem Raum verwendet und der Nutzer erhält Zutritt durch das Auslesen eines von ihm mitgeführten Transponders mit der entsprechenden Zutrittsberechtigung für den Raum. Dabei ist zunächst in Online- und Offline-Systeme zu unterscheiden:

- *Online-Systeme*: Die Lesegeräte sind mit einem zentralem Rechner und miteinander zum Abgleich der erfassten und vorgegebenen Daten verbunden. Sinnvoll ist dies, wenn eine große Anzahl Nutzer Zugang zu einer vergleichsweise geringen Zahl Bereiche haben sollen. Durch die online-Anbindung ist außerdem eine zeitabhängige Steuerung möglich, weiterhin auch ein Alarmmeldesystem, weswegen der Einsatz häufig in Räumen mit hohem Schutzniveau (EDV, Labore etc., vgl. *EVVA 2009*) erfolgt.

- *Offline-Systeme*: Die Lesegeräte haben keine Verknüpfung miteinander oder mit einem zentralen Rechner. Hier sollen nur wenige Nutzer Zugang zu (vielen) Bereichen haben. Auf dem Lesegerät werden Schlüsselkennungen gespeichert, die Zugang zu den Räumen haben sollen (z. B. Hotelzimmer, Wohnungen). Die Person erhält einen Transponder mit einer passenden Kennung und kann so die freigegebenen Räume betreten. Muss jedoch eine Kennung (Karte) gesperrt werden, muss dies manuell an jeder einzelnen betroffenen Tür getan werden.

Es lässt sich leicht erkennen, dass in Büro- und Geschäftsräumen der Einsatz von Online-Systemen sinnvoll ist. Schlüssel werden dann durch Identmedien wie Transponder oder entsprechende Karten ausgetauscht. Die Zugangsberechtigung wird über eine Zutrittsmanagement-Software durch Sperren oder Freigeben dieser Identmedien umgesetzt. Statt eines Türschlosses wird dann ein kleines Lesegerät an der Tür platziert, das den Transponder ausliest und je nach Freigabe die Tür entriegelt. Erfolgreich angewandt werden solche Systeme schon in vielen Hotels, wo Karten in der Größe von EC-Karten als Schlüssel für die Zimmer, die Tiefgarage und ggf. auch die Sonderbereiche des Hotels (Fitnessräume o. ä.) dienen. Gleichzeitig können so die Ein- und Ausgänge in die einzelnen Bereiche dokumentiert werden, Anwesenheitsdauern erfasst und auch gebührenpflichtige Leistungen abgerechnet werden.[171] Zeitabhängige Steuerungen wären beispielsweise die Zugangsverweigerung in bestimmte Bereiche außerhalb der Büro- oder Öffnungszeiten eines Objektes.

---

[171] In vielen Schwimmbädern ist z. B. der Saunabereich durch eine Schranke verschlossen, die man per RFID-Transponder am Schlüsselband öffnen kann. Dabei wird dieser Vorgang auf dem Transponder verbucht und beim Verlassen des Bades wird der zu entrichtende Betrag anhand der in Anspruch genommenen Leistungen ermittelt.

Gründe für den Einsatz von RFID-basierten Systemen, trotz der teilweise deutlich höheren Kosten im Vergleich zu mechanischen Schließsystemen, liegen in der Flexibilität und Erweiterbarkeit des Systems. Während in mechanischen Schließsystemen die Anzahl der verschiedenen Schlösser innerhalb einer Schließgruppe begrenzt ist und Erweiterungen nur bedingt möglich sind, können bei RFID-basierten Systemen durch die Codierung der Identmedien und die Freigaben innerhalb des Systems nahezu alle Bedürfnisse des Nutzers erfüllt und Anpassungen an Änderungen im Objekt vorgenommen werden.

Inventarlisten

Stattet man neben den Räumen auch das Inventar mit Transpondern aus, lassen sich nahezu automatisch raumabhängige Inventarlisten erstellen und mit den Raumtranspondern verknüpfen. Solche raumbezogenen Inventarlisten erlauben eine schnelle betriebsinterne Inventur und im Schadensfall einen schnellen Ersatz von Möbeln und Einrichtungsgegenständen.

Natürlich ist auch eine händische Eingabe des Inventars und die Verknüpfung mit den Transpondern möglich, wenn die Gegenstände nicht separat mit Transpondern versehen werden (sollen).[172] Da aber immer mehr Gegenstände, so auch Möbel, getaggt werden, ist eine händische meist Erfassung überflüssig.

6.2.1.1 *Structural Health Monitoring*

Das Structural Health Monitoring (SHM) kann in etwa mit „Gebäudezustandsüberwachung" umschrieben werden. Dabei soll durch kontinuierliche Überwachung des Objektes die Früherkennung von Schäden bzw. deren Vermeidung zu ermöglicht, und Gegenmaßnahmen eingeleitet werden (vgl. Abbildung 91).

---

[172] Aktuell werden bereits Systeme mit Barcodes verwandt; deren Anwendung ist jedoch auf Grund des erforderlichen Sichtkontaktes zwischen Lesegerät und Barcode nicht allzu komfortabel.

Zustandsüberwachung

Zu überwachen	Detektionsprinzipien	Überwachung des Betriebszustandes	Aktuelle Trends
• Schwingungen • Spannungen • Temperaturen • Schäden • Vollständigkeit/ Integrität	• Fiber Bragg Gratin • Schwingungs- aufnehmer • Dehnmessstreifen • Akustische Emission • optisch (CCD) • Infrarot-Abbildung • RFID	• normalerweise passiv • keine extreme Stimulierung • keine Signalübertragung	• Strukturintegration der Sensoren • Sensornetzwerke • Telemetrische Systeme • smarte Strukturen • Eigenreparatur

Zerstörungsfreie Prüfung

Zu überwachen	Detektionsprinzipien	Lokalisierung von Defekten, Schäden, Schwächungen und Materialeigenschaften	Aktuelle Trends
• Materialfehler • Risse • Interne Volumendefekte • Eigenspannungen • innere Material- eigenschaften • Mikrostruktur • ...	• Ultraschall • Röntgen- und Gammastrahlen • Wirbelstrom • Magnetische Streufelder • Eindringprüfung • Aktive Thermographie • Mikrowellen	• normalerweise aktiv • für die Qualitätssicherung • periodische Inspektion • keine Signalübertragung	• neue Techniken (optisch, Terahertz) • berührungslose Techniken • Miniaturisierung • Multi- und lokale Sensortechnik • abbildende Verfahren und tomographische Rekonstruktion

Modellierung, Zuverlässigkeit, Betriebsfestigkeit

Zu beachten	Methoden	Lebensdauerprognose	Aktuelle Trends
Statische und dynamische Modellierung: • thermische und mechanische Belastung • Betriebsbedingungen • elastisches/ plastisches Materialverhalten • Temperaturfelder • Spannungs- Verteilung • Schadensentwicklung	• Analytische Lösungen • „Finite Element Codes" • „Finite Volume Codes" • Nanosimulation	• basierend auf Mate- rialeigenschaften entsprechend Entwurfsregeln • experimentelle Überprüfung der Be- lastungsbedingungen und Material- eigenschaften und -fehler ist erforderlich	• Berücksichtigung von Betriebsdaten durch eingebettete Sensoren • adaptive Strukturen • Health Control (Frauenhofer LBF) • selbstheilende Materialien und Strukturen

Sensortechnologie

Zu messen	Sensorprinzipien	Transformation chemischer und physikalischer Einheiten in elektrische Signale	Aktuelle Trends
• Temperatur • el./magnetisches Feld und Strahlung • Druck, Kraft • Schwingungen, Beschleunigungen • Spannung, Strom • chem. Zusammensetzung • Schadensprozess (Korrosion)	• Widerstand/ Leitfähigkeit • Piezoelektrizität • thermoelektr. Effekt • elektrische Induktion • photoelektrischer Effekt • Spektroskopie • el./mag. Rauschen	Überwachung von: • Belastung • Entfernung und Lage • Umweltparameter • aktiven Verschleißprozessen	• intelligente Sensoren mit integrierter Signalanalyse, Datenspeicherung, Stromversorgung • Multi-Sensoren und Sensornetzwerke • Selbstkalibrierung und Eigendiagnose • Miniaturisierung und Energieunab- hängigkeit

Abbildung 91: Ressourcen des SHM, aus *Meyendorf 2007*. S. 7f

Mithilfe von Sensoren (vgl. Abbildung 92), die mit den Bauteiltranspondern gekoppelt sind, können Bauteilzustände und Umgebungsbedingungen wie Druck, Temperatur, Feuchte etc. erfasst und dokumentiert werden. Durch regelmäßige Überwachung und den Abgleich der Werte, sowie eine entsprechend eingestellte Software können anhand der Überwachungswerte der Zustand des Bauteils und sich ankündigende Schäden dargestellt und dokumentiert werden.

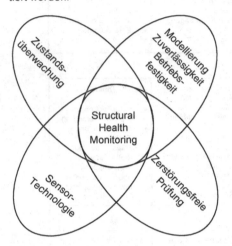

+ Service/Wartung

→ Zustandsabhängige Wartung
→ Structural Health Management

+ Adaptive Control

→ Smarte Strukturen
→ Verringerung des Verschleißes
→ Structural Health Control

Abbildung 92: SHM – eine multidisziplinäre Aufgabe[173]

Da diese Überwachung automatisiert über die Sensoren und Transponder geschieht, und nur die Dokumentation und rechentechnische Auswertung zu prüfen ist, vermindert sich der Überwachungsaufwand erheblich und die Kosten dafür werden deutlich gesenkt. Einen möglichen Aufbau eines Systems aus Sensoren und Transpondern wird bei *Ikemoto et al. 2009* vorgestellt. Dabei werden, wie auch in diesem Forschungsprojekt, passive Transponder eingesetzt.

6.2.1.2 Einsatz im kaufmännischen Gebäudemanagement

Für das kaufmännischen Gebäudemanagement können durch den mittels RFID geschaffenen Datenpool beim Auftreten von Mängel schnell und unkompliziert Material, Hersteller, Lieferant, ausführende Firma, Preis etc. zum Bauteil zugeordnet werden. Die Auswertung aller Mängel in den zu verwaltenden Objekten über eine entsprechende Software ermöglicht eine interne Qualitätsauswertung, die die Entscheidungsfindung für Folgeprojekte unterstützen kann. So ist es beispielsweise möglich, dass bestimmte Produkte eines Herstellers nicht mehr genutzt werden, da bei ihnen die Schadenshäufigkeit überdurchschnittlich hoch war. Gleichzeitig kann dem Bauherrn anhand dieser Auswertungen gezeigt werden, dass es günstiger ist, auf Qualität statt (nur) auf einen günstigen Preis zu setzen.

---

[173] Aus *Meyendorf 2007*. S. 8.

Auch Dienstleistungen gegenüber dem Nutzer des Objektes können so abgerechnet werden. Als Beispiel sei der Reinigungsdienst benannt, der im Abschnitt 6.2.2.4 näher betrachtet wird.

6.2.2 Weitere Beispiele für Einsatzszenarien

6.2.2.1 Rettungsdienste und Feuerwehr

In komplexen Objekten ist es für Rettungsdienste oft schwierig, den kürzesten Weg zum Einsatzort zu finden. Akut wird die Situation, wenn die Gebäude regelmäßig umgebaut und / oder instandgesetzt werden. Teilweise sind dann nur veraltete Pläne verfügbar, oder vorübergehende Unzugänglichkeiten sind nicht erfasst. Mit dieser Frage hat sich die TU Darmstadt im Forschungsprojekt „Kontextsensitives RFID-Gebäude-Leitsystem".[174] (vgl. auch Abbildung 93) beschäftigt. Mithilfe von RFID, Ultra-Breitband-Ortung und WLAN stehen den Einsatzkräften ständig aktuelle Pläne zur Verfügung, die sie über einen Tablet-PC und in Zukunft möglicherweise über ein Display im Ärmel der Uniform abrufen können. Gleichzeitig ist es möglich, die Position der Einsatzkräfte zu verfolgen und die Einsätze so besser zu koordinieren.

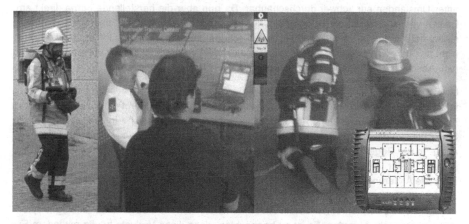

Abbildung 93: Anwendung des kontextsensitiven RFID-Gebäudeleitsystem der Technischen Universität Darmstadt[175]

Durch die Kombination des Systems „Intelligente Bauteile" mit dem in Darmstadt untersuchten System könnten den Einsatzkräften der Feuerwehr über ihre mobilen Geräte neben der Indoornavigation zudem Aussagen zur Tragfähigkeit von Bauteilen, deren Brandwiderstand und deren Material zur Verfügung gestellt werden, so dass eine schnelle situationsabhängige Entscheidung im Einsatz möglich ist. Über die Kopplung des Systems an das Alarmmeldesystem des Flughafens können Einsatzorte schnell und sicher lokalisiert werden. Dieses

---

[174] Innerhalb der ARGE RFIDimBau, weitere Informationen unter www.RFIDimBau.de.
[175] Aus: http://www.rfidimbau.de/index.php/de/forschungsvorhaben_darmstadt/tu-darmstadt, Stand: 30.11.2010.

System ist dabei nicht nur auf den Feuerwehreinsatz beschränkt, sondern kann nach Anpassung der zur Verfügung gestellten Daten auch für alle anderen Einsatzkräfte genutzt werden.

Polizei / SEK[176]

Auch die Einsatzkräfte der Polizei können mittels RFID durch Bauwerke navigiert und ihr Einsatz von außen überwacht werden. Dabei können anhand der vorliegenden Pläne mögliche Fluchtwege oder die Anzahl möglicher Zugänge zum Einsatzort bestimmt werden.

Notarzt

Neben der Navigation im Objekt und der Einsatzüberwachung (beispielsweise im Katastrophenfall) können den Notärzten Informationen über im Objekt vorhandene Rettungshilfen wie z. B. Defibrilatoren zur Verfügung gestellt werden.

6.2.2.2 Eigentümer und Investoren, Betreiber

Eine der wichtigsten Informationen für einen Eigentümer ist die Gewährleistungspflicht im Schadensfall. Dabei ist das Geflecht der Baufirmen bei der Herstellung für den Eigentümer unter Umständen nur schwer durchschaubar. Da nun aber die herstellende Firma direkt am Bauteil vermerkt ist, ist die Rückverfolgung entlang der „Vergabekette" und somit die Inanspruchnahme der Gewährleistung leicht und schnell umsetzbar. Zudem kann sich die Firma nicht aus der Verantwortung ziehen, da sie selbst den Vermerk im Bauteil vorgenommen hat (vgl. Abschnitt 6.2.1 Mängelmanagement in der Gewährleistungsphase).

Mit Beginn der Nutzung eines Gebäudes werden ständig neue Informationen erzeugt, die erfasst und dokumentiert werden müssen. Dazu gehören unter anderem die Nutzungsart (v. a. bei Nutzungsänderungen) und –dauer der Immobilie sowie sämtliche Instandhaltungs- und Sanierungsarbeiten (vgl. Abschnitt 6.2.1 Instandhaltung und Wartung, Umbau und Sanierung). In der Regel fehlen schon dem Eigentümer die vollständigen und aktuellen Daten zu seinem Objekt, da die Bauwerksdokumentation per Papier und CD erfolgte und dabei ggf. nicht alle Änderungen eingepflegt wurden. Selbst wenn der Eigentümer nach der Übernahme der Immobilie die ihn betreffenden Daten detailliert sammelt, kommt es beim Verkauf des Objekts oft zu einem erneuten Datenverlust, weil die Daten nicht oder wieder analog (Papier, CD) weitergegeben werden. Es ist zu beobachten, dass diese Verluste häufig mit jedem Eigentümer- und auch Betreiberwechsel auftreten, da eine einheitliche Übergabeschnittstelle bzw. ein für alle zentral zugänglicher Datenpool fehlt (vgl. dazu Abbildung 1, Seite 3). Gleiches gilt bei der Übergabe der Daten in die Archivierung, wo die Abweichungen im Ordnungssystem des Erstellers zu dem des Suchenden dazu führen, dass Daten nicht gefunden werden können, obwohl sie möglichweise vorliegen. Mittels RFID kann jedoch eine vollständige, aktuelle Datenübergabe erfolgen: Auf den Transpondern sind alle Daten aus der Bau- und Nutzungsphase ständig aktualisiert vorhanden. Mittels Lesegerät und den vorab zentral

---

[176] SEK: Spezialeinsatzkommando.

definierten Zugriffsberechtigungen[177] kann nun jeder die für ihn relevanten Daten lesen und ggf. bearbeiten. Diese umfangreiche Dokumentation aller Vorgänge am und im Objekt erhöht die Wertigkeit einer Immobilie maßgeblich, da ein potenzieller Käufer so genau prüfen kann, „was" er kauft. Dazu muss sich aber auch die Denkweise der Bauherren dahingehend ändern, dass eine Mehrinvestition in diese Technik erforderlich ist.

Speziell die Dokumentation der Nutzungshistorie eines Objekts wird für die Sanierung oder den Abbruch des Gebäudes eine große Rolle spielen. Durch bestimmte Nutzungen, wie Labore, chemische Reinigungen etc. werden Schadstoffe ins Gebäude eingebracht, die bei Sanierung und Abbruch berücksichtigt werden müssen. Durch die Dokumentation der Nutzungsformen in den Räumen können mögliche Schadstoffe erkannt und die Bausubstanz gezielt auf ihr Vorhandensein geprüft werden. Auch die baustoffimmanenten Schadstoffe können so erkannt werden. Da alle Materialien auf den Transpondern dokumentiert sind, ist es möglich, auch Stoffe zu identifizieren, die erst Jahre nach dem Bau als Schadstoffe deklariert wurden. So wird eine zeit- und kostenaufwändige Bauwerksaufnahme vor einer Sanierung, bei einer Beurteilung des Bauwerks während der Nutzungsphase oder vor einem Abbruch unnötig.

6.2.2.3 Nutzer der Immobilie

Jeder Nutzer einer Immobilie strebt nach Komfort, Bequemlichkeit und einer einfachen Nutzbarkeit. Jeglicher Aufwand für die Beschaffung von Informationen oder die Suche nach bestimmten Einrichtungen im Gebäude führen zu Unzufriedenheit.

Oft stehen dem Mieter keine Informationen über die Materialien über Wände, Decken oder Böden zur Verfügung, ebenso wie Leitungsverläufe meist unbekannt sind. Möchte der Mieter nun einen Küchenschrank oder ein Bücherregal aufhängen, muss er zumeist einen Dübel nach Gutdünken auswählen und darauf hoffen, dass er bei der Montage keine der Leitungen in der Wand zerstört. Sind jedoch die Materialdaten der Wände auf Transpondern hinterlegt, kann der Mieter die notwendigen Entscheidungen treffen, den richtigen Dübel und Befestigungsort auswählen (vgl. Abbildung 94). Es ist sogar möglich, dass über den Transponder eine Empfehlung ausgesprochen wird. Auf gleichem Weg kann dem Mieter mitgeteilt werden, welche Anstrichsysteme er verwenden soll oder wie er bestimmte Oberflächen pflegen soll. Auch Wartungsvorgaben für Armaturen oder Fenster können per RFID-Transponder an den Mieter vermittelt werden. Es entsteht so eine „Bedienungsanleitung" für das angemietete Objekt.

---

[177] Durch den Datenschutz sind die Informationen, die weitergegeben werden dürfen, begrenzt. Zumindest aber die für den Betrieb wesentlichen Informationen sollen ersichtlich sein. Umgesetzt werden kann dies durch ein entsprechendes Rechtemanagement auf dem Transponder.

Abbildung 94: Informationen zu Installationen in den Wänden

Da Mietobjekte immer stärker nachgefragt werden (vgl. Abbildung 95), muss der Markt reagieren und die entsprechenden Angebote machen. Ein auch für den Mieter nutzbarer Datenpool („Bedienungsanleitung" für das Mietobjekt) kann dabei ein Alleinstellungsmerkmal sein, dass für den potenziellen Mieter ein Entscheidungskriterium für das Objekt ist. Gleichzeitig bietet die Technologie auch dem Vermieter erhebliche Vorteile, da die Mietkonditionen, Verträge und Übergabeprotokolle über die Transponder dokumentiert werden können.

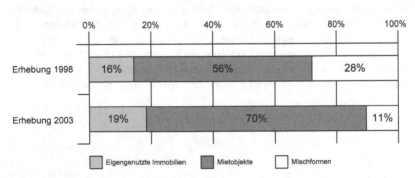

Abbildung 95: Nachgefragte Eigentumsformen bei Büroimmobilien[178]

---

[178] Aus *DEGI 2003*. S. 49.

Die schon in Abschnitt 0 beschriebene Indoornavigation soll nicht nur den Einsatzkräften vorbehalten bleiben: Besucher eines Krankenhauses haben regelmäßig Probleme, in den weitläufigen und oft unübersichtlichen Krankenhausanlagen das Zimmer der Person zu finden, die sie besuchen wollen. Ähnlich verhält dich die Situation in Ämtern oder Verwaltungsgebäuden. Eine Lösung wäre es, dem Besucher für die Zeit seines Aufenthaltes ein einfaches Handgerät zu verleihen, dass die RFID-Transponder im Gebäude lesen kann und über die im Gerät hinterlegten Pläne in der Lage ist, den Besucher zum gewünschten Ort zu leiten. Zusätzlichen Nutzen kann man dabei schaffen, in dem man auch ortsbezogene Informationen wie die Öffnungszeiten der Cafeteria oder wichtige Telefonnummern, wie die der zentralen Information, hinterlegt. Alternativ wäre die Nutzung sogenannter Smartphones mit integriertem oder beispielsweise per Bluetooth gekoppeltem Reader denkbar.

Ähnlich wie Besucher kennen sich Lieferdienste in großen Bürokomplexen, Kliniken etc. nicht aus und müssen den zu Beliefernden erst aufwändig suchen. Nicht selten ohne Erfolg und ein zweiter Zustellversuch wird notwendig. Stellt man nun über die RFID-Technologie die notwendigen Informationen wie Raumnummer, Etage und auch einen Plan bzw. eine Wegbeschreibung zur Verfügung, ist die Zustellung sehr viel schneller möglich. Parallel dazu können Hinweise an den Lieferanten übermittelt werden, wie hoch die zulässige Beladung des Fahrstuhles ist oder ob die Türbreiten auf dem Weg ausreichend groß sind. Unnötige Umwege werden so vermieden.

Mögliche Anwendergruppen eines solchen Services sind Besucher aller Art in öffentlichen Gebäuden (Verwaltungsgebäuden, Krankenhäusern) ebenso wie Einkaufszentren, Flughäfen etc. Besonders Menschen mit Behinderungen können durch derartige Systeme wirkungsvoll unterstützt werden. Über Transponder und ein mobiles Lesegerät können sich zum Beispiel Menschen mit Sehbehinderung in Gebäuden oder im öffentlichen Raum orientieren. Dabei erfolgt die Ausgabe der Information akustisch anstelle von Bildern.[179] Je nach den Bedürfnissen der Anwender des Systems kann die Art der Informationen und der Detailgrad gewählt werden. Die Informationen können über eine Handy-Applikation für sogenannte Smartphones[180] zum Download zur Verfügung gestellt oder in Form von Verleihgeräten vor Ort an die Besucher ausgegeben werden. Genutzt werden dafür beispielsweise die Transponder, die in den Böden oder neben den Türen der Gebäude eingebaut sind. Bei den üblichen Lesereichweiten im UHF-Bereich von 1-2 Metern ist so ein komfortables Auslesen möglich, wenn das Handy oder das Lesegerät bequem gehalten wird.[181]

6.2.2.4 Reinigungsdienste

Für die Mieter eines Bürogebäudes ist die Nutzung der RFID-Technologie als Kommunikationsmittel mit Dienstleistern und zur Unterstützung der Rechnungslegung denkbar. Dieses

---

[179] RFID führt Blinde auf Erlebnispfad: RFID- und GPS-basierter Audio Guide im Nationalpark Hainich: vgl. *RFIDimBlick 2009a*.
RFID ermöglicht blinden Menschen barrierefreien Zugang zum Nahverkehr: vgl. *Fay et. al 2009*.
RFID erleichtert Alltag von blinden Studierenden: *RFIDimBlick 2009b*.
[180] Diese müssen jedoch gleichzeitig mit einer Leseeinheit ausgestattet sein, was technisch grundsätzlich machbar ist. Vgl. Fußnote 151.
[181] Etwa auf Brust- bis Hüfthöhe.

System kann dazu genutzt werden, um zum Beispiel dem Reinigungspersonal mitzuteilen, ob und wenn ja, welche zusätzlichen Aufgaben vom Nutzer gewünscht sind.

Durch das Überangebot an Reinigungsdiensten, begründet mit den geringen Investitionskosten in dieser Branche, entsteht ein hoher Kostendruck auf die Dienstleister. Der größte Kostenanteil von Reinigungsdiensten entfällt auf das Personal.[182] Gespart werden kann also auf den ersten Blick nur am Personal bzw. der Zeit, die es für seine Arbeit aufwenden darf. Die Folge ist eine sogenannte „Sichtreinigung", nach *Otto 2006* „die Unterlassung der Reinigung in Räumen, wenn diese nach visueller Einschätzung des Verschmutzungsgrades als „sauber" eingeschätzt wurden."[183] Dennoch wird die Reinigung als erbracht abgerechnet. Zudem wird die Reinigungsleistung subjektiv sehr unterschiedlich eingeschätzt. Ob die Reinigung tatsächlich erbracht wurde, bemerkt jedoch nur der Nutzer der Räumlichkeiten – der Betreiber stellt das in der Regel nicht fest. Vor allem aus diesem Grund sollte die Beurteilung der Reinigungsleistung durch den Nutzer in den Abrechnungsprozess einbezogen werden. Vorstellbar ist, dass der Nutzer nach erfolgter Reinigung durch einen einfachen Vermerk auf einem Transponder im Raum die Qualität der Leistung beurteilt, beispielsweise über ein Benotungs- oder Punktesystem. Über einen festzulegenden Schlüssel wird die Leistung unter Berücksichtigung der Bewertung dann abgerechnet. Es ist auch vorstellbar, nur Negativbewertungen, die zu einer Kürzung des Rechnungsbetrages führen, zu erfassen.

Im Zusammenspiel zwischen Nutzer und Dienstleister ist eine weitere Anwendung denkbar: Bisher wird die Reinigung auf Basis fester Verträge durchgeführt, die eine *zyklenorientierte*[184] oder eine *ergebnisorientierte*[185] Reinigung festlegen. In beiden Fällen ist die Berücksichtigung spezieller Kundenwünsche bisher nicht möglich, vor allem nicht kurzfristig. Durch die RFID-Technologie kann dies geändert werden. Über die Transponder im Raum kann der Nutzer mithilfe eines mobilen Lesegerätes eine längere Abwesenheit und damit verbunden eine geringere erforderliche Reinigungshäufigkeit vermerken. Wenn der Reinigungsdienst den Raum betritt, kann er über ein mitgeführtes Lesegerät den Auftragsstatus auslesen und die erforderlichen Maßnahmen durchführen. Ein anderer Anwendungsfall wäre, wenn ein Unternehmen Geschäftspartner erwartet und vorher zusätzliche, außerplanmäßige Reinigungsleistungen (z. B. Fenster putzen) beauftragen möchte. Der Abschluss der Arbeiten wird von den Reinigungskräften ebenfalls auf dem Transponder vermerkt und ist Basis für die Beurteilung durch den Nutzer und damit für die Abrechnung.

Grundlage für derartige Anwendungsszenarien ist natürlich neben der technischen Ausstattung die Gestaltung der Verträge dahingehend, dass neben der üblichen Grundreinigung und

---

[182] Nach *Otto 2006* entfallen ca. 3-6% der Herstellkosten pro Jahr auf Reinigungsdienste und etwa 75% des Gesamtumsatzes als Lohnkosten.
[183] Aus *Otto 2006*. Fußnote 308.
[184] *Zyklenorientierte Reinigung:* wird in regelmäßigen Intervallen und unabhängig vom Nutzerverhalten (Dienstreisen, Urlaub) oder der Witterung (Winter) durchgeführt.
[185] *Ergebnisorientierte Reinigung:* es wird ein Reinigungszustand definiert, um ein vom Auftraggeber gefordertes Niveau einzuhalten. Die Intervalle und der Aufwand der Reinigung sind vom Dienstleister selbst festzulegen. Schwierig ist dabei, dass der Dienstleister ohne Angaben über die Nutzerintensität durch Sichtprüfung etc. selbst entscheiden muss, wann die erforderliche Leistungen erbracht werden müssen.

dem Preis dafür einzelne Leistungen separat benannt und verpreist sind, die dann gemäß Beauftragung durch den Nutzer abgerechnet werden können. Gleichzeitig ist festzulegen, in welchem Umfang der Nutzer diese Leistungen beauftragen darf.[186]

Im vorgestellten Szenario führt der Reinigungsdienst ein eigenes mobiles Lesegerät mit, um die Kundenwünsche auslesen zu können. Diese Geräte können gleichzeitig zum Management der Leistungen herangezogen werden. In Kombination von Indoornavigation und einer eigenen Software ist es möglich, die Räume eines Objektes und die erforderlichen Leistungen grafisch darzustellen. Über verschiedene Farben kann der Status (z. B. grün = gereinigt, rot = noch zu reinigen) angezeigt werden und zur Orientierung dienen. Wenn nach erbrachter Leistung, wie oben beschrieben der Status „Reinigung erfolgt" auf den Transpondern vermerkt wird, kann automatisch auch in der grafischen Darstellung auf dem Reader die Statusmeldung verarbeitet und in der farblichen Anzeige umgesetzt werden. Gleichzeitig wird so ein Zeitstempel erzeugt und dokumentiert, der für das interne Controlling in der Reinigungsfirma und die Bildung von internen Aufwandswerten genutzt werden kann.

In ähnlicher Weise können auch andere Dienstleister ihre Leistungen dokumentieren. Eine weitere Hauptanwendung hier wären Wachdienste, die sich auf ihren Rundgängen an verschiedenen Orten (= Transpondern) melden müssen. So kann im Fall eines Einbruches o. ä. schnell und einfach geklärt werden, ob durch den Sicherheitsdienst ein Versäumnis vorliegt, dass den Einbruch begünstigt hat, oder ob der Sicherheitsdienst seinen Pflichten vertragsgemäß nachgekommen ist.

6.3 Mögliche Probleme und Lösungsansätze

Grundlage für alle vorgestellten Anwendungsszenarien sind die im Gebäude integrierten Transponder. Das Fehlen oder der Defekt eines einzelnen Transponders kann über umliegende Transponder kompensiert werden (vgl. Abschnitt 5.3.1.2 Die Messwerte streuen auch unter gleichbleibenden Bedingungen relativ stark, da diese Messungen den Realbedingungen bezüglich Bedienung und Bewegung unterworfen sind. Für eine Beurteilung bezüglich Gebrauchstauglichkeit sind sie hinreichend, da bei einer realen Anwendung nach dem erstmaligen Scheitern ein zweiter Leseversuch ausgeführt werden würde.

Bei den im Gebäude eingesetzten Transpondern des Fabrikats Deister führt die Überbauung mit diesem Doppelbodensystem zu einer Dämpfung, die die Lesereichweiten um ca. 44 % verringerte. Die Vergleichsmessungen mit dem UHF-Transponder Harting HARfid LT 86 (NT), der insgesamt allerdings eine schlechtere Performance erzielte, ergaben ebenfalls eine Reduzierung der Lesereichweite, die jedoch mit ca. 27 % etwas geringer ausfiel. Bei der Beurteilung der gemessenen Lesereichweiten in der Anwendung ist die zusätzliche Dämpfung infolge der Betondeckung zu berücksichtigen. In der praktischen Anwendung ist hier der Einsatz von Lesegeräten mit Sendeleistungen bis 2 W empfehlenswert.

---

[186] Es stellt sich die Frage, ob jeder Angestellte diese Leistungen abfordern darf, und ob er dafür ggf. ein Kontingent zum Verbrauch zugesprochen bekommt.

Auffällig sind die nahezu äquivalenten Leseeigenschaften des Transponders deister UDC 160 beim frontalen und rückwärtigen axialen Ansprechen. Dies ist auf die Antennenkonstruktion zurückzuführen, die in der Ebene symmetrisch ist. Im eingebauten Zustand ermöglicht dies bei abgeschirmten Transpondern, die Daten aus dem benachbarten Raum auszulesen. Bei hoher Installationsdichte, beispielsweise bei kleinflächiger Aufteilung der Räume mit Trockenbauwänden, können sich so allerdings mehrere Transponder in Lesereichweite befinden, so dass hier eine zusätzliche Dämpfung der rückwärtigen Lesekeule mit Metallklebefolie eine höhere Bedienungsfreundlichkeit erzielen würde.

Verlust / Ersatz / Nachrüstung). Dennoch müssen Lösungen gefunden werden, um fehlende Transponder nachzurüsten oder defekte Transponder auszutauschen. Durch den festen Einbau in die Bauteile zum Schutz vor Diebstahl oder Manipulation ist ein Austausch kaum möglich, da der Transponder per Lesegerät nicht auf Zentimeter genau lokalisiert werden kann. Die Folge wäre ein aufwändiges Öffnen des Bauteils, was mit großflächen Zerstörungen der Oberflächen verbunden ist. Im Fall eines Defektes ist es also sinnvoller, einen neuen Transponder mit möglichst geringem technischen Aufwand einzubauen. Wie auch beim nachträglichen Einbau von fehlenden Transpondern muss dafür eine ausreichend große Öffnung im Bauteil hergestellt werden, der Transponder eingesetzt und befestigt und die Öffnung anschließend verschlossen werden. Danach ist die Oberfläche des Bauteils wiederherzustellen.

Die Nachrüstung von Transpondern wird auch dann notwendig, wenn ein Gebäude im Zuge von Umbau- und Sanierungsmaßnahmen so umstrukturiert wird, dass Räume zusammengelegt / aufgeteilt oder Grundrisse gänzlich verändert werden. In beiden Fällen muss für die betroffenen Bereiche das Konzept der Transponder überarbeitet und angepasst werden, so dass wieder alle erforderlichen Transponder in einem Raum befindlich sind. Die Transponder sind dann gemäß der angepassten Planung einzubauen. Der Einbau ist dabei nicht ganz so sensibel wie beispielsweise das Ersetzen eines defekten Transponders im genutzten Objekt bei laufendem Betrieb.

Während der Ersatz oder die Nachrüstung von Transpondern datentechnisch relativ überschaubar[187] ist, muss für die Datenhaltung nach Grundrissänderungen ein Datenhaltungskonzept entwickelt werden. Zunächst ist zu prüfen, ob vorhandene Transponder weiter verwendet werden können / sollen, ob sie „stumm" geschaltet werden oder ob sie per „Kill"-Befehl abgeschaltet werden sollen, um Irritationen zu vermeiden. Parallel dazu ist zu überlegen, auf welche der neuen Transponder die Daten verteilt bzw. wie die Daten zusammengeführt werden sollen. Eine generelle Aussage ist an dieser Stelle nicht möglich, da sich Umbaumaßnahmen grundsätzlich nicht soweit verallgemeinern lassen, dass eine Prognose möglich ist. Es muss jedoch im Hinblick auf solche Maßnahmen eine softwaretechnische Umsetzung vorgesehen werden, um die angepassten Konzepte abzubilden.

---

[187] Dabei kann auf die Daten aus parallel dazu geführter Software oder aus Datensicherungen zurückgegriffen werden.

Technisch gesehen ist eine Umsetzung der dargestellten Konzepte noch nicht uneinge-schränkt möglich, da die verfügbare Hardware noch nicht leistungsfähig genug ist (u. a. Speicherplatz noch zu gering). Infolgedessen ist auch die Entwicklung der erforderlichen Softwaretools noch offen.

Weitere technische Einschränkungen können durch Defekte oder erschöpfte Energieversor-gung der mobilen Lesegeräte entstehen. Es scheint normal, vor Beginn der Arbeiten bzw. der Fahrt zum Einsatzort das Gerät auf seinen Ladestand und seine Funktionsfähigkeit hin zu prüfen bzw. es nach dem Gebrauch wieder aufzuladen. Dennoch kann es durch starken Gebrauch, unterlassene (vergessene) Aufladungen oder einen Defekt ausfallen. Für diese Situationen sind Lösungen zu finden. Möglich ist es, Ersatzakkus mit sich zu führen, d. h. im Fahrzeug des Dienstleisters, in dem auch Werkzeuge und Material transportiert werden. Damit kann aber nur eine fehlende Aufladung ausgeglichen werden. Alternativ kann über ein Ersatzgerät im Objekt nachgedacht werden, auf das in Notfällen zurückgegriffen wird. So kann auch ein fehlendes Gerät („vergessen") kompensiert werden.

Neben technischen und konzeptionellen Einschränkungen müssen auch Probleme, die durch oder für den Anwender des Systems entstehen, betrachtet werden.

Dazu muss zunächst in Betracht gezogen werden, dass ein potenzieller Anwender infolge von Unkenntnis bzw. fehlenden Informationen der RFID-Technologie ängstlich oder technik-feindlich begegnet und sie somit nicht nutzen möchte. Vor allem die Angst vor dem „unbe-merkten Ausspionieren", die durch fehlerhafte Berichterstattung der Populärmedien verur-sacht wurde, muss durch intensive Aufklärung abgebaut werden. Durch entsprechende In-formationsveranstaltungen und „Probeläufe" seitens des Arbeitgebers bzw. des Servicean-bieters kann dem entgegengewirkt werden. Durch das „Testen" unter realen Bedingungen kann zumindest ein Teil der Vorbehalte abgebaut werden, die dann durch den täglichen Um-gang und die damit verbundenen Erleichterungen weiter gemindert werden.

Für Anwendungen der RFID-Technologie als Informations- und Navigationsdienst für Besu-cher eines Gebäudes sollen gemäß Abschnitt 6.2.2 die Anwendungen

a) als Handy-Applikation zum Download auf RFID-fähige Handys / Smartphones mit in-tegriertem Reader[188] zur Verfügung gestellt werden, oder
b) in Form von einfachen Verleihgeräten an einem Servicepunkt der besuchten Objekte ausgegeben werden.

zu a) Handyapplikation

Der potenzielle Anwender muss vor Ort darüber informiert werden, dass die für ihn relevan-ten Informationen (Wegbeschreibungen, Kontextinformationen) per RFID und Handyapplika-tionen abrufbar sind, welche Kosten entstehen können und wo er diese Applikation erwerben kann. Die Applikationen können per Internet zur Verfügung gestellt werden, so dass der An-wender sie zuhause downloaden und auf sein Gerät überspielen oder per GPRS / UMTS di-rekt auf sein Handy downloaden kann. Eine weitere Möglichkeit besteht in sogenannten Up-

---

[188] Oder auch die Kopplung eines Readers per Bluetooth an das Handy.

date-Terminals, bei denen die Anwender per USB, WLAN, Bluetooth oder Infrarot die Applikation vom Terminal auf ihr Endgerät herunterladen und dann installieren können.

In jedem Fall ist sicher zu stellen, dass der Nutzer über die Konsequenzen (Kosten, Entstehung von Vertragsverhältnissen etc.) informiert wird und durch eine bewusste Wahl dem Downloadinhalt zustimmt. Automatische „Updates" oder Installationen, die beim Betreten der Objekte automatisch ausgelöst werden, sind abzulehnen, da der Anwender selbst entscheiden muss und soll, welche Daten er auf seine eigenen Geräte lädt und installiert. Zu beachten sind mögliche Probleme durch die Fähigkeiten des Einzelnen bei der Bedienung seiner Geräte, das Rechtemanagement auf dem Gerät und durch die Aktualität / Versionsunterschiede bei Software und Betriebssystemen.

zu b) Verleihstationen

Gegen Abgabe eines Pfands und ggf. einer kleinen Aufwandsentschädigung können einfache mobile Lesegeräte ausgegeben werden, die nur die für das Objekt relevanten Anwendungen enthalten. Somit soll sichergestellt werden, dass die Geräte beim Verlassen des Gebäudes zurückgegeben werden. Die Geräte werden dann sinnvollerweise über ein großes Display zur Anzeige der Informationen verfügen und eine auf das Wesentliche reduzierte Befehlseingabe. Die kann idealerweise auch über Sprache geschehen.

In beiden Fällen muss die Aktualität der zur Verfügung gestellten Daten sichergestellt werden. Während dies bei Verleihgeräten im Rahmen der täglichen Pflege (Reinigung, Wartung, Aufladen) geschehen kann, ist bei einer Handyapplikation der Anwender selbst dafür verantwortlich, evtl. verfügbare Updates zu installieren. Über die Notwendigkeit für Updates kann auf Wunsch des Anwenders per Email (Newsletter) informiert werden.

Bei Diensten, die auf aktuelle Daten eines Objektes über einen Server zugreifen, wie z. B. die Indoornavigation in öffentlichen Gebäuden, ist sicherzustellen, dass der Service auch bei hohen Besucherzahlen allen Anwendern zur Verfügung steht bzw. das bei Auslastung des Servers keine weiteren Anmeldungen möglich sind, die unter Umständen zu erheblichen Einschränkungen des Services oder einem Systemversagen führen können. Für diesen Fall muss eine softwaretechnische Lösung erarbeitet werden, bei der den Anwendern bis zum Freiwerden von Kapazitäten zumindest statische Informationen zur Verfügung gestellt werden können, wie z. B. einfache Übersichtspläne.

Gleichzeitig ist die Entwicklung eines Meldesystems zu empfehlen, in dem Anwender die Möglichkeit haben, Abweichungen der zur Verfügung gestellten Informationen von der Realität zu melden und so eine Aktualisierung seitens des Servicegebers zu ergänzen.

6.4   Technische Anforderungen

6.4.1   Technische Anforderungen nach den vorgestellten Szenarien

Nach Auswertung der vorgestellten Anwendungsszenarien und eventuell möglicher Probleme kann zunächst einmal festgestellt werden, dass die Anforderungen an den Einbau der Transponder nach *Jehle et al. 2011* unter Berücksichtigung der Anpassungen aus Kapitel 5

Pilotprojekt LMdF Potsdam als gültig betrachtet werden. Vereinfacht zusammengefasst heißt das, dass mindestens sechs Transponder (bei rechteckigem Raum: 4 in Wänden, 1 in Boden, 1 in Decke) außerhalb der Leitungszonen oberhalb von 1,35 m Höhe (vgl. Kapitel *5.3.2 Planung der Anordnung und des Einbaus*) der Wände bzw. in Türachse von Boden und Decke eingebaut werden können. Massive Möblierung wie Tresore müssen dabei aufgrund ihrer Materialität berücksichtigt werden. Die Anforderungen an Schutzklassen, Frequenz, Lesereichweiten, Energieversorgung etc. bleiben bestehen.

Allerdings werden die in *Jehle et al.* 2011 geforderten 400 kByte Speicherplatz bei regelmäßiger Datenerweiterung und den in diesem Kapitel entworfenen Anwendungsszenarien nicht ausreichen, daher sind die Informationen, die direkt auf dem Transponder abgelegt werden sollen, vorher zu filtern. So werden die aktuellsten und wichtigsten Daten auf dem Transponder hinterlegt, die älteren Daten dabei auf dem Transponder überschrieben und parallel dazu im Datenhaltungssystem beibehalten. Die Daten auf den Transpondern sind durch eine geeignete Verschlüsselung und ein zugehöriges Rechtemanagement so zu schützen, dass nur befugte Personen Zugriff auf die für sie relevanten Daten haben. Ein Besucher soll demnach nur Informationen für Wegbeschreibungen und für ihn zugängliche Einrichtungen (z. B. Cafeteria) lesen können, während der Facility Manager für die Verwaltung seines Gebäudes lesend und schreibend auf die Daten zum Gebäudebestand zugreifen können muss.

Kritisch zu bewerten ist die maximale Anzahl von Lese- und Schreibzyklen der Transponder. Diese liegen zwischen 10 000 und 100 000.[189] Geht man als Beispiel von einer Lebensdauer eines Bauwerks von 30 Jahren[190] aus, kann man bei zwei Reinigungen pro Woche und zweifachen Auslesen der Transponder pro Reinigung (einmal vorher, um das Soll abzufragen, und einmal danach um Fertigstellung zu vermerken)

$$30 \text{ Jahre} \times 52 \ \frac{\text{Wochen}}{\text{Jahr}} \times 2 \ \frac{\text{Reinigungen}}{\text{Woche}} \times 2 \ \frac{\text{Lesezyklen}}{\text{Reinigung}} = 6.240 \text{ Lesezyklen}$$

berechnen. Diese ergeben sich allein aus der Nutzung der Transponder für das Reinigungsmanagement. Zuzüglich der Lese-Zyklen aus der Bauphase und aus sonstigen Anwendungen (Indoornavigation, Nutzung durch Mieter bzw. Publikumsverkehr etc.) ergeben sich deutlich höheren Werte, so dass zumindest für Gebäude mit hohem Publikumsverkehr (z.B. Flughäfen) die Anzahl möglicher Auslesungen mit 100 000 nicht ausreichen dürfte.

Eine weitere Forderung sind hohe Lese- und Schreibgeschwindigkeiten für den Austausch von Daten, da sonst die Akzeptanz der Anwender verloren geht. Die derzeit erreichbaren Austauschzeiten sind hinsichtlich der erwarteten Datenmengen aus *Jehle et al.* 2011 und diesem Forschungsprojekt noch verbesserungswürdig.

Für Anwendungen im Strucural Health Monitoring (SHM, vgl. Abschnitt 6.2.1.1) ist die Kopplung der Transponder mit Sensoren erforderlich. Dies ist für passive Transponder im Frequenzbereich UHF noch nicht ausreichend entwickelt. Bei entsprechender Nachfrage kann aber davon ausgegangen werden, dass das Bedürfnis des Marktes befriedigt wird. Bis dahin

---

[189] Vgl. *Jehle et al. 2011.* Tabelle 7.
[190] Nach *Floegl 2003.*

können in sensiblen Bauteilen ersatzweise kombinierte Systeme auf Basis von aktiven Transpondern verwendet oder separate Sensoren eingebaut werden. Erfasst werden können Druck, Feuchte und Temperatur der Bauteile.

Hinsichtlich der Software müssen zunächst Datenbanken geschaffen werden, die die entstehenden Informationen verwalten können. Über eine geeignete Middleware können die Daten dann zwischen dem Transponder und der Datenbank ausgetauscht werden. In Abhängigkeit von der gewünschten Anwendung müssen neue Softwareapplikationen entwickelt (z. B. Indoornavigation mit Kontextinformationen für öffentliche Gebäude) oder vorhandene angepasst werden (z. B. für das Facility Management). Selbstverständlich müssen die verfügbaren Informationen für die Verwendung in den Anwendungen inhaltlich und grafisch so aufgearbeitet werden, dass der Anwender sie auch versteht und nutzen kann. So benötigt ein Besucher eines Krankenhauses im Allgemeinen eine einfach verständliche Wegbeschreibung und keinen detaillierten Grundrissplan aus der Bauphase.

Die Datenbanken dürfen dabei nicht nur auf einem einzelnen Rechner, sondern müssen über einen Server zugänglich sein, so dass die Informationen jederzeit über WLAN, GPRS / UMTS oder Internet abgerufen und verarbeitet werden können.

Wesentliche Bedingungen für den Erfolg der RFID-Anwendungen im Bauwesen sind zum einen die permanente Pflege und Ergänzung der Daten und zum anderen die Benutzerfreundlichkeit und Verfügbarkeit des Systems.

6.4.2 Betrachtungen zum Mastertag

Bei der Vielzahl von Informationen, die für einen ganzen Raum und nicht nur für ein einzelnes Bauteil gelten, ist die Einführung eines sogenannten Master-Tags zu prüfen. Auf diesem könnten alle zentralen Daten zum Raum, wie zum Beispiel Lage, Eigentümer, Betreiber, Nutzer und Nutzungsart, Ansprechpartner, ggf. Vertragsunterlagen, die Dokumentation des Raumes vor Bezug durch einen Nutzer / bei einem Nutzerwechsel, Integration des Raumbuchs, Dokumentation von Dienstleistungen etc., gesammelt werden. Dadurch müssten diese Daten nicht mehr auf jedem einzelnen Tag gespeichert und aktualisiert werden, was gleichzeitig Speicherplatz spart. Auf dem Master-Tag sollen keine Bauteilinformation wie Stoffe, Maße etc. abgelegt werden.

Im Folgenden werden einige Ansätze zum Master-Transponder vorgestellt, die abschließend übergreifend beurteilt und ausgewertet werden. Dabei sei auch auf die Erläuterungen in Abschnitt *3.2.3.7 Mastertransponder* (Seite 56) verwiesen.

6.4.2.1 Anzahl der Transponder

Zu prüfen ist zunächst, ob einer der sechs Transponder, die mindestens in einem Raum verbaut werden, als Mastertag verwendet werden kann oder ob ein weiterer Transponder eingebaut werden muss.

Nutzung eines vorhandenen Transponders:

Vorteile:

- Einsparung von Material (Transponder),

- keine neuen Einbauvorschriften erforderlich,
- keine Verwechslungsgefahr der Bauteiltransponder und des Master-Tags während des Einbaus und des Datenaustausches.

Nachteile:

- Nach derzeitigem Stand müsste der Master-Tag eine deutlich größere Speicherkapazität vorweisen als die Bauteiltransponder. Dies ist mit höheren Kosten verbunden.
- Während der Bauphase müssten die Transponder entsprechend ihrer Kategorie als Bauteil- oder Mastertransponder gekennzeichnet werden. Es besteht die Gefahr von Verwechslungen beim Einbau.
- Die Zeit für den Datenaustausch und der Energiebedarf steigen mit der Speichergröße.

Geht man davon aus, dass die Transponderpreise sinken, können unter Umständen einheitliche Transponder sowohl für die Bauteile als auch als Master-Tag verwendet werden. Dies ist besonders sinnvoll, da so nach einem Umbau Bauteiltransponder in Master-Tags für neu entstandene Räume umgewandelt werden können.

Einsatz eines zusätzlichen Transponders als Master-Tag

Vorteile:

- Ein geeigneter Standort nahe der Tür ist möglich.
- Trennung der Bauteildaten und der Raumdaten → schnellerer Datenaustausch, da nur ausgewählte Daten auf dem Transponder vorhanden sind.

Nachteile:

- Verwechslungsgefahr bei Einbau durch fehlende oder unzureichende Kennzeichnung, falls unterschiedliche Transponder verwendet werden.

6.4.2.2 Lage bezüglich des Raumes

Weitere Überlegungen sind hinsichtlich der Lage des Master-Transponders zum Raum zu treffen. „Zum Raum" bedeutet dabei, ob sich der Transponder im zugehörigen Raum befinden soll oder außerhalb dessen, zum Beispiel von außen neben der Tür zum Raum.

Transponder im Raum

Um die Daten auf dem Transponder auszulesen oder zu ergänzen, muss der Raum betreten werden. Dies kann die Erbringung von Dienstleistungen erzwingen und führt nebenbei zur Sichtkontrolle des Raumes (Sicherheit, geschlossene Fenster bei Abwesenheit etc.).

Transponder außerhalb des Raumes

Die Lage vor / neben dem Raum bzw. dem Zugang zum Raum erlaubt einen einfachen Zugriff auf die Daten, so dass beispielsweise die Nutzer während der Aktualisierungsrundgänge des Facility Managers nicht gestört werden. Allerdings wird so auch der Betrug bei der Dokumentation von Dienstleistungen erleichtert, weil die Räume nicht mehr betreten werden müssen und die Leistung so nicht mehr erzwungen wird. Zudem kann der lokale Bezug der Daten verloren gehen.

6.4.2.3 Lage des Transponders im Raum

Die Lage im Raum ist stark abhängig von der Entscheidung für einen separaten Transponder oder die Nutzung eines bereits vorhandenen Transponders. Um die Entscheidungsfindung offen zu gestalten, werden zunächst Lösungen für beide Varianten dargestellt.

Zusätzlicher Transponder auf der Schlossseite

Ein zusätzlicher Transponder wird im Raum neben der Tür auf Seiten des Schlosses eingebaut. Dabei muss auf Installationszonen sowie Lichtschalter / Steckdosen Rücksicht genommen werden. Beim Verlegen der Elektroinstallationen kann es zur Zerstörungen des Transponders kommen, wenn der Einbau ungenau erfolgt. Das Auslesen des Transponders ist einfach und ohne vollständiges Betreten des Raumes möglich, was u. U. Betrug bei der Dokumentation von Leistungen möglich macht.

Zusätzlicher Transponder auf der Bandseite der Tür

Ein zusätzlicher Transponder wird „hinter" der Tür auf Seiten des Anschlages eingebaut. In der Regel treten hier keine Probleme mit Installationen auf. Zum Auslesen des Transponders ist das vollständige Betreten des Raumes und ggf. das Schließen der Tür erforderlich.

Transponder im Boden

Einen zweiten (Master-)Transponder zusätzlich zum Bauteiltransponder in den Boden einzubauen, erscheint wenig zielführend, da es so zu Irritationen hinsichtlich der Lage der beiden Transponder kommen kann. In diesem Fall führt die Wahl dieser Position automatisch dazu, einen vorhandenen Transponder als Mastertag zu nutzen. Die Positionierung sollte gemäß den Einbauvorschriften für Boden-Transponder erfolgen. Um den Transponder auszulesen, ist das vollständige Betreten des Raumes erforderlich.

Allerdings ist zu beachten, dass nach Kapitel 5.3 das Auslesen von Bodentranspondern je nach Aufbau des Bodens mit Schwierigkeiten behaftet ist.

Transponder in der Decke

Die Positionierung des Master-Transponders in der Decke entfällt aus praktischen Gründen: bei sehr hohen Räumen ist er unter Umständen nur mithilfe eines Tritts oder einer Leiter erreichbar. Generell ist das Auslesen über Kopf als unkomfortabel anzusehen.

6.4.2.4 Ergebnis

Nach Abwägung aller Vor- und Nachteile erscheint die Nutzung des vorhandenen Transponders im Raum nahe der Tür als die sinnvollste Lösung. Der Raum sollte zum Auslesen der Daten vollständig betreten werden. Das Auslesen des Transponders kann bei den üblichen Lesereichweiten von 1-2 Metern als komfortabel angesehen werden.

Die Doppelnutzung des Transponders als Bauteil- und Mastertag erfordert eine inhaltliche Trennung der Daten nach Bauteilinformationen und Rauminformationen (= Informationen auf dem Mastertransponder). Vorstellbar ist eine Umsetzung über Blöcke im Speicher oder separate Speicher im Transponder. Die Daten sollten getrennt voneinander ansprechbar sein.

Für den Transponder gelten die gleichen Anforderungen wie für Bauteiltransponder, u. a.

- hohe Lese- und Schreibgeschwindigkeiten
- ausreichend großer Speicher,

- Rechtemanagement und Verschlüsselung der Daten,
- Lesereichweiten von 1-2 Metern.

Wenn nun die raumbezogenen Informationen auf dem Master-Tag verwaltet werden, ist es nur konsequent, die Steuerung und Dokumentation der Dienstleistungen über diesen Transponder vorzunehmen. Daraus folgt die Frage, wie der Nutzer des Raumes Zugriff auf den Transponder erhält. Bisher wurde mehrfach von der Verwendung von Smartphones oder mobilen Lesegeräten gesprochen. Die mobilen Lesegeräte könnten etagen- oder abteilungsweise vorgehalten werden, so dass der Mitarbeiter sich bei Bedarf das Gerät abholt und seine Eingaben vornimmt. Allerdings könnten so Hemmungen („Muss das Gerät erst holen.") oder Ablehnung entstehen, zumal wenn das Gerät gerade von einer anderen Person genutzt wird. Bei dieser Art der Anwendung ist die Verwendung einer Benutzerkennung und Passwort unumgänglich, um Missbrauch zu vermeiden. Die Verwaltung und Betreuung der Geräte könnte durch die IT-Abteilung des Nutzers in Verbindung mit einem technischen Support durch den Hersteller erfolgen.

Zusätzlich dazu kann darüber nachgedacht werden, ob ein zentrales Steuerungssystem für die Raumfunktionen[191], wie sie heute schon vielfach Anwendung finden, dafür herangezogen werden kann. Werden diese Terminals um eine Lese-Schreibeinheit ergänzt, können ohne zusätzliche Geräte die Wünsche des Raumnutzers über die Steuereinheit erfasst und auf dem Transponder hinterlegt werden. Sie sind so gleichzeitig nachweisbar dokumentiert. Über das gleiche Gerät können später die Beurteilung der Leistung und die Freigabe zur Abrechnung erfolgen. Die Steuerungsterminals können auch an das hausinterne Netzwerk angeschlossen werden, was einen vereinfachten Zugriff auf sie erlaubt.

Speziell für die Nutzung des Systems durch die Angestellten eines Unternehmens ist aus Gründen der Sicherheit und des Datenschutzes empfehlenswert, von der Nutzung eigener Geräte der Angestellten (Stichwort Smartphones) Abstand zu nehmen, da hier die Verwaltung der Rechte, der verfügbare Datenspeicher und Sicherheitsaspekte auf den privaten Geräten zu nicht abschätzbaren Problemen führen können.

---

[191] Verschattung, Temperatur etc.

6.4.3 Datenhaltungskonzept

An dieser Stelle sollen verschiedene Aspekte der Datenhaltung betrachtet werden, vor allem wo und wie die Daten vorhalten werden sollen. Grund dafür ist, dass jeder Anwender des Systems jederzeit aktuell und bequem auf die Daten zugreifen will, d. h. sie einsehen, verwalten, prüfen, auswerten etc. Jeder Anwender braucht also seinen persönlichen, auf ihn angepassten Zugang. Da jeder Anwender im Rahmen seiner Rechte die Daten verändern kann, ist ein dynamisches System erforderlich, z. B. in Form von veränderlichen Datenbanken. Mögliche Varianten sind:

- **Reine dezentrale Datenhaltung auf dem Transponder:**
  Diese Art der Datenhaltung ist hinsichtlich der Datensicherheit bedenklich. Fällt ein Transponder aus, sind all seine Daten verloren.

- **Semidezentrale Datenhaltung auf Transpondern und zentraler Datenbank:**
  Neben der Datenverwaltung auf den Transpondern wird eine Datenbank aufgesetzt, in der alle Daten gesammelt werden. Auf den Transpondern könnten dann veraltete Daten gelöscht werden, wodurch Speicherplatz frei wird. Nachdem Daten geändert wurden, muss eine Synchronisation zwischen dem Reader (und auf ihm der Transponderdaten) und der Datenbank erfolgen, die bei der Nutzung der Transponder durch den Anwender geschieht.

- **Reine zentrale Datenhaltung auf einer Datenbank:**
  Entfällt systembedingt.

Lage der Datenbank

Die Datenbank kann sich beim Eigentümer oder Betreiber eines Objektes befinden und über einen online-Zugriff für die Anwender zugänglich sein. Einfacher ist die Platzierung der Datenbank auf einem Server, auf den alle Anwender über eine zentrale Website Zugriff haben. Beachtet werden muss dabei jedoch das Sicherheitsrisiko, so dass durch geeignete Autorisation und Identifikationsverfahren sichergestellt werden muss, dass nur Berechtigte auf die Daten Zugriff haben. Verwaltet wird die Datenbank dabei durch den Eigentümer oder den Betreiber des Objektes. Ähnliche Systeme konnten äquivalent zu PKM-Systemen als sogenannte „Projekträume" für die die Abwicklung von Bauprojekten umgesetzt werden (wie zum Beispiel beim Bau des Pilotprojektes Potsdam). Unter Umständen können diese Systeme nach einigen Anpassungen weitergenutzt werden.

Über die zentrale Datenbank sollten auch die Informationen für die Service-Leistungen aus Abschnitt 6.2 bereitgestellt werden, die über die verschiedensten Wege abgerufen werden. Wird dem Anwender der Zugang über ein Service-Terminal im Gebäude ermöglicht, können die relevanten Daten auch dort hinterlegt sein.

6.5 Fazit

Die Szenarien in der Nutzungsphase, die in diesem Kapitel vorgestellt werden, sind nur Anregungen und stellen noch nicht die ganze Bandbreite möglicher Anwendungen dar. Allen Szenarien ist gemein, dass sie den Komfort der Nutzer einer Immobilie erhöhen und den Betreibern / Dienstleistern als Arbeitserleichterung dienen. Gleichzeitig stellen sie eine durchgängige, vollständige Dokumentation der Prozesse am und im Gebäude sicher.

Um die Funktionalität des Systems sicher zu stellen, müssen jedoch geänderte oder neue (ergänzende) Daten zeitnah auf Transpondern und Datenbank aktualisiert werden. Speziell bei der Ergänzung / Änderung der Daten durch Dienstleister kann dies beispielsweise über Verträge mit entsprechenden Schadensersatzregelungen vereinbart werden, wenn z. B. Schäden durch zu spät aktualisierte Daten entstehen. Über einen an die Informationen gekoppelten Zeitstempel kann sichergestellt werden, dass der Anwender die aktuellste (verfügbare) Information abruft bzw. ins System einspielt.

Vor dem Betrieb des RFID-Systems für Nutzer und Besucher als Indoornavigation mit Kontextinformationen muss geklärt werden, wer dieses System wartet und pflegt (Betreiber oder Eigentümer des Objektes). In manchen Fällen ist es sogar sinnvoll, wenn der Nutzer (z. B. Krankenhäuser) die Informationen im System selbst pflegt und ergänzt. Abhängig von dieser Entscheidung ist natürlich auch die Übernahme der Kosten zu regeln, d. h. welcher der Beteiligten das System zu welchem Preis pflegt, und wie er ggf. über kostenpflichtige Services diese Kosten neben der ausgehandelten Vergütung decken kann.

7 Personelle und monetäre Auswirkungen in der Bauphase

In den vorangegangenen Kapiteln wurden verschiedene Anwendungen und deren Potenziale in der Bau- und Nutzungsphase von Gebäuden sowie im Fertigteilbau betrachtet. Dabei wurden auch mögliche Probleme oder Hindernisse benannt und praktische Untersuchungen vor Ort durchgeführt.

Für die Beurteilung des Nutzens eines RFID-Systems, wie es in diesem Bericht vorgeschlagen wird, hinsichtlich seiner personellen und monetären Auswirkungen ist jedoch eine ganzheitliche Betrachtungsweise erforderlich. Demnach ist nicht nur die Betrachtung der Prozesse im Umfeld der Baustelle ausreichend – die Baustelle muss als zentraler Aktionspunkt eines Systems gesehen werden, welches nur durch ein fein abgestimmtes Netzwerk funktionieren kann. Dieses Netzwerk besteht aus der Bau- und Bauhilfsstoffindustrie, der Fertigteilindustrie, Maschinen und Baugeräten, aber auch Dienstleistern, Planern und Investoren. Die Potenziale der RFID-Anwendungen im Bauwesen sind nur dann bestmöglichst auszuschöpfen, wenn all diese Beteiligten in das System Baustelle integriert sind. Daraus folgt der maximale Nutzen auf der Baustelle und somit auch im weiteren Lebenszyklus.

7.1 Analyse des Aufwands durch den Einbau der RFID-Technologie

Um den möglichen Nutzen der RFID-Technologie zu beurteilen, müssen verschiedene Aspekte betrachtet werden.

Die Einführung eines solchen Systems beansprucht eine gewisse Zeit und das Personal, welches die Technologie anwenden soll, muss angelernt werden. Ziel dabei ist, die Prozesse zu optimieren und die Kosten zu senken. Etwa ein Drittel der Arbeitszeit wird auf einer durchschnittlichen Baustelle im Gewerbe- und Wohnungsbau für bauseitige Logistik verwendet.[192] Die Kosten, die also durch die Einführung des Systems entstehen, werden demnach schnell durch die vielfältigen Nutzungsmöglichkeiten amortisiert.

Der phasenübergreifende Einsatz von RFID-Anwendungen im Bauwesen erlaubt nicht nur eine erhöhte Effizienz in Logistik-, Produktions- und Dienstleistungsprozessen, sondern erhöht auch den Grad der Wiederverwendung von einmal erzeugten Informationen, beispielsweise in der Verwaltung oder zur Bildung von Kennzahlen im Unternehmen für die weitere Planung von Bauprojekten.

Da die Anwendung der Technologie in der Bauphase die Grundlage für die weitere Nutzung ist, soll dafür ermittelt werden, mit welchem Aufwand und welchem Nutzen die Integration eines RFID-Systems in ein Bauwerk verbunden ist. Zu analysieren sind daher die folgend beschriebenen Aufwendungen (Abschnitte 7.1.1 bis 7.1.6). Abschnitt 7.2 fasst kurz die Grundlagen der Versuchsplanung nach REFA als Basis für die in Abschnitt 7.3 beschriebenen Untersuchungen zum Einbauaufwand zusammen. Die Auswertung dazu erfolgt im Abschnitt 7.4.

---

[192] Nach *Schmidt 2003.* S. 10f.

7.1.1 Planungsaufwand

Bisher muss der Einbau der Transponder noch händisch geplant werden. Dies erfolgt anhand von Einbauvorschriften, die im Forschungsprojekt „IntelliBau 1"[193] aufgestellt und in diesem Bericht angepasst und verifiziert wurden. Die Einbaupläne für die Transponder müssen zeitnah zu den Rohbauplänen vorliegen, um den korrekten Einbau der Transponder sicherzustellen. Oft sind aber zu diesem Zeitpunkt noch keine Ausbaupläne vorhanden, so dass die Platzierung der Transponder in den Plänen in Hinblick auf die spätere Raumaufteilung und Nutzung schwierig ist. Über angepasste Einbauvorschriften unter Beachtung der Vorgaben von Leitungszonen u. ä. soll sichergestellt werden, dass auch bei einer späteren Festlegung der Raumaufteilung vorhandene Transponder nicht überdeckt werden, sondern weiter genutzt werden können.

7.1.2 Organisationsaufwand

Bei der Einführung des RFID-Systems muss zunächst analysiert und geprüft werden, welche Systemteile (Geräte, Transponder und Software) die Anforderungen des jeweiligen Unternehmens erfüllen. Anschließend ist innerhalb des Unternehmens die entsprechende Software zu installieren und anzupassen, die die Reader und den Informationsaustausch verwaltet. Auch die Reader sind einzurichten. Das Baustellenpersonal[194] muss gründlich geschult und ggf. regelmäßig über Neuigkeiten informiert oder nachgeschult werden.

Dabei müssen die zukünftigen Anwender lernen, dass die RFID-Technologie auf alle Prozesse übergreift und sie somit den Reader immer – wie heute beispielsweise Mobiltelefone – bei sich tragen sollten. Dadurch entfällt eine händische Dokumentation, um eine parallele Führung von manuellen („Zettelsysteme") und readergestützten Systemen tunlichst zu vermeiden, da diese zu einer Doppelung von Daten und mangelnder Aktualität führt.

Danach müssen projektbezogen die notwendigen Lese- / Schreibgeräte bereitgestellt, sowie Transponder bestellt und geliefert werden. Bei den Lesegräten kann man dabei auf einen unternehmenseigenen Gerätepool zurückgreifen oder aber die Geräte personenbezogen vorhalten (jeder Bauleiter und jeder Polier hat seinen eigenen Reader und ist für diesen verantwortlich, wie bei seinem dienstlichen Mobiltelefon).

7.1.3 Initialisierung

Die Initialisierung umschreibt den Vorgang, bei dem den Transpondern eine eineindeutige Bezeichnung zugeordnet wird. Dabei wird Speicherplatz im Transponder reserviert bzw. mit Startwerten gefüllt. Der Prozess entspricht im Wesentlichen dem Formatieren eines Datenträgers, da dabei auch die Struktur der Daten angelegt wird. Derzeit ist die Bestimmung der notwendigen Zeit dafür nur analytisch möglich, da noch keine ausreichend großen Speicherkapazitäten zur Verfügung stehen (vgl. Kapitel 5).

---

[193] Vgl. *Jehle et al. 2011.*
[194] Baustellenpersonal: Bauleiter und Poliere, ggf. Vorarbeiter sofern diese ebenfalls das System anwenden sollen. Natürlich müssen auch Nachunternehmer, Lieferanten und Dienstleister dazu in der Lage sein.

7.1.4 Datenübertragung

Die Datenübertragung findet mehrstufig zwischen der Objektebene (Bauteilen) und der Datenebene über die Luftschnittstelle RFID statt (vgl. Abbildung 2 auf Seite 5). Die erste Stufe erfolgt per UHF zwischen Transponder und Reader, die zweite zwischen dem Reader und den zugehörigen Programmen und Datenbanken. Letzteres geschieht über kabelgebundene Systeme (z. B. Synchronisationsstation des Readers am PC), kabellos mit dem PC per Infrarot, Bluetooth oder aber WLAN, GPRS / UMTS. Die abgelegten Daten können dann von den verschiedenen Beteiligten genutzt und ausgewertet werden. Später ist auch das automatisierte Auslösen von Prozessen (im Controlling, Weiterleiten von Bestellungen etc.) möglich.

7.1.5 Einbau in verschiedene Materialien und Bauteile

Der Aufwand für den Einbau der Transponder in verschiedenen Bauteile und Materialien ist eine der wichtigsten Analysen, die durchgeführt werden müssen. Nur wenn der Einbau der Transponder schnell und einfach möglich ist, und somit keinen zusätzlichen Aufwand generiert, findet das System im Bauunternehmen genug Akzeptanz, um angewendet zu werden. Bisher sind dazu keine vergleichbaren oder adaptierbaren Daten vorhanden, so dass der Einbauaufwand auf der Pilotbaustelle des Forschungsprojektes (zum Pilotprojekt vgl. Kapitel 5 *Pilotprojekt LMdF Potsdam*) ermittelt wurde. Die Zeiterfassung soll dabei nach den Richtlinien der REFA[195] erfolgen.

7.1.6 Analyse des Nutzens durch Datenermittlung auf der Baustelle

Der Nutzen der RFID-Technologie ist nur bestimmbar, wenn detaillierte Prozessanalysen durchgeführt werden. Daher werden technische und organisatorische Aufwendungen auf der Pilotbaustelle aufgenommen und analysiert.

Da nicht alle Prozesse genau abzugrenzen sind, werden theoretische Überlegungen die Analysen ergänzen. Dies gilt vor allem für den Datenaustausch zwischen Reader und Transponder sowie die Anwendung speziell angepasster Software, die die Daten aus den Transpondern bzw. den damit gesteuerten Prozessen verarbeiten kann.

7.2 Einführung in die Datenermittlung nach REFA

Der Begriff „Datenermittlung" soll hier als Erfassung von Zeiten für Ablaufschritte, deren Einflussgrößen und Bezugsmengen verstanden werden.[196] Die Zeit zur Ausführung eines Arbeitsschrittes ist abhängig von der ausführenden Person, dem Arbeitsverfahren, der Arbeitsmethode und den individuellen Arbeitsbedingungen. Als Einflussgrößen und Bezugsmengen können Weglängen, Höhen, Entfernungen, Gewichte, Schwierigkeitsgrad, Qualität, Personen- und Stückzahlen angenommen werden. Demzufolge müssen all diese Randbedingungen detailliert erfasst und dokumentiert werden. Es sind Abhängigkeiten festzustellen und zu beurteilen. Die allgemeine Vorgehensweise und die Verwendung von Einflussgrößen

---

[195] REFA - Verband für Arbeitsgestaltung, Betriebsorganisation und Unternehmensentwicklung.
[196] Nach *REFA 1997a*. S. 10.

und Bezugsmengen wird im REFA-Standardprogramm Datenermittlung (vgl. Abbildung 96) dargestellt.

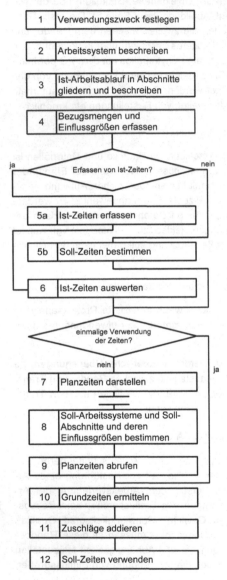

Abbildung 96:   REFA -Standardprogramm Datenermittlung[197]

---

[197] Nach *REFA 1997a*. S. 11.

Aus dem Verwendungszweck der zu ermittelnden Daten und dem Anspruch nach Reproduzierbarkeit der Ergebnisse entstehen besondere Anforderungen an die Durchführung und Auswertung der Zeitaufnahmen. Ziel der stattfindenden Untersuchungen soll die Erhebung von Prozessdauern und damit unmittelbar die Zeiterfassung sein, d. h. das Messen der Ist-Zeiten.

Zur Durchführung einer Zeitaufnahme sind detaillierte Vorbereitungen erforderlich: Nachdem der Zweck der zu erhebenden Daten festgelegt wurde, muss entschieden werden, ob die Prozesszeiten *fortlaufend*[198] oder *einzeln*[199] erfasst werden. Weiterhin ist das Zeitmessgerät zu wählen, die Arbeitsprozesse in erfassbare Ablaufabschnitte zu unterteilen und die Messpunkte festzulegen. Aus diesen Überlegungen heraus lässt sich der passende Zeitaufnahmebogen nach REFA auswählen.

Nach der Aufnahme der Prozesszeiten müssen sowohl die Annahmen als auch die Messwerte auf Plausibilität geprüft werden. Dies sollte unmittelbar im Anschluss an die Zeiterfassung geschehen, um Fehler und Fehlzeiten zu erkennen und ggf. beheben / ergänzen zu können. Die Daten sind genau zu dokumentieren und für eine zweckgemäße Weiterentwicklung in geeignete Auswertungssoftware einzugeben. So können aus den Daten die gewünschten Tabellen und Diagramme zur Auswertung erstellt werden.

7.3 Technische Umsetzung der Zeitaufnahmen

7.3.1 Allgemeines zu Planung und Durchführung

Die Durchführung der Zeitaufnahmen ist, wie bereits angedeutet, auf der Pilotbaustelle des Ministeriums der Finanzen des Landes Brandenburg (LMdF) in Potsdam erfolgt. Zeitraum zur Datenerhebung war das erste Quartal 2009, wobei neben dem reinen Transpondereinbau auch alle erkennbaren Aufwände für die Integration des RFID-Systems auf einer Baustelle erfasst wurden. Dabei war darauf zu achten, dass nicht in die Abläufe der Baustelle eingegriffen oder Arbeits- und Organisationsprozesse verändert wurden, um realitätsnahe Ergebnisse zu erhalten. Auch wenn die Beobachtung durch „Fremde" eine gewisse Aufmerksamkeit der ausführenden Arbeitskräfte auf sich zieht, sollte die Beobachtung doch eher beiläufig erfolgen, um beispielsweise Veränderungen in der Arbeitsgeschwindigkeit der Arbeitskräfte zu verhindern.

Dennoch mussten die am Bau Beteiligten vorab über den Ablauf und das Ziel der Versuche informiert werden, um Verunsicherungen und Missverständnisse zu vermeiden. Durch diese Absprachen, vor allem mit Bauleitung und dem zuständigen Polier, wurden zudem erste Details für die Zeitaufnahme und deren Planung erkennbar. So konnten auch Termine für die Kennzeichnung der Einbauorte, den Einbau selbst oder die vorliegenden Randbedingungen abgestimmt werden. Weiterhin musste die Planung und Durchführung an die Abläufe der

---

[198] Fortschrittszeitmessung: Zeitmessung wird zu Beginn der Aufnahme gestartet und läuft während der gesamten Aufnahme durch. Ablesung / Zwischenspeichern der Zeiten bei gewählten Messpunkten.
[199] Einzelzeitmessung: Jeder Ablaufabschnitt wird gesondert gemessen. Das Messgerät wird nach jeder Ablesung „auf Null" gesetzt.

Baustelle, speziell an eventuelle Verzögerungen wie z. B. durch Lieferengpässe oder Schlechtwetter, angepasst werden.

Durch die späte Bauauftragung des Forschungsprojektes konnte nur sehr kurzfristig ein geeignetes Bauobjekt akquiriert werden. Wegen der erforderlichen Vorplanung, die vor allem projektspezifisch erfolgen musste, war der Beginn der eigentlichen Zeitaufnahmen erst bei fortgeschrittenem Bauzustand möglich, wodurch sich die Anzahl der möglichen Versuche verringerte. In diesen Fällen mussten die verfügbaren Werte sinnvoll beurteilt und interpretiert werden.

7.3.1.1 Planung der Versuche

Zunächst musste geprüft werden, in welche Baustoffe und Bauteile die Transponder eingebaut werden, um bei diesen Arbeitsprozessen Messungen durchzuführen. Es wurden folgende Prozesse festgelegt:

- Einbau Transponder in Decken,
- Einbau Transponder in Wände,
- Einbau Transponder in Treppenhäuser,
- diverse Transport- und Informationsbeschaffungswege (z. B. vom Einbauort ins Baustellenbüro).

Abzuschätzen oder zu simulieren waren hingegen

- der Aufwand für die Planung der Einbauorte der Transponder,
- der Organisationsaufwand (Einweisung, Beschaffung der Materialien etc.),
- der Initialisierungsprozess (wobei hier auf die Ergebnisse aus Kapitel 5 zurückgegriffen werden kann),
- der Datenaustausch zwischen Reader und Transponder (auch hier kann auf die Ergebnisse aus Kapitel 5 zurückgegriffen werden).

Der Planungs- und Organisationsaufwand sind zwar bei der Umsetzung des Pilotprojektes real aufgetreten, können aber auf Grund mangelnder Erfahrung und vor allem fehlender Vergleichswerte nicht als repräsentativ betrachtet werden. Daraus resultiert die Abschätzung dieser Werte auf Grundlage der Beobachtungen aus dem Pilotprojekt.

Vor Beginn der Untersuchungen waren neben den erforderlichen Transpondern die notwendigen Geräte bereitzulegen (Reader, Stoppuhr, Notizbuch und Fotoapparat). Außerdem sind aktuelle Pläne für die Eintragung von Notizen aus der Durchführung sowie ausreichend viele Zeitaufnahmebögen vorzuhalten.

Die einzelnen Zeitaufnahmen wurden hinsichtlich Material und Bauteil unterteilt. So war bedingt durch Struktur und Bauweise des Pilotprojektes der Transpondereinbau bei

- Decken   in Halbfertigteile,
- Wänden   in Hochlochziegel, Beton, Trockenbau,
- Treppenhäusern   in Hochlochziegel und Beton.

zu erfassen.

7.3.1.2 Vorbereitung zur Durchführung einer Zeitaufnahme

Im Vorfeld der Versuche wurden in Vorgesprächen mit dem Baustellenführungspersonal die Termine und die örtlichen Gegebenheiten im Bereich des Transpondereinbaus abgesprochen. Die Versuchsstrecken wurden so angelegt, dass möglichst viele Transponder unter gleichen Versuchsbedingungen eingebaut und zeitlich erfasst werden konnten. Dabei war der Versuchsablauf so realitätsnah wie möglich zu gestalten.

Zu den zu erfassenden Randbedingungen, die die Wiederholbarkeit der Versuche sicherstellen sollen, gehören u. a. Anzahl und Zustand der zu verwendenden Werkzeuge, Baumaterial, Arbeitshöhen, Entfernungen, Gewichte, Anzahl der Arbeitskräfte sowie die Anzahl der aufgenommenen und eingebauten Transponder.

7.3.1.3 Ablauffolge

Da die einleitenden und abschließenden Arbeiten beim Transpondereinbau oft ähnlich, und auch einige Zwischenschritte vergleichbar waren, konnten vergleichsweise einfach die Messpunkte (MP) für die Trennung der einzelnen Arbeitsschritte und die Aufnahme von Zwischenzeiten festgelegt werden. Dabei war immer zu bedenken, dass die Planung theoretisch und die Ausführung abhängig vom ausführenden Personal und damit individuell ist. Die Zeitaufnahmen waren also ein dynamischer Prozess aus Beobachtung und Anpassung. Das führte dazu, dass gelegentlich während der Zeiterfassung neue Messpunkte festgelegt werden mussten.

Die Abläufe vor und nach dem Einbau werden separat dargestellt, da diese unabhängig vom Material und Bauteil sind. Sie sind aber zumeist stark abhängig von den Randbedingungen im Objekt und damit nicht auf andere Objekte übertragbar.

Allgemeiner Ablauf vor Einbau

Die Tätigkeiten vor dem Beginn des Transpondereinbaus sind in Tabelle 13 zusammengefasst. Diese Tabelle zeigt in der linken Spalte die Ablaufschritte der Versuche und in rechten Spalte die Informationen, die dabei erfasst werden sollen. Diese Tabellen zur Zusammenstellung idealisierter Prozesse wurden für jede Versuchsgruppe erstellt. Sie sind der Übersichtlichkeit halber nur noch dann aufgeführt, wenn sie für das grundsätzliche Verständnis erforderlich sind. Änderungen in diesen Abläufen waren möglich und wurden in den Protokollen erfasst.

Die Transponder wurden zum Schutz vor Diebstahl im Polierbüro gelagert, so dass die Verteilung auch von dort erfolgte. Da aber die Lage der Baustellenbüros und die Größe der Baustelle variieren, können die hier erfassten Zeiten aus Potsdam nur zur Orientierung dienen.

1.	aktuellen Plan bzw. Raumbuch beschaffen:	
-	Weg ins Büro (MP), Plan suchen / erfragen (MP)	Weg notieren
2.	Material und Werkzeug beschaffen:	
-	Weg ins Magazin (MP), Werkzeug und Befestigungsmittel suchen (MP)	Weg, Anzahl und vorgefundene Ordnung notieren
-	Weg ins Lager (MP), Transponder suchen / auszählen / einpacken (MP)	Weg, Anzahl und vorgefundene Ordnung notieren
3.	Weg zur Einbaustelle:	
-	Transponder / Werkzeug / Befestigungsmittel aufnehmen (MP)	Anzahl Personen u. evtl. Gewicht notieren
-	Weg zur Einbaustelle, Transponder / Werkzeug / Befestigungsmittel ablegen (MP)	Gerüst / Kran / Lift / Geschoß und Weg notieren

MP = Messpunkt

Tabelle 13: Ablauffolge vor dem Einbau der Transponder

Allgemeiner Ablauf nach dem Einbau

Die Abläufe, die generell nach dem Einbau der Transponder erfolgen und vom Material oder Bauteil unabhängig sind, können Tabelle 14 entnommen werden. Auch hier sind Abweichungen grundsätzlich möglich, die separat erfasst werden. So können beispielsweise die Transponder auch am Ende des Tages beim Abschlussrundgang des Poliers in ihrer Gesamtheit erfasst werden, statt jedes Transponders einzeln direkt nach oder beim Einbau ins Bauteil. Durch den Abgleich mit den erfassten Transpondern des Vortages am PC kann so auch der Baufortschritt ermittelt werden. Die Wege zwischen den Einbauorten und dem Baustellenbüro sind auch hier wieder individuell und nur dem Pilotprojekt zuordenbar. Dabei ist zu unterscheiden, ob die Wege zwischen den Bauteilen mit Transpondern und dem Baustellenbüro tatsächlich nur dem Transpondereinbau zuzurechnen sind, oder ob sie eher sogenannte „Sowieso"-Prozesse sind, da der Datenaustausch beim regulären Rundgang des Bauleiters mit erfolgt.

Zu Punkt 1 des Ablaufes ist anzumerken, dass die Funktionstüchtigkeit der Transponder nach dem Einbau vor allem deshalb zu prüfen ist, weil durch den Einbau in Beton oder aber den rauen Umgang mit den Transpondern auf der Baustelle Ausfälle nicht ausgeschlossen werden können.

1. Transponder auf Funktionstüchtigkeit prüfen:	
- Weg zur Auslesestelle, dabei Reader aufnehmen und anschalten (MP)	Weg notieren
- Transponder gemäß Einbaustandards grob aufsuchen (MP), Transponder auslesen (MP)	Anzahl / Entfernung / Bauteil / Material notieren
2. Einbauvorgang auf Transponder vermerken:	
- Daten in Reader eingeben (MP), Datenübertragung auf den Transponder (MP)	Datenmenge notieren
3. Material und Werkzeug aufräumen:	
- Weg ins Magazin (MP), Werkzeug ablegen, Befestigungsmittel ablegen (MP)	Weg, Anzahl und vorgefundene Ordnung notieren
- Weg ins Lager (MP), restliche Transponder ablegen (MP)	Weg, Anzahl und vorgefundene Ordnung notieren
4. Datenübertragung:	
- Weg ins Büro (MP)	Weg notieren
- Reader an Middleware anschließen (MP), Daten übertragen (MP)	Datenmenge notieren
- *alternativ:* Kabellose Übertragung starten und Daten übertragen (MP)	Übertragungsrate, Datenmenge notieren

Tabelle 14: Ablauffolge nach dem Einbau der Transponder

Initialisierungsprozess

Grundlage für die Betrachtung des Initialisierungsprozesses ist die Annahme, dass Reader, Transponder und die zugehörigen Pläne bereitliegen. Für den Prozess der Initialisierung sind drei Zeitpunkte möglich: vor, während und nach dem Einbau des Transponders ins Bauteil (vgl. Abschnitt *5.2.4.1*). Für die Ergebnisse sei auf Abschnitt *5.3.4* verwiesen.

7.3.2 Durchführung der Zeitaufnahmen

Nach der Kontrolle auf Vollständigkeit und Funktionstüchtigkeit der benötigten Hilfsmittel vor Beginn der Zeitstudien wurde noch einmal die entsprechende Arbeitskraft informiert, um Irritationen zu vermeiden. Bei der Beantwortung der Fragen der Arbeitskraft konnten noch Änderungen des geplanten (theoretischen) Ablaufes vorgenommen und im Protokoll vorgemerkt werden. Nach der Erfassung der Randbedingungen (Wetter, Lärm, Arbeitsbedingungen und evtl. Angaben zur ausführenden Person), wurde der aktuelle Einbauort im Plan markiert oder die Bauteilachsen im Protokoll vermerkt.

Nach Beginn der Zeiterfassung wurden die Zwischenzeiten im Protokoll notiert oder im Zeitmessgerät gespeichert. Die nummerierten Arbeitsschritte wurden dabei den einzelnen Messpunkten zugeordnet.

Sobald eine Änderung im geplanten Ablauf oder ein Zwischenereignis[200] auftrat, wurden diese im Protokoll mit den entsprechenden Zeiten aufgenommen. Anschließend wurden die Zeiten in die EDV übernommen und auf Plausibilität überprüft. Fehlerhafte oder fehlende Daten konnten so aufgedeckt und ggf. nachgebessert werden, beispielsweise durch Ergänzungsmessungen.

Im Folgenden werden kurz die Besonderheiten der Zeitaufnahme beim Transpondereinbau in einzelne Bauteile oder Baustoffe beschrieben.

7.3.2.1 Befestigung der Transponder in Wände aus Ortbeton

Die Transponder werden fest ins Bauteil eingebaut, um Diebstahl und Manipulation zu vermeiden. Die Transponder werden daher mit Bewehrungsdraht an der Bewehrung befestigt. Zu unterscheiden ist dabei, ob der Transponder auf der Seite, auf der die Arbeitskraft steht, eingebaut wird (Schließseite) oder auf der gegenüberliegenden, ihm abgewandten Seite (der Stellschalungsseite, vgl. Abbildung 97). Wird der Transponder auf der abgewandten Seite eingebaut, muss die Arbeitskraft durch die Bewehrung hindurch greifen und somit unter erschwerten Bedingungen arbeiten. Dies schlägt sich in deutlich längeren Einbauzeiten nieder.

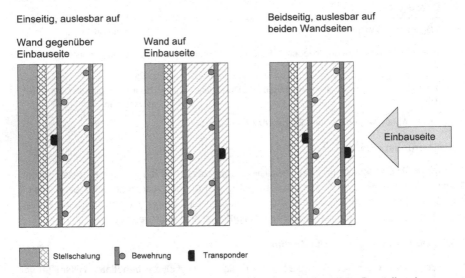

Abbildung 97:   Veranschaulichung der Ausleseseiten (unmaßstäbliche Darstellung)

Abbildung 98 zeigt die Einbausituation eines einseitig eingebauten Transponders, dessen Ausleseseite in Richtung Schalung zeigt. Der Transponder ist später auch von seiner Rückseite her auslesbar, wenn er nicht direkt auf einer Metalloberfläche montiert wurde. Die Ausrichtung der Transponder ist durch deren Formgebung und Etikettierung auf der Rückseite

---

[200] Z. B. Absprache zwischen ausführender Arbeitskraft und hinzukommender Person, Materialbesorgung, Behinderung.

einfach zu erkennen und konnte problemlos vorgenommen werden. Der beidseitige Einbau von Transpondern in Ortbetonwände wurde bereits in Abbildung 64 (Seite 149) dargestellt.

Abbildung 98: Detailaufnahme – Transpondereinbau einseitig in die Bewehrung einer Ortbetonwand

Durch den Baufortschritt zum Zeitpunkt des Messungsbeginns wurde die Anzahl der möglichen Messungen reduziert. Die Messungen wurden im Wesentlichen in der südlichen Gebäudeecke (vgl. Abbildung 99) durchgeführt. Die Einbauorte sind mit Kreisen markiert.

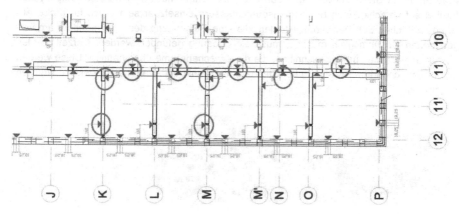

Abbildung 99: Planausschnitt Südseite – Position Transponder in Ortbetonwände[201]

Die Transponder waren einfach und übersichtlich gemäß den Einbauanforderungen aus *Jehle et al. 2011* zu integrieren. Ihre Lage und Vollständigkeit war vor dem Betonieren leicht

---

[201] 4. OG, Bauteilachse J-P/ 10-12, MdF Potsdam.

prüfbar. Allerdings zeigte sich, dass die Zeitaufnahme mithilfe der REFA-Bögen kaum umsetzbar war, weswegen die Datenerfassung zunächst händisch erfolgte.

Der idealisierte Ablauf der Zeitaufnahme beim Einbau der Transponder in Ortbetonwände wurde wie in Tabelle 15 angenommen.

1. Einmessen der Einbaustelle(n) an der fertig bewehrten Wand:	
- Einbaumaße dem Plan entnehmen (MP)	
- Gliedermaßstab aufnehmen und anlegen, ggf. Markierung auf Bewehrung (MP), Gliedermaßstab ablegen (MP)	Hilfsmittel und Anzahl der Einbaustellen notieren
2. Passendes Befestigungsmittel und Stelle für Befestigung auswählen:	
- Draht aufnehmen und Stück(e) mit Zange abtrennen (MP), Drahtstück(e) in Tranponderöse(n) führen (MP)	Anzahl, Hilfsmittel und Befestigungssystem notieren
- alternativ: Transponder mit Clipsystem aufnehmen (MP)	Anzahl notieren
3. Transponder einbauen:	
- Transponder platzieren, Transponder befestigen / anstecken (MP), Kontrolle des Sitzes	Einbauhöhe und Anzahl notieren

Tabelle 15: Ablauffolge Einbau der Transponder in Ortbetonwand

Anzumerken ist, dass die Befestigung der Transponder mit Bewehrungsdraht keine abschließende Lösung sein sollte. Ein Clipsystem ähnlich den Abstandhaltern für den Betonbau wäre an dieser Stelle sinnvoll (vgl. Abbildung 100). Dabei muss dieses Befestigungssystem flexibel auf verschiedenen Bewehrungsdurchmessern einsetzbar sein. Auch für große Abstände zwischen den Bewehrungsstählen, die eine Befestigung des Transponders am vorgesehenen Ort unmöglich machen, muss eine Lösung gefunden werden. Derzeit werden Bewehrungsstücke zurechtgeschnitten, die die Zwischenräume überspannen. Diese werden an der benachbarten Bewehrung befestigt und die Transponder an diesen Zwischenstücken angebracht.

**Abbildung 100:	Abstandhalter zum Aufclippen auf die Bewehrung**

7.3.2.2 Befestigung der Transponder in Ziegelwänden

Durch die große Anzahl an Formen und Lochverteilungen bei Ziegeln müssen die Zeitstudien individuell an jede der verwendeten Ziegelarten angepasst werden. Dabei wurde für jede Ziegelart ein eigener idealisierter Ablauf entwickelt, der als Grundlage für die Versuchsdurchführung diente.

Die Markierung der Einbaustellen ist bei durchgehenden Wänden etwas aufwändiger als bei sogenannten „Lochfassaden"[202], wo die Öffnungen abgezählt und der Einbauort so bestimmt werden kann (vgl. Abbildung 101).

Abbildung 101: Transpondereinbaustellen in Mauerwerk aus Plansteinen

Der Einbau ist je nach Form der Ziegel verschieden, jedoch ohne das eigentliche Mauern zu verändern. Es kommt lediglich zu einer kurzen Unterbrechung während der Integration des Transponders in den entsprechenden Stein. Eine spätere Einbaukontrolle ist nur mit Reader möglich, da die Transponder nicht mehr sichtbar sind (vgl. Abbildung 102). Wurde ein Transponder nicht eingebaut, muss dies unter beträchtlichem Aufwand später geschehen – dies wird in Abschnitt 7.3.2.3 erläutert.

Wie in Abbildung 103 zu erkennen, können die Transponder im dort dargestellten Planstein nur in die zwei größeren Öffnungen pro Stein platziert werden. Dies ist auch nur möglich, weil die im Pilotprojekt verwendeten Transponder ein geeignetes Maß dafür haben. Die Verwendung dieser Öffnungen ist mit der Inkaufnahme gewisser Maßabweichungen (im cm-Bereich) in der Positionierung des Transponders möglich. Alternativ muss eine Öffnung an passender Stelle mit Hammer und Meißel hergestellt werden, was deutlich mehr Zeit kostet.

---

[202] Lochfassade: eine in Massivbauweise erstellte Wand mit klar abgegrenzten Öffnungen für Fenster und Türen.

Abbildung 102:   Markierung für den Transpondereinbau

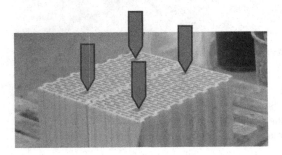

Abbildung 103: Planstein für Außenwände   **Abbildung 104: Transponder in Stoßfuge eines Mauerziegels**

Beim Einbau in Vollziegel sind solche Öffnungen nicht vorhanden. Nach Gesprächen mit den Arbeitskräften vor Ort wurde der Transponder in verbreiterte Stoßfugen eingebaut (vgl. Abbildung 104). Dabei muss sichergestellt sein, dass die Fugen in Abhängigkeit von Steinform und –format so zu verfüllen sind, dass die Anforderungen hinsichtlich Schlageregenschutz, Wärme- und Schallschutz sowie Brandschutz an die Wand erfüllt werden.[203]

---

[203] Nach *DIN 1053-1*, Abschnitt 9.2.1.

Abbildung 105: Ausgleichsschicht mit Voll-ziegeln

Abbildung 106:   Mauerwerk aus Hochloch-ziegel-Blocksteinen

Wie sich bei späteren Recherchen zeigte, sind mittlerweile Ziegel am Markt verfügbar, die die gleichen Schallschutzanforderungen wie die in Abbildung 105 dargestellten Vollziegel haben, zusätzlich jedoch ein ausreichend großes Handloch vorweisen, so dass der Transponder integriert werden kann.

Im Vergleich dazu weisen Blocksteine günstige Lochmaße für den Einbau der Transponder auf (vgl. Abbildung 106). Je nach Öffnung können auch zwei Transponder eingebaut werden, wenn es laut Transponderplanung erforderlich ist (vgl. Abbildung 107).

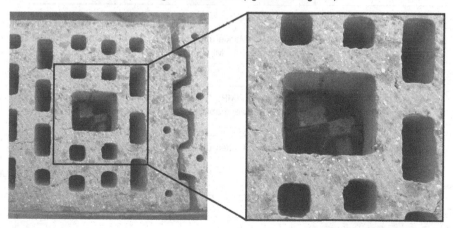

Abbildung 107:   Transponderpärchen im Mauerwerk eines Hochlochziegel-Blocksteins

7.3.2.3 Nachträglicher Einbau von Transpondern in Innenwände aus Blocksteinen

Auch der nachträgliche Einbau von Transpondern wurde untersucht (vgl. Abbildung 108). Gründe können der fehlende Einbau, Funktionsfehler der Transponder oder zu späte Liefe-rung der Transponder sein. Der Ablauf des Einbaus ist im Vorfeld nur schwer abschätzbar. Die idealisierte Ablauffolge sieht dennoch wie in Tabelle 16 aus.

Neben dem Einbau der Transponder durch das Herstellen einer geeigneten Öffnung mit Hammer und Meißel kann diese auch durch eine Mauernutfräse hergestellt werden (vgl. Abschnitt 5.3.1.2 und Abbildung 61).

Abbildung 108: Nachträglicher Transponder- Einbau in bereits fertig gestelltes Mauerwerk

1.	Einmessen der Einbaustelle(n) an der fertigen Wand:	
-	Einbaumaße dem Plan entnehmen (MP)	
-	Gliedermaßstab aufnehmen und anlegen, Markierung auf Ziegel vornehmen (MP), Gliedermaßstab ablegen (MP)	Hilfsmittel und Anzahl der Einbaustellen notieren
2.	Hohlraum für Transponder schaffen:	
-	Werkzeug aufnehmen, Hohlraum herstellen (MP), (Hohlraum freilegen (MP), ev. Nacharbeit (MP)), Werkzeug ablegen (MP), Hohlraum freilegen (MP)	Werkzeug (-zustand), Anzahl und Hilfsmittel notieren
-	alternativ: Herstellen einer Öffnung mittels Mauernutfräse	Werkzeug (-zustand), Anzahl und Hilfsmittel notieren
3.	Passendes Befestigungsmittel auswählen:	
-	Hohlraum mit Mörtel o.ä. auskleiden (MP)	Befestigungssystem notieren
4.	Transponder einbauen:	
-	Transponder platzieren / in den Mörtel drücken (MP), Hohlraum schließen (MP), (ev. Ziegelstücke eindrücken (MP)) mit Mörtel verschmieren (MP)	Einbauhöhe und Anzahl notieren

Tabelle 16: Ablauffolge nachträglicher Einbau der Transponder in Mauerwerk

7.3.2.4 Befestigung der Transponder auf Halbfertigteildecken

Aus Kosten- und Zeitgründen wurden für die Deckenherstellung Gitterträgerplatten verwendet. Durch die Anlieferung der Gitterträgerplatten von einem Fremdanbieter konnte der Transpondereinbau nicht unmittelbar in die untere Bewehrungslage des Bauteils erfolgen, sondern die nur auf die Gitterträgerelemente (vgl. Kapitel 5). Bedingt durch den Baufortschritt zu Versuchsbeginn war die Anzahl der möglichen Messungen eingeschränkt.

Auf Grund der zeitlichen Abläufe auf der Baustelle war eine eigene Zeiterfassung nach REFA zur Markierung der Einbaustellen auf der Decke nicht möglich. Aus diesem Grund wurde auf die Zeitaufnahme durch die Poliere durchgeführt.

Die Markierung auf den Decken war schwierig, da hier die Bezugspunkte (wie Wände oder Stützen) noch fehlten. Daher mussten zunächst die Achsen markiert und dann die Einbaustellen gekennzeichnet werden. Besonders bei großen Decken kann es so zu Markierungsfehlern kommen, wie Abbildung 109 zeigt. Zu erkennen sind drei Markierungen, obwohl laut Plan nur zwei Markierungen erforderlich sind. Möglich ist, dass eines der Kreuze eine Achsmarkierung darstellt. Die Arbeitskräfte, die die Transponder einbauen sollen, können das aber in der Regel nicht unterscheiden und bauen so zuviele Transponder ein.

Abbildung 109: **Markierung der Einbaustellen von Transpondern auf der Filigran-Decke**[204]

In der unteren Bewehrungslage erfolgte der Transpondereinbau durch Aufbringen von Mörtel, eindrücken des Transponders und ggf. Lagesicherung durch eine weitere kleine Menge Mörtel (vgl. Abbildung 110). Nach dem Einbau der Bewehrung konnten die Transponder der oberen Lage befestigt werden.

---

[204] Foto vom 06.03.2009; A. Fiedler, Züblin

Abbildung 110: Transponder auf Filigran-Decke   **Abbildung 111: Transponder unter Decken-
                                                       bewehrung**

Anzumerken ist, dass bei längerfristiger Planung und Einbindung des Fertigteilwerkes die Transponder schon ab Werk in die Gitterträgerelemente eingebaut werden können. Dadurch ist es möglich, sie auch für logistische Zwecke heranzuziehen. Außerdem entfällt dann der Markierungsaufwand auf der Baustelle.

Auch bei der Deckenbewehrung kann es – wie bei der Wandbewehrung – durch große Bewehrungsabstände passieren, dass Transponder nicht am geplanten Ort befestigt werden können. In diesem Fall muss dieser Zwischenraum durch Zuschneiden von Bewehrungsstücken und deren Befestigung an der benachbarten Bewehrung überbrückt und der Transponder daran befestigt werden. Weiterhin ist auch hier über die Verwendung von Clipsystemen nachzudenken (vgl. Abschnitt 7.3.2.1).

7.3.2.5 Befestigung der Transponder in Trockenbauwänden

Der Einbau in die Trockenbauwände muss zuverlässig und fest erfolgen, damit sich die Transponder in der Nutzungsphase nicht lösen können, da der Transponder im Trockenbau nicht durch ihn umgebenden Beton oder Mauerwerk fixiert und geschützt wird. Da die Transponder in einem anderen Raster als dem der Pfosten für die Gipskartonwand einzubauen sind, müssen andere Befestigungsmöglichkeiten entwickelt werden. Hinter metallischen Objekten ist die Auslesbarkeit gestört, daher müssen die Transponder davor oder daneben platziert werden. Die Befestigungsmöglichkeiten, die in Potsdam während der Zeitaufnahmen zur Anwendung kamen, sind Eigenentwicklungen der Arbeitskräfte vor Ort. Abbildung 112 bis Abbildung 114 zeigen beispielhaft einige dieser Befestigungsmöglichkeiten. Der Ablauf des Einbaus ähnelt dem Einbau von Wechseln im Ständersystem und lässt sich gut in den regulären Ablauf integrieren. Dennoch sind hier deutlich höhere Prozessdauern als bei anderen Materialien zu verzeichnen. Ein Ausschnitt der die Profile und Transponder umgebenden Dämmstoffe (z. B. Mineralwolle) ist auf Grund der geringen Transponderdicke nicht erforderlich, zumal die Mineralwolle keinen messbaren Einfluss auf die Lese- und Schreibeigenschaften ausübt.

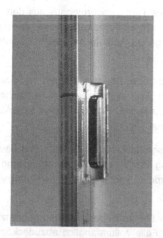

Abbildung 112: Transponder in Metallprofil direkt am Ständerwerk

Abbildung 113: Transponder an Metallprofil auf GK-Bauplatte

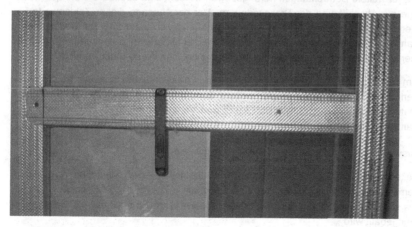

Abbildung 114:   Transponder auf Zwischenprofil

Für zukünftige Baumaßnahmen ist die Entwicklung eines Systemteils oder die Festlegung einer standardisierten Lösung zu empfehlen.

7.4   Auswertung

In diesem Abschnitt sollen die Versuchsergebnisse ausgewertet werden. Sofern sie sich aus der Auswertung ergeben, werden Probleme und ihre Lösungen aufgezeigt.

7.4.1   Allgemeine Auswertung

Generell lässt sich sagen, dass die Methoden der REFA für die hier durchgeführten Untersuchungen anwendbar sind. Gewisse Anpassungen sind jedoch unvermeidlich, da die Methoden für die stationäre Industrie konzipiert sind. Die Prozesse wurden selten genau nach den geplanten Abläufen umgesetzt, da die Beobachtung des Transpondereinbaus aus dem Hintergrund erfolgen sollte und die ausführenden Arbeitskräfte so verfahren, wie sie es im späteren Einsatz vermutlich auch tun. Somit war die Abfolge der Ablaufschritte nicht beeinflussbar.

Da der Transpondereinbau (noch) kein standardisierter bzw. üblicher Prozess ist, sind die Einbauverfahren seitens der ausführenden Arbeitskräfte von einem gewissen Versuchscharakter geprägt, um die bestmögliche Einbauvariante zu finden. Somit ergeben sich Abweichungen zwischen allen Arbeitern und bei jedem Material.

Die Anzahl der erfassten Bezugsmengen und Einflussgrößen war relativ klein und bestand im Wesentlichen aus einer Arbeitskraft, der Erfassung von Wegen, Arbeitshöhen und den genutzten Geräten (Gliedermaßstab / Maßband, Hammer und Meißel / Bewehrungsdraht und Zange / Mörtel und Mörtelkelle).

Die Anzahl der hier ermittelten Werte ist als Folge der Baustellenbedingungen begrenzt. Es fehlt die statistisch erforderliche Brandbreite, um alle Fälle vollumfänglich abzudecken und belastbare, allgemeingültige Werte zu ermitteln. Daher können die Ergebnisse nur als Einstiegswerte für weitere Betrachtungen herangezogen werden, sind aber eine erste quantitative Aussage zur Abschätzung der Prozessdauern. Vor der Nutzung dieser Zahlenwerte für weiterführende Betrachtungen sind also weitere Zeitaufnahmen unter anderen Bedingungen (also auf anderen Baustellen), an weiteren Bauteilen und Materialien durchzuführen, mithilfe statistischer Verfahren auszuwerten und so in allgemeingültige Werte umzuwandeln.

Aus den im Pilotprojekt ermittelten Werten werden aus diesem Grund sinnvolle Rückschlüsse gezogen und qualitative Aussagen für weitere Betrachtungen ermöglicht. Die Ermittlung von Normalverteilungen, Standardabweichung[205] und Varianz[206] ist auf Grund der geringen Versuchsanzahl nicht sinnvoll.

7.4.2 Auswertung der Herstellung einer Ortbetonwand

Bei der Zeiterfassung des Transpondereinbaus in Ortbetonwände ist, wie schon in Abschnitt 7.3.2.1 bemerkt, die Einbauseite der Wand zu beachten, d. h. ob der Transponder auf der dem Einbauenden zugewandten Seite oder der abgewandten Seite durch die Bewehrung hindurch eingebaut wird.

Einbau auf der Stellschalungsseite[207]

Die durchschnittliche Dauer zum Einbau eines Transponders auf der Stellschalungsseite, d. h. durch die Bewehrung hindurch, beträgt zwischen 80 und 85 Sekunden. Darin enthalten sind

---

[205] *Standardabweichung:* „Quadratwurzel aus der Varianz" und somit „durchschnittliche Abweichung der Messwerte vom Mittelwert", nach *Fricke 2005.* S. 64.
[206] *Varianz:* „mittlere quadratische Abweichung der Messwerte vom Mittelwert", nach *Fricke 2005.* S. 64.
[207] Vgl. Abbildung 97, S. 214.

- das Einmessen der Höhe an der Einbaustelle,
- das Aufnehmen Transponders,
- Schneiden des Bewehrungsdraht von der Rolle mit Flechterzange und
- das Befestigen des Transponders mit zwei Stück Draht an der Bewehrung (je 1 pro Öse).

Die Ergebnisse der Zeitaufnahmen sind in Abbildung 115 zusammengefasst.

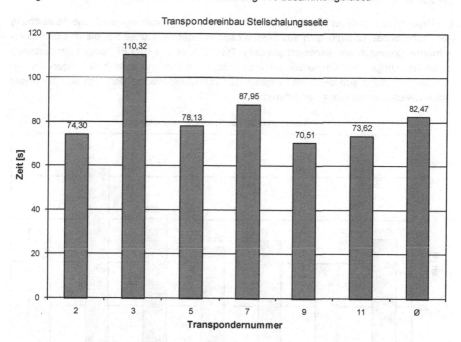

Abbildung 115: Vorgang „Transpondereinbau auf der Stellschalungsseite" in eine Ortbeton-wand

Einbau auf der Schließschalungsseite[208]

Die durchschnittliche Einbauzeit inklusive

- dem Aufnehmen der Transponder,
- dem Zuschneiden des Bewehrungsdrahtes von der Rolle mit einer Flechterzange und
- Befestigung an des Transponders an der Bewehrung mit zwei Stück Draht (je eins pro Öse)

---

[208] Schließschalungsseite: ist die Seite der Bewehrung, die dem Arbeiter zugewandt ist, vgl. Abbildung 104, S. 121.

liegt zwischen 35 und 40 Sekunden. Bei den Transpondern 3/4, 5/6 und 7/8 handelt es sich planungsgemäß um Transponderpärchen, wobei jeder der Transponder in einen anderen Raum zeigt (vgl. Abbildung 64, Seite 149). Daher ist bei der Zeiterfassung das Einmessen der Höhe an den Einbaustellen nicht enthalten, da die Einbauhöhe der Transponder aus der Lage des jeweils gegenüber liegenden Transponders bestimmen ließ. Die Bestimmung der Höhe kann aus dem vorangegangenen Versuch mit durchschnittlich 9 bis 10 Sekunden angenommen werden.

Die Ergebnisse der Zeiterfassung sind in Abbildung 116 zusammengefasst. Die Abweichung von Transponder 12 ergibt sich aus dessen Lage in einer Gebäudeecke, die den Einbau erschwerte. Demnach sind exponiert gelegene Transponder von ihrer Einbauzeit her durchaus zu berücksichtigen. Auf Grund der geringen Anzahl von Transpondern in derartigen Einbausituationen schlägt sich die in den Ergebnissen nur wenig nieder. Dennoch sind an dieser Stelle weitere Betrachtungen erforderlich.

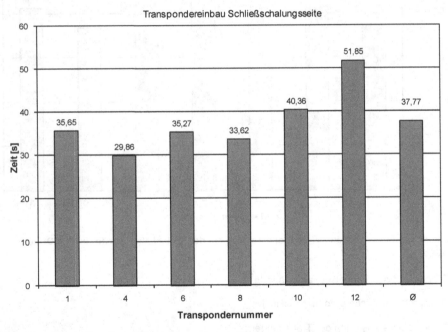

Abbildung 116:   Vorgang „Transpondereinbau Schließschalungsseite" in eine Ortbetonwand

7.4.3   Versuchsauswertung Ziegelwand

Aufgrund der verschiedenen Ziegel- und der darin befindlichen Lochformate werden die Zeiten für den Transpondereinbau getrennt ausgewertet.

7.4.3.1 Einbau in Plansteine

Die Zeiterfassung erfolgte hier im Bereich der Außenwände der Lochfassade.[209] Im Gegensatz zu Betonwänden, wo die Transponder problemlos auf der Decke stehend eingebaut werden konnten, ist beim Einbau in die Ziegelwände eine Leiter o. ä. erforderlich, um die Öffnung für die Transponder herzustellen. Die Leiter ist aber in der Regel bei der Herstellung der Wand sowieso erforderlich. Um jedoch einen in sich geschlossenen Vorgang abzubilden, ist in den Bewegungen der ausführenden Arbeitskraft daher das Steigen auf die Leiter und die Mitnahme der Leiter mit erfasst. Dies liegt auch darin begründet, dass der Transpondereinbau häufig separat von einer Arbeitskraft ausgeführt wurde, während die Mauerarbeiten unabhängig von den Versuchen durch weitere Arbeitskräfte erfolgten.

Die Einbaudauer liegt im Schnitt zwischen 60 und 65 Sekunden. Darin sind

- das Aufnehmen der Transponder,
- das Besteigen der Leiter (ca. 1 m Höhe),
- die Aufnahme von Hammer und Meißel,
- die Wahl des Einbauortes,
- die Herstellung einer ausreichend großen Öffnung im ausgewählten Stein,
- das Ablegen des Werkzeuges auf den Ziegel neben der Öffnung,
- Prüfung der hergestellten Öffnung durch Anhalten des Transponders,
- das Bestreichen des Transponders mit Mörtel,
- das Einsetzen und Andrücken des Transponders

eingeschlossen. Die Ergebnisse sind in Abbildung 117 dargestellt.

Die höheren Dauern bei den Transpondern 1, 2 und 6 ergaben sich aus den verstärkten Bemühungen der ausführenden Arbeitskraft und dem parallelen Kommentieren seiner Tätigkeiten. Diese Vorgänge sind daher als Ausnahmen zu verstehen und somit nicht verwendbar. Bei der Ermittlung des Durchschnittswertes wurden die Ergebnisse der Transponder 1, 2 und 6 daher nicht einbezogen.

---

[209] Vgl. Fußnote 202.

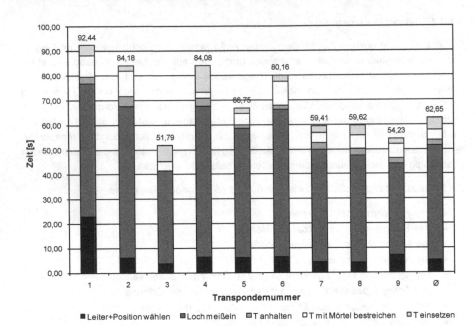

Abbildung 117: Einzelzeiten des Vorgangs „Transpondereinbau in Mauerwerk aus Plansteinen", ohne Berücksichtigung der Ergebnisse der Transponder 1, 2 und 6 für den Durchschnittswert

7.4.3.2 Einbau mit Mörtel in vorhandene Öffnung in Plansteinen

Mit den Einzelprozessen

- Wählen der Einbauposition und Suche nach vorhandener Öffnung,
- Bestreichen der Öffnung mit Dünnbettmörtel,
- Aufnehmen des Transponders und
- Einsetzen des Transponders unter Beachtung der Ausleseseite

dauert der Einbau zwischen 5 und 10 Sekunden, wobei ein schneller Einarbeitungseffekt zu beobachten war. Bereits ab dem Einbau des zweiten Transponders konnte die ungefähre Position der Einbaustelle vom Ausführenden abgeschätzt werden, wobei für die Reproduzierbarkeit der Ergebnisse weiterhin ein Einmessen erforderlich war.

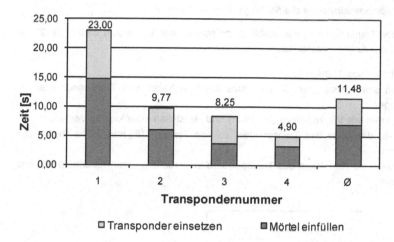

Abbildung 118:   Vorgang „Transponder einsetzen mit Mörtel in vorhandene Öffnung" in Mauerwerk aus Plansteinen

7.4.3.3 Einbau *ohne* Mörtel in vorhandene Öffnung in Plansteinen

Das Versetzen der Transponder in die Öffnungen der Plansteine ohne Verwendung von Mörtel dauert etwa 4 bis 6 Sekunden. Dies schließt das Auswählen der Einbauposition, die Suche nach der vorhandenen Öffnung, das Aufnehmen des Transponders und das Einsetzen unter Beachtung der Ausleseseite ein.

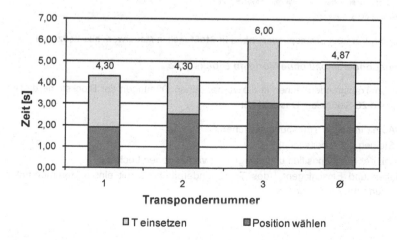

Abbildung 119:   Vorgang „Transponder einsetzen ohne Mörtel in vorhandene Öffnung" in Mauerwerk aus Plansteinen

7.4.3.4 Transpondereinbau in die Stoßfuge von Vollziegeln

Der Einbau der Transponder in die Stoßfuge zwischen zwei Vollziegeln dauert ca. 23 bis 27 Sekunden. Der Ablauf umfasst dabei

- Aufnehmen des Transponders,
- Wählen eines geeigneten Standpunktes durch Anhalten des Transponders an die Stoßfuge
- Aufnehmen des Werkezeuges (Hammer) und Herstellen einer kleinen Vertiefung,
- Kontrolle des Lage des Transponders (Länge Transp. 153 mm, Höhe Ziegel 3DF 113mm),
- Einsetzen und Andrücken des Transponders in Vertiefung unter Beachtung der Ausleseseite.

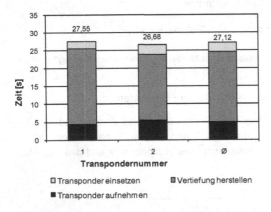

Abbildung 120:   Vorgang „Transpondereinbau in Stoßfuge" in Mauerwerk aus Vollziegel

7.4.3.5 Transpondereinbau ohne Mörtel in Blocksteine

Der Einbau von Transponderpärchen in die vorhandenen Öffnungen der Blocksteine dauert zwischen 10 und 20 Sekunden. Das schließt

- das Aufnehmen der Transponderpärchen,
- das Steigen auf Arbeitshöhe,
- Wählen der Einbauposition und geeigneten vorhandenen Loches,
- Anhalten und Einschlagen[210] des Transponderpärchens mit einem Hammer unter Beachtung der Ausleseseiten.

---

[210] Das Transponderpärchen glitt nicht von allein in die Öffnung hinein, so dass die Transponder mit einem Hammer eingeschlagen wurden.

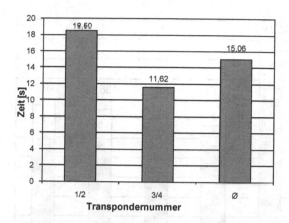

Abbildung 121: Vorgang „Einbau von Transponderpärchen mit Mörtel" in Mauerwerk aus Blocksteinen

7.4.4 Nachträglicher Einbau in Mauerwerk

Um Transponder nachträglich einzubauen, muss zunächst eine Öffnung in das Mauerwerk hergestellt werden. Dies geschah im Pilotprojekt mit einem elektrischen Bohrhammer. Bei diesen Geräten wird der Bohrer in axialer Richtung bewegt. Über ein Schlagwerk wird die notwendige Schlagenergie erzeugt, um in harte Materialien zu vorzudringen.

Der gesamte Vorgang, einen Transponder nachträglich in Mauerwerk aus Blocksteinen einzubauen, dauert etwa 130 bis 150 Sekunden. Dies schließt die folgenden Vorgänge ein:

- Einmessen der Einbauposition,
- Positionieren des Bohrhammers an einer gekennzeichneten Position und Herstellen der Öffnung,
- das Freilegen der entstandenen Öffnung per Hand oder Bohrhammer,
- Aufnehmen des Mörtels und Auskleiden der Öffnung,
- Eindrücken des Transponders in den Mörtel,
- falls erforderlich: Aufnehmen von Ziegelstücken und Eindrücken in Mörtel,
- Verstreichen des Mörtels, ggf. mit weiterem Mörtel.

Falls beim Stemmen der Öffnung das Loch zu groß ausgefallen war, sollte die Öffnung mit Ziegelstücken und Mörtel verschlossen werden. Dies ist somit ein Vorgang, der nicht bei allen Einbaustellen stattfindet. Dadurch entsteht zwar eine breite Streuung der Ergebnisse, aber im Mittel kann der Einbau der Transponder anhand der folgenden Abbildung 122 abgeschätzt werden.

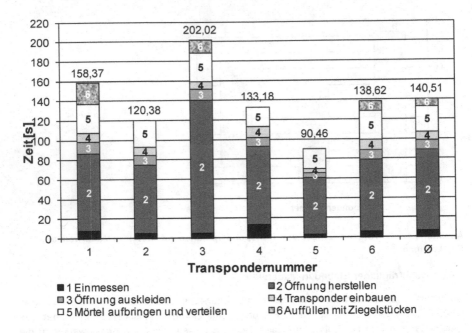

- 1 Einmessen
- 3 Öffnung auskleiden
- 5 Mörtel aufbringen und verteilen
- 2 Öffnung herstellen
- 4 Transponder einbauen
- 6 Auffüllen mit Ziegelstücken

Abbildung 122: Einzelzeiten des Vorgangs „Transponder-Einbau mit Mörtel (nachträglich)" in Mauerwerk aus Blocksteinen

7.4.5 Versuchsauswertung Halbfertigteildecke

Die durchschnittliche Dauer des nachträglichen Transpondereinbaus auf Halbfertigteildecken beträgt 6 bis 10 Sekunden. Die Ablauffolge schließt dabei folgende Prozessschritte ein:

- Aufnehmen der Kelle und Bewerfen der Einbaustelle mit Mörtel (1-2 Kellen),
- Aufnehmen Transponder,
- Eindrücken des Transponders in den Mörtel mit der Ausleseseite nach unten,
- Verstreichen des Mörtels mit der Kelle, ggf. das Aufbringen weiteren Mörtels (zur Lagesicherung beim Betonieren).

Durch die große Anzahl von Versuchen, die im Bereich der Decke durchgeführt werden konnten, ist die Bildung von Mittelwerten (vgl. Tabelle 17) und Klassen (vgl. Tabelle 18 und Abbildung 123) aus den Messergebnissen möglich.

	EZ Mörtel aufbringen	EZ Transponder eindrücken	EZ Mörtel verstreichen	EZ Gesamtdauer
Max	8,59	8,98	4,86	15,08
Min	0,76	1,19	1,46	5,58
Ø	2,78	3,16	2,84	8,78

EZ = Einzelzeit

Tabelle 17: Mittelwerte des Vorgangs „Transponder-Einbau auf Halbfertigteildecke" – Auswertung in [s][211]

Tabelle 18 und deren grafische Aufarbeitung in Abbildung 123 zeigen, das etwa zwei Drittel der der Gesamtvorgänge „Transpondereinbau" nach 5 bis 9 Sekunden abgeschlossen sind.

		Häufigkeit		Summenhäufigkeit	
Klasse	Zeitintervalle	absolut	relativ	absolut	relativ
1	5 bis 6	4	10,26%	4	10,26%
2	6 bis 7	6	15,38%	10	25,64%
3	7 bis 8	5	12,82%	15	38,46%
4	8 bis 9	10	25,64%	25	64,10%
5	9 bis 10	5	12,82%	30	76,92%
6	10 bis 11	2	5,13%	32	82,05%
7	11 bis 12	2	5,13%	34	87,18%
8	12 bis 13	0	0,00%	34	87,18%
9	13 bis 14	3	7,69%	37	94,87%
10	14 bis 15	1	2,56%	38	97,44%
11	> 15	1	2,56%	39	1
Σ		39			

Tabelle 18: Vorgang „Transponder-Einbau auf Halbfertigteildecke", unterteilt in Klassen nach Häufigkeit

---

[211] Die „Einzelzeiten (EZ) Gesamtdauer" sind dabei nicht die Summen den vorangehenden Spalten, sondern die Mittelwerte der erfassten Gesamtzeiten.

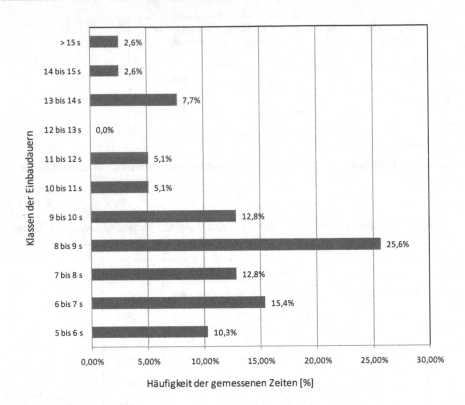

Abbildung 123:   Vorgang „Transpondereinbau auf Halbfertigteildecke", unterteilt in Klassen
nach Häufigkeit

Wie Abbildung 124 zu entnehmen ist, nimmt jeder der drei Teilprozesse (Mörtel aufbringen,
Transpondereinbau, Mörtel verstreichen) etwa ein Drittel der erfassten Zeiten ein.

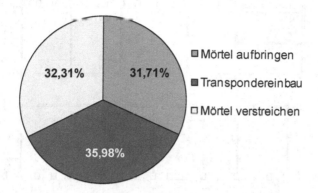

Abbildung 124: Vorgang „Transponder-Einbau auf Halbfertigteildecke", unterteilt in Arbeitsschritte

7.4.6 Versuchsauswertung Trockenbauwand

Wie in Abschnitt 7.3.2.5 schon erläutert, muss für die Zeitaufnahme zum Transpondereinbau auf die Daten der Poliere zurückgegriffen werden. Die ermittelten Einbauzeiten reichen von 7 bis 10 Minuten, was hauptsächlich in der Herstellung von eigenen, individuellen Befestigungslösungen begründet liegt (vgl. Abbildung 112 bis Abbildung 114). In den angegebenen Zeiten sind

- das Einmessen,
- das Zuschneiden und Biegen der Metallprofile je nach Bauart,
- das Verschrauben des Transponders am Profil, und
- das Verschrauben des „Trägerprofils" am Ständerwerk bzw. der Gipskartonplatte.

Dabei variierten die Zeiten je nach Einbauprinzip. Ein Einarbeitungseffekt ist zu erwarten, am deutlichsten werden sich die Einbaudauern jedoch durch noch zu entwickelnde Systemlösungen reduzieren. Bis dahin kann die Vorfertigung von eigenen Befestigungsmöglichkeiten in Räumen mit gleichmäßiger Strukturierung und Aufteilung zur Reduzierung der Einbauzeiten führen (vgl. Abbildung 125 und Abbildung 126).

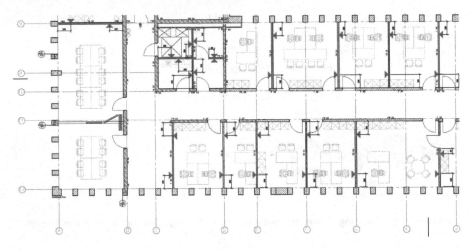

Abbildung 125:   Planausschnitt – Trockenbauwände mit Transponder-Einbaustellen in großen (Rohbau-)Räumen, 1. OG – Südseite, Bauteilachse D-J / 9-10

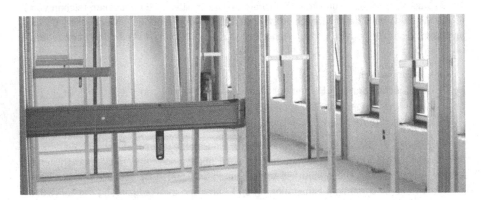

Abbildung 126:   Trockenbauwände mit Transponder-Einbaustellen in großen (Rohbau-) Räumen

Nach Abschluss der Zeitaufnahmen wurde eine weitere Lösung getestet. Dabei wurde der Transponder durch seine beiden Ösen direkt auf der Gipskartonplatte verschraubt (vgl. Abbildung 52 auf Seite 125). Die Einbauzeit nahm nur einige Sekunden in Anspruch. Von Nachteil ist dabei die spätere Verbindung von Bauteil (Trockenbauwand) und Transponder, da dies erst mit der Montage der Gipskartonplatten erfolgt, während bei der Befestigung über die Metallprofile die Verbindung zum frühest möglichen Zeitpunkt geschieht.

7.4.7   Auswertung Planungs- und Organisationsaufwand

Bisher sind die Möglichkeiten des Datenaustausches und der Benutzung von Softwareanwendungen sehr begrenzt und nur im Rahmen von Demonstrationsobjekten möglich. Für eine belastbare Datenermittlung reicht dies jedoch nicht aus. Daher müssen die fehlenden Daten durch Simulation, Berechnung und / oder Literaturquellen, in wenigen Fällen aus Erfahrungswerten der Beteiligten, ermittelt werden.

7.4.7.1 Planungsaufwand

Die Einbauorte für die Transponder sind durch den Forschungsbericht der ersten Projektphase[212] und die zugehörigen Anpassungen aus diesem Bericht zur zweiten Forschungsphase (Kapitel 5) festgelegt. Sie müssen in Abhängigkeit von Bauteil und Material in die Rohbaupläne eingezeichnet werden.

Für das Pilotprojekt LMdF Potsdam wurden 2249 Transponder eingesetzt, deren Position in die Pläne eingetragen wurde. Dabei war in vier Bauteilkategorien zu unterscheiden: Rohbauwände, Decken, Böden und Trockenbauwände. Für jede dieser Bauteilkategorien wurden die Einbaustellen der Transponder separat geplant. Die Planung für jede der Bauteilkategorien erforderte eine Bearbeitungszeit von durchschnittlich etwa fünf Stunden, wobei darin das Importieren und die Anpassung an das verwendete CAD-Programm, Korrekturen an der Darstellung, Anpassungen aus Planungsänderungen und die druckfertige Formatierung der Pläne enthalten ist. Eine Beschleunigung durch Einarbeitungseffekte ist zu erwarten. Dabei spielt die Größe des Objektes und somit Anzahl der Pläne eine wesentliche Rolle. Zudem wurden die Pläne nicht durch geschulte technische Zeichner erstellt.

Eine weitere Verkürzung der Planungsdauern kann durch die Entwicklung von Makros innerhalb der CAD-Programme, automatisierte Verfahren oder objektorientierte Planung erreicht werden.

Bezogen auf das Gesamtprojekt mit einer Nutzfläche von ca. 4700m² wurden 20 Pläne (4 Bauteilkategorien x 5 Geschosse) à 5 Stunden erstellt, was einem Gesamtaufwand von 100 Stunden entspricht. Bezogen auf m² Nutzfläche ergibt sich so ein Aufwand von ca. 0,02 Stunden (1,27 Minuten bzw. 76,59 Sekunden) pro m² Nutzfläche.[213] Werden weitere Materialien oder Bauweisen angewandt und somit weitere Bauteilkategorien erzeugt, ist selbstverständlich mit einer Erhöhung des Planungsaufwandes zu rechnen.

7.4.7.2 Organisationsaufwand

Zum Organisationsaufwand für die Integration der RFID-Technik in ein Bauobjekt zählen u. a.

- die Auswahl und Beschaffung der geeigneten Transponder, sowie deren Funktionsprüfung, gleiches gilt für Lesegeräte und Middleware,
- Auswahl, Beschaffung, Installation und Einrichtung von Software oder Softwareapplikationen, um die Daten zu speichern und zu verarbeiten,

---

[212] Vgl. *Jehle et al. 2011.*
[213] Zu beachten ist, dass dieser Wert ausschließlich für das Pilotprojekt und seine Bedingungen gültig ist.

- Information und Schulung des Personals, zu unterscheiden in das Baustellenpersonal (Anwender der Technik) und die Datennutzer (Bauleiter, Controlling etc.),
- Einführung von Benutzungsvorschriften, Vertragsanpassungen und Vorgaben zum Umgang mit den Daten.

In Ermangelung von realen Daten, begründet durch das Fehlen von geeigneter Hard- und Software, sollen hier Schätzungen vorgenommen werden:

- Nachdem grundsätzlich die technischen Anforderungen an die Transponder festgelegt sind, sei es aus eigenen Erfahrungen und Überlegungen heraus oder aus den Anforderungen in der Ausschreibung des Auftraggebers, kann für die Auswahl und Bestellung von Transpondern 1 bis 3 Stunden angesetzt werden. Unter der Voraussetzung, dass zukünftig die Zahl der Anbieter steigt, kann dieser Ansatz steigen. Die Lieferzeit nach Abruf der Transponder ist abhängig von den Kapazitäten des Herstellers, wird aber für zukünftige Bestellungen mit ungefähr ein bis zwei Wochen angenommen.[214] Gleiches gilt für weitere Hardware- und Softwarekomponenten.
- Für die Schulung des Baustellenpersonals (Bauleiter, Poliere, ggf. Vorarbeiter, aber auch Nachunternehmer und Lieferanten) im Umgang mit Reader und Datentransfer sollte mit einigen Tagen gerechnet werden. Außerdem können nicht alle Personen gleichzeitig geschult werden. Die Schulung zur Erstellung von Datenbanken, der Integration von Daten und die Nutzung der entsprechenden Applikationen in den Anwendungsprogrammen wird voraussichtlich weitere zwei Tage beanspruchen, betrifft jedoch vor allem die Betreuer der IT-Landschaft im Unternehmen.

7.4.8   Fazit und Anmerkungen

Es war beabsichtigt, die Einbaudauern mithilfe der Methodik nach REFA zu ermitteln. Aufgrund der Spezifika von Baustellen war deren Anwendung nicht ohne weiteres möglich. Nach Anpassungen der Messplanung wurden möglichst viele Einzel- und Fortschrittszeiten erfasst, dann zusammengefasst und ausgewertet. Wurden dabei Werte festgestellt, die außerhalb des Erwartungsbereiches lagen, wurde dies entsprechend vermerkt.

Offen bleiben verschiedene, bereits in der Auswertung angemerkte Punkte:

- Der Einbau der Transponder wäre mit noch zu entwickelnden Befestigungssystemen für den Einbau in Betonbauteile (z. B. Clips) oder Trockenbauwände deutlich zu beschleunigen.
- Die Zeiterfassung für den Einbau von Transpondern in Decken aus Ortbeton und in Fundamente konnte in diesem Pilotprojekt nicht stattfinden und muss daher an einem anderen Objekt nachgeholt werden. Gleiches gilt für weitere Steinformate im Mauerwerksbau.
- Um die ermittelten Zeiten als allgemeingültig zu betrachten, ist die Zahl der Messwerte zu vergrößern und diese statistisch auszuwerten.

---

[214] Bisher muss jedoch mit deutlich längeren Lieferzeiten gerechnet werden.

- Die Zeiterfassung für die Initialisierung und Datenübertragung muss für den geplanten Datenumfang real bestimmt werden. Dazu muss jedoch zunächst die Technologie weiterentwickelt werden.
- Aus weiteren Projekten und mit steigender Erfahrung kann der Organisations- und Planungsaufwand genauer erfasst oder abgeschätzt werden.

7.5 Personelle und monetäre Auswirkungen der Nutzung von RFID in der Bauphase

7.5.1 Allgemeine Überlegungen

Anhand der ermittelten Einbaudauern aus Abschnitt 7.3 und 7.4 kann man erkennen, dass der Einbau der Transponder, sofern er planmäßig und nicht nachträglich erfolgt, nur eine geringfügige zeitliche Zusatzbelastung darstellt. Bedingung dafür ist, dass zukünftig einfache Befestigungssysteme entwickelt und eingesetzt werden. Der Einbau findet parallel statt und erfordert daher keine zusätzlichen Ressourcen.

Geht man beispielhaft davon aus, dass im Pilotprojekt Potsdam über 19 Monate Bauzeit mit durchschnittlich 12 Arbeitern gebaut wurde, ergibt das unter Annahme von 20 Arbeitstagen pro Monat à 8 Stunden einen erbrachte Stundenzahl von

$$19 \text{ Mo} \times 12 \text{ AK} \times 20 \text{ Ad/Mo} \times 8 \text{ h/Ad} = 36.480 \text{ h}[215]$$

In Tabelle 19 werden exemplarisch die Bauteile getrennt nach Baustoffen und die Anzahl der jeweils dort eingebauten Transponder aufgelistet. Aus den vorangegangenen Abschnitten wurden je nach Baumaterial und Bauteil die Einbaudauern übernommen, wobei stets die Obergrenze des dort angegebenen Durchschnittsbereiches angenommen wurde. Für Mauerwerk wurde der am längsten dauernde Vorgang des Transpondereinbaus in Plansteine inklusive Herstellung einer Öffnung und Verwendung von Mörtel angenommen. Demnach sind alle Schätzungen in dieser Tabelle ein „worst-case"-Szenario, um das Kosten-Nutzenverhältnis auch für den ungünstigsten Fall darzustellen. In der Realität ist mit deutlich geringerem Aufwand / Kosten zu rechnen.

---

[215] Angabe der Anzahl Arbeitskräfte aus Bautagebuch. Der Wert entspricht auch dem theoretischen Ansatz nach *Berner et al. 2008*, S. 56:
n = 24.834 m³ BRI x 1,5 h/m³ BRI / (19 Mon x 20 d/Mo x 8 h/d, Arbeiter) = 12,25 Arbeiter.

Vorgang	Anzahl Transponder	maximale Dauer pro Transponder [min/Transp.]	Gesamtdauer [min]
Wände Stahlbeton	244	1,50	366,00
(zur Vereinfachung: Annahme der Einbaudauer für die Schalungsseite)			
Wände Mauerwerk	755	1,33	1.004,15
(zur Vereinfachung: Annahme der längsten Einbaudauer für Mauerwerk)			
Wände Trockenbau	436	10,00	4.360,00
Decken / Böden	839	0,67	562,13
(zur Vereinfachung: Deckenunterseite: 10s; Annahme für Deckenoberseite: analog zu Luftseite bei Betonwänden 40 s)			
Summe			**6.292,28**
		in Stunden	**104,87**

Tabelle 19: Übersicht über den Einbauaufwand für alle Transponder unter vereinfachenden Annahmen[216]

Im Vergleich mit den in Tabelle 19 aufgezeigten Einbaudauern beträgt der Anteil der Einbauten 104,87 h / 36.480 h x 100 [%] = 0,28 % der gesamten Arbeitszeit. Dies ist ein zu vernachlässigender Anteil an der Bauzeit, wenn dadurch andere Prozesse deutlich optimiert werden können.

7.5.2 Beispiel

Die wesentlichen Nutzen der RFID-Anwendung im Bauwesen liegen in der erreichbaren Zeitersparnis innerhalb vieler Prozesse, der höheren Qualität in der Ausführung und später im Betrieb der Gebäude sowie in der dadurch ermöglichten Mehrleistung. Dies ist jedoch hauptsächlich aus zwei Gründen noch nicht belastbar in Zahlen zu fassen:

- Die Hardware ist noch nicht ausreichend weit entwickelt, um die hier gestellten Anforderungen zu erfüllen. In absehbarer Zeit kann dies jedoch erreicht werden.
- Es fehlt an Softwareanwendungen, die die Informationen, die durch das System bereitgestellt werden, integrieren und nutzen können. Hier ist die Umsetzung bei ausreichend großer Nachfrage problemlos möglich.

Um dennoch eine Beispielrechnung durchführen zu können, müssen an dieser Stelle sinnvolle Annahmen getroffen werden. Im Folgenden wird daher auf Basis der Eckdaten des Pilotprojektes Potsdam ein Beispiel konstruiert, in dem verschiedene Ansätze rechnerisch ge-

---

[216] Grundlage sind die Obergrenzen der angegebenen durchschnittlichen Einbaudauern aus diesem Kapitel.

prüft werden können. Für dieses Beispiel wird angenommen, dass das ausführende Unternehmen sowie alle am Bau Beteiligten auf die RFID-Technologie eingestellt sind und die nötige Ausrüstung besitzen bzw. darauf Zugriff haben. Auch wird angenommen, dass das System voll funktionsfähig ist und genutzt wird. Die auf der Baustelle eingesetzten Geräte (Reader, Synchronisationsstationen etc.) sowie Software ist Eigentum der Baufirma und muss nicht für die Baustelle beschafft werden, da sie mit der übrigen Baustelleneinrichtung weitergegeben wird. Es muss also nur Verbrauchsmaterial beschafft und evtl. mit Reparaturen gerechnet werden.

Eine weitere Annahme ist, dass die Transpondereinbaustellen durch eine objektorientierte Planung des Bauwerks bzw. geeignete Makros in den CAD-Anwendungen automatisiert erfolgt und somit keinen zusätzlichen Planungsaufwand verursachen. Neben der Initialisierung der Transponder wurden im Beispiel keine weiteren Lese- / Schreibvorgänge in der Betrachtung des Aufwandes berücksichtigt, da diese parallel zu den Überwachungstätigkeiten der Bauleitung (Baustellenrundgang, interne Freigaben etc.) durchgeführt werden. Es wird dadurch also keine zusätzliche Zeit beansprucht.

Eckdaten zum LMdF Potsdam

Bauzeit: 19 Monate
Investitionsvolumen: 15.500.000,00 € (Stand 2007)

Annahmen

Mittellohn ASL ohne Aufsichtsgehälter: 25,00 €/h[217]
Mittellohn APSL mit anteiligen Aufsichtsgehältern: 30,00 €/h[218]
durchschnittliches Gehalt eines Bauleiters: 3.500,00 €/Monat[219]
Anzahl der Bauleiter im Projekt: im Durchschnitt 2
Anzahl der Poliere im Projekt: im Durchschnitt 2

7.5.2.1 Ermittlung der Kosten

Verbrauchsmaterial			
Transponder	2.274 Transp.	6,92 € / Transp. (brutto)	15.736,08 €
Projektspezifisches Angebot von deister electronic, Oktober 2008			
Summe			**15.736,08 €**

Abbildung 127:   Kosten für Verbrauchsmaterial beim Einbau der Transponder am Beispiel des LMdF Potsdam

---

[217] In Anlehnung an *Berner et al. 2007*. S. 141 und *Berner et al. 2008*. S. 271.
[218] In Anlehnung an *Berner et al. 2007*. S. 141 und *Berner et al. 2008*. S. 271 unter Annahme von durchschnittlich 2 Polieren.
[219] Aus: *Gehaltsvergleich 2010*.

Arbeitsaufwand für Einbau der Transponder nach Baustoff und Bauteil
Zur Vereinfachung wurden die Obergrenzen der für die einzelnen Baustoff-/ Bauteil-Kombinationen aus den Zeitaufnahmen angenommen.

Wände Stahlbeton	244 Transp.	1,50 min/Transp.	0,42 €/min	152,50 €

(zur Vereinfachung: Annahme der Einbaudauer für die Schalungsseite)

Wände Mauerwerk	755 Transp.	1,33 min/Transp.	0,42 €/min	419,44 €

(zur Vereinfachung: Annahme der längsten Einbaudauer für Mauerwerk)

Wände Trockenbau	436 Transp.	10,00 min/Transp.	0,42 €/min	1.816,67 €
Decken / Böden	839 Transp.	0,67 min/Transp.	0,42 €/min	233,06 €

(zur Vereinfachung: Deckenunterseite: 10s; Annahme für Deckenoberseite: analog zu Luftseite bei

Summe   **2.621,67 €**

Abbildung 128:   Kosten für den Einbau der Transponder (Arbeitsaufwand) am Beispiel des LMdF Potsdam

---

Zeitaufwand Initialisierung / Datenaustausch
pro Transponder, bei derzeitigen Speichergrößen   2.274 Transp.   0,83 min/Transp. 0,50 €/min   947,50 €
(Auslesen und Datenaustausch durch BL, Ansatz Mittellohn APSL)
Die Dauer der Initialisierung / des Datenaustausches stammen aus den Messwerten in Kapitel 4 und enthalten neben dem eigentlichen Datenaustausch auch Nebentätigkeiten wie beispielsweise das Anschalten des Gerätes und das Starten der Software.

Summe   **947,50 €**

Abbildung 129:   Kosten für die Initialisierung der Transponder am Beispiel des LMdF Potsdam

Unterhaltskosten für das System
Abschreibung, Verzinsung, Reparatur
Da bisher keine konkreten Werte dafür bekannt sind, werden die monatlichen Kosten in [%] vom Neuwert ermittelt. Die Bestimmung der Prozentsätze erfolgt in Anlehung an Berner et al. 2007, S. 156ff.

Mittlerer Neuwert A	3.900,00 € *(aus IntelliBau 1)*
Anzahl der Geräte auf der Baustelle	2
Vorhaltedauer v	36 Monate
Nutzungsdauer n	36 Monate

Annahme: Lesegerät wird einem Bauleiter oder Polier zugeordnet und ist damit stets einer Baustelle zugeordnet.

kalkulatorischer Zinsfuß p	6,50% *(nach BGL 2001 und Berner et al. S. 155)*

Monatlicher Anteil für Abschreibung in Prozent vom Neuwert
$$a = 100 / v = \qquad 2{,}78\%$$

Monatlicher Anteil für Verzinsung in Prozent vom Neuwert
$$v = p \times n \times 100 / (2 \times v) = \qquad 0{,}27\%$$

Monatlicher Anteil für Reparaturkosten in Prozent vom Neuwert
$$r = \qquad 1{,}60\% \text{ (in Anlehnung an Berner et al. 2007, S. 160)}$$

monatliche Kosten für A + V + R bezogen auf den Neuwert
$$K = (a + v + r) \times A \qquad 181{,}30 € \text{ / Monat und Gerät}$$
$$\text{Bauzeit} \qquad 19 \text{ Monate}$$

Kosten A + V + R für 2 Geräte   **6.889,24 €**

Softwareupdates werden nicht berücksichtigt, da angenommen wird, dass die RFID-spezifischen Updates wie die übrigen Updates in die entsprechenden Verträge zwischen dem Unternehmen und dem Softwarehaus eingeschlossen sind.

Abbildung 130:   Kosten für den Unterhalt des Systems am Beispiel des LMdF Potsdam

Kostenart	Betrag
Verbrauchsmaterial	15.736,08 €
Einbau	2.621,67 €
Initialisierung	947,50 €
Unterhalt (A+V+R)	6.889,24 €
Summe	**26.194,49 €**
bezogen auf die Investitionssumme:	0,17%

Tabelle 20: Zusammenstellung der Kosten für die Installation eines RFID-Systems am Beispiel des LMdF Potsdam

7.5.2.2 Ermittlung möglicher Einsparungen

Hier sollen mögliche Einsparungen durch die Optimierung von Suchprozessen, Dokumentation und Schriftverkehr dargestellt werden. Die Annahmen, die hier getroffen werden, sind als Beispielwerte zu betrachten, die keinen Anspruch auf Allgemeingültigkeit haben. Die verwendeten Zahlenwerte wurden für das Beispiel ermittelt oder festgelegt und gelten daher auch nur für dieses Rechenbeispiel.

Einsparungen durch Reduzierung des Aufwandes für das Suchen von Material oder Informationen

Ansatz: 8,4% der Arbeitszeit im Rohbau[220] und bis zu 5% der Arbeitszeit im Ausbau[221] gehen durch Informationsbeschaffung und Materialsuche verloren. Durch die RFID Technologie kann dieser zeitliche Umfang nicht vollständig verhindert werden, doch zumindest deutlich reduziert.

Einsparungen durch Reduzierung des Suchaufwandes		
Bauzeit gesamt	19 Monate 3040 Stunden	à 20 Ad/Mo und 8h/Ad
durchschnittliche Anzahl AK auf Baustelle	12 *lt. Bautagebuch durchschnittlich 12 AK*	
Bauzeit Rohbau	9 Monate 17280 Stunden	à 20 Ad/Mo und 8h/Ad für durchschnittl. Anzahl der AK
Bauzeit Ausbau	10 Monate 19200 Stunden	à 20 Ad/Mo und 8h/Ad für durchschnittl. Anzahl der AK
Verlorene Zeit durch Suchprozesse		
Rohbau	8,40% 1451,52 h	
Ausbau	5,00% 960,00 h	
Einsparung mit vorgegebnem Einsparungsansatz für Suchprozesse:		
Ansatz:	50,00% der Zeit für Suchprozesse kann eingespart werde	
Rohbau	725,76 h	
Ausbau	480,00 h	
bei einem Mittellohn APSL von	30,00 €/h	
(inkl. Aufsichtspersonal, da Informationen / Material von allen Beteiligten gesucht werden)		
ergeben sich folgende Einsparungen:		
im Rohbau		21.772,80 €
im Ausbau		14.400,00 €
Summe eingesparte Kosten		***36.172,80 €***

Abbildung 131:   **Mögliche Einsparungen durch Reduzierung des Suchaufwandes am Beispiel des LMdF Potsdam**

---

[220] Vgl. *Berner 1983*. S. 129.
[221] Vgl. *Blömeke 2001*. S. 77ff.

Einsparungen durch Reduzierung des Aufwandes für Dokumentation und Schriftverkehr

Die Dokumentation erfolgt im Wesentlichen durch die Bauleiter. Daher wird für die Berechnung das durchschnittliche Gehalt eines Bauleiters angenommen. Die Dokumentation enthält für diese Berechnung u.a. den Zeitaufwand für das Bautagebuch, Baufortschrittsberichte und Bestimmung des Leistungsstandes, Erfassung von Materiallieferungen oder die Dokumentation von Mängelbeseitigungen. Schriftverkehr sollen u.a. Tätigkeiten wie Mängelanzeigen, Materialbestellungen und Mahnungen umfassen.

Als derzeitiger Aufwand für Dokumentation, Schriftverkehr und Abrechnung wird 50% der Arbeitszeit angenommen. Der Wert ist dabei u.a. abhängig von der Vertragsgestaltung, den Gewerken, den Dokumentationsrichtlinien und den Funktionen des Bauleiters.

Die Dokumentation des Bautenstandes läuft durch die Verwendung der RFID-Technologie automatisiert beim Baustellenrundgang ab, da an jedem Bauteil der Ausführende den Status ("abgeschlossen" oder "in Bearbeitung") vermerkt wurde. Freigaben, z. B. für die weitere Bearbeitung oder nach einer Mängelbeseitigung, können so direkt vor Ort erteilt werden und sind damit im System vermerkt. Eine separate Erfassung oder Niederschrift wird damit unnötig.

Da Freigaben, Mängel oder andere Vermerke direkt am Bauteil vermerkt werden können und die Informationen somit im Transponder und im Datenhaltungssystem direkt mit dem Bauteil verknüpft sind, entfällt die aufwändige Zuordnung von Notizen, wie sie bisher händisch auf Zetteln oder per Diktiergerät vorgemerkt und dann anhand von Plänen den Bauteilen zugeordnet wurden.

Die benannten Schriftstücke oder Materialbestellungen hingegen können nicht ohne Kontrolle und Freigabe durch die Verantwortlichen abgelegt oder verschickt werden, sie können jedoch nach dem Abgleich zwischen Reader und Datenbanken / Programmen automatisch aus unternehmensintern festgelegten Vorlagen generiert werden. Bauleiter oder Polier müssen das Schreiben nur noch lesen, freigeben und abschicken. Da sowohl der Leistungsstand im System hinterlegt ist, als auch die Zeit- und Materialplanung, können die Mengen und Termine dem System entnommen werden, ohne dass der Bauleiter oder Polier diese selbst noch aus den Unterlagen heraussuchen muss. Durch die automatisierte Datenerfassung und -dokumentation lassen sich weitere Einsparungen im Controlling erreichen.

Die automatisierte Erfassung der Leistungsstände ermöglicht eine ebenfalls automatisierte Ausgabe des gesamten Leistungsstandes gewerke- und firmenspezifisch sowie die Erstellung von Abrechnungen auf Basis der hinterlegten Mengen. Grundsätzlich ist die Leistung nach Zeichnungen zu ermitteln, sofern die Leistung den Zeichnungen entspricht, andernfalls sind die Mengen aufzumessen (vgl. VOB/C DIN 18299). Grundsätzlich können also nach der Freimeldung die Soll-Mengen zur Erstellung der Abrechnung herangezogen werden.

Einsparungen durch Reduzierung des Aufwandes für Dokumentation und Schriftverkehr

derzeitiger Aufwand für Dokumentation, Schriftverkehr und Abrechnung

50,00% pro Monat à 20 Ad/Mo und

entspricht   80 h/Monat
Anzahl Bauleiter im Projekt   2   160 h/Monat
Der Wert ist dabei u.a. abhängig von der Vetragsgestaltung, den Gewerken, den Dokumentationsrichtlinien und den Funktionen des Bauleiters.

durchschnittliches Gehalt Bauleiter [€/Monat]   3.500,00 € / Monat
aus : http://www.gehaltsvergleich.com/berufe-b.html, Stand 26.11.2010

Kosten Dokumentation / Schriftverkehr (für gesamte Bauzeit)

66.500,00 €

Da derzeit keine entsprechende Technik und Software verfügbar ist, können hier nur Annahmen getroffen

Annahme Einsparung durch reduzierten Zeitaufwand   50,00%
Anteil an bisherigem Aufwand   80 h/Monat

Summe eingesparte Kosten   33.250,00 €

Abbildung 132:   Mögliche Einsparungen durch Reduzierung des Aufwandes für Dokumentation und Schriftverkehr am Beispiel des LMdF Potsdam

Kostenart	Betrag
Reduzierung Suchaufwand	36.172,80 €
Reduzierung Aufwand für Schriftverkehr und Dokumentation	33.250,00 €
Summe	**69.422,80 €**
bezogen auf die Investitionssumme:	0,45%

Tabelle 21: Zusammenstellung der Einsparungen für die Installation eines RFID-Systems am Beispiel des LMdF Potsdam

7.5.2.3 *Vergleich der Kosten und möglicher Einsparungen*

Kosten	26.194,49 €
Einsparungen	69.422,80 €
Differenz zwischen Kosten und Einsparungen	**43.228,31 €**
Faktor	**2,65**
Differenzbetrag, bezogen auf die Investitionssumme:	0,28 %

Tabelle 22: Übersicht über Kosten und mögliche Einsparungen für die Installation eines RFID-Systems am Beispiel des LMdF Potsdam

Es ergibt sich ein Faktor zwischen Kosten und möglichen Einsparungen von 2,65. Das bedeutet, die Einsparungen sind etwa 2,65 Mal höher als die verursachten Kosten (vgl. Tabelle 22).

7.5.2.4 Erweiterung des Beispiels

Unter Annahme von Einsparungen im Bereich von Dokumentation und Schriftverkehr von nur 30% ergeben sich Einsparungen von 56.122,80 € (vgl. Tabelle 23). Die möglichen Einsparungen entsprechen in etwa dem Doppelten der Kosten (vgl. Tabelle 24).

Kostenart	Betrag
Reduzierung Suchaufwand	36.172,80 €
Reduzierung Aufwand für Schriftverkehr und Dokumentation	19.950,00 €
Summe	**56.122,80 €**
bezogen auf die Investitionssumme:	0,36%

Tabelle 23: Mögliche Einsparungen unter Annahme von Einsparungen für Schriftverkehr und Dokumentation von nur 30 % am Beispiel des LMdF Potsdam

Kosten	26.194,49 €
Einsparungen	56.122,80 €
Differenz zwischen Kosten und Einsparungen	**29.928,31 €**
Faktor	**2,14**
Differenzbetrag, bezogen auf die Investitionssumme:	0,19%

Tabelle 24: Übersicht über Kosten und mögliche Einsparungen unter Annahme von Einsparungen für Schriftverkehr und Dokumentation von nur 30 % am Beispiel des LMdF Potsdam

7.5.2.5 Anmerkungen zum Beispiel

Dieses Beispiel erhebt keinen Anspruch auf Allgemeingültigkeit und basiert auf diversen darin dargestellten Annahmen. Es soll eine Bandbreite darstellen, aus der ein möglicher Nutzen für das System Baustelle abgeschätzt werden kann.

Der Zeitaufwand für den Einbau der Transponder wurde hier sehr hoch angegeben. Durch Einarbeitungseffekte und standardisierte Befestigungssysteme, vor allem beim Einbau in Trockenbauwände, lassen sich die Kosten für den Einbau erheblich senken und damit das Einsparungspotenzial bzw. der Nutzen deutlich steigern. Zudem kann davon ausgegangen werden, dass die Hardwarepreise zukünftig stark sinken werden.

7.5.3 Auswertung des Beispiels und Fazit

Der tatsächliche Nutzen eines voll funktionsfähigen RFID-Systems auf einer Baustelle kann in Ermangelung von vorhandenen Software-Anwendungen und ausreichend leistungsfähiger Technik nur abgeschätzt werden. Aus dem voranstehenden Beispiel lässt sich ableiten, dass bei vollständiger Integration des Systems, also nach Abschluss der Investitions- und Einführungsphase, der Nutzen deutlich erkennbar ist. Die im Beispiel abgeschätzte Einsparung als Differenz zwischen Kosten und möglichen Einsparungen liegt bei etwa 0,3 % der Investitionssumme, was bei angestrebten Gewinnen von etwa 2-3 % einen wesentlichen Anteil zum Gewinn beitragen kann.

Auch wenn der Nutzen finanziell betrachtet erkennbar ist, so kann dennoch nicht davon ausgegangen werden, dass sich daraus automatisch die Einsparung von Personal ergibt. Durch das automatisierte Erstellen, Sammeln und Aktualisieren von Daten wird der Baustellenführung, aber auch den Arbeitskräften die Arbeit erleichtert und verschiedene unnötige Aufwände (wie z. B. suchen von Material, Informationsbeschaffung) minimiert.

Abschließende, konkrete Aussagen zu Kosten und Nutzen bei Integration eines solchen Systems sind aufgrund der noch immer rasanten Entwicklung der Technik nicht möglich. Die Überlegungen dieses Kapitels können daher nur die Basis für weitergehende Überlegungen sein. Außerdem ist zusätzlich zu den Beispielberechnungen zu ermitteln, welche (Erst-) Investitionskosten die Einführung der RFID-Technologie in ein Bauunternehmen mit sich bringen. Da dies aber eindeutig unternehmensspezifisch ist, kann dies hier nicht allgemein dargestellt werden.

Im Beispiel wurden zudem nicht die möglichen Einsparungen für Zulieferer, Subunternehmer, Planer und Bauherren ermittelt. Dies kann aber analog erfolgen.

Weitere konkrete Einsparungen liegen im Vorhandensein eines vollständigen, stets aktualisierten Datenpools zum Objekt, der eine später Bauwerksaufnahme beim Verkauf des Bauwerkes unnötig macht, hauptsächlich aber beim Betrieb des Objektes seine Vorteile zeigt. Zudem wird der ideelle Wert des Objektes durch die lückenlose Dokumentation erhöht, was sich allerdings kaum in Zahlen beziffern lässt und vom Markt beantwortet werden muss.

Der volle finanzielle Nutzen lässt sich dennoch erst in der Praxis ausmachen, wenn die Anwendung der Technologie in allen Facetten ins Tagesgeschäft eingegangen ist.

8 Zusammenfassung

Im Forschungsprojekt „Das intelligente Bauteil im integrierten Gebäudemodell - Pilotprojekt zur Anwendung der RFID Technologie In Bauteilen (RFID-IntelliBau 2)" sollte die Anwendung der RFID-Technologie für die Prozessoptimierung, die Fertigungsverfolgung, die Qualitätsdokumentation und das Lagermanagement in der Fertigteilproduktion überprüft werden. Weiterhin waren die Anwendungsmöglichkeiten der RFID-Technologie in der Bauphase auf Praxistauglichkeit zu überprüfen. Anschließend wurden verschiedene Anwendungsszenarien in der Nutzungsphase von Bauwerken vorgestellt und bewertet. Den Abschluss bildet die Betrachtung des Aufwandes für Einbau und Nutzung eines RFID-Systems im Bau und Betrieb von Gebäuden.

Ergebnisse

Es ist festzustellen, dass die RFID-Technologie bei der Herstellung von Fertigteilen einen wesentlichen Beitrag zur Optimierung der Prozesse und zur Dokumentation der einzelnen Arbeitsschritte beitragen kann. Dabei sind diese Nutzenpotenziale bei der Herstellung von konstruktiven Fertigteilen mittels der Standfertigung deutlich größer als bei der Herstellung von Fertigteilen mittels der Umlaufanlage. Die Umlaufanlage ist heute bereits durch einen sehr hohen Mechanisierungsgrad mit gleichzeitigem Automatisierungsgrad gekennzeichnet. Der Nutzen der Bauteiltransponder liegt hier vor allem die Dokumentation der Produktion. Die Überwachung und Steuerung der Produktion ist hier nicht mehr erforderlich.

Anders bei der Herstellung von Fertigteilen mittels der Standfertigung: Diese Fertigungsart ist durch einen sehr geringen Mechanisierungsgrad gekennzeichnet. Die RFID-Technologie stellt hier die Schnittstelle zwischen den einzelnen Produktionsstufen zum zentralen Rechner dar. Die Technologie erlaubt es erstmals, den Produktionsprozess eines Fertigteils in Echtzeit zentral zu verfolgen.

Für die Fertigung komplexer Bauwerke stellt die Integration von dauerhaften, geschützten und vielfältig nutzbaren Datenspeichern in den einzelnen Bauteilen eine neue Kommunikationsplattform dar, die zur Optimierung der Qualität des Werks und zur Schaffung von Transparenz am Objekt genutzt werden kann. Die Integration dieser Datenspeicher ins Objekt ist mit relativ geringem Aufwand umsetzbar. Selbst mit den heute verfügbaren Komponenten, die nicht für das Bauwesen entwickelt worden sind, kann der Einsatz auf der Baustelle sichergestellt werden. Die momentane Entwicklungsrichtung der Hardwarehersteller mit immer größeren Speicherkapazitäten und energieeffizienteren Mikroprozessoren erleichtert zukünftig den Einsatz von Bauteiltranspondern.

Momentan stellt für die vollständige Nutzbarkeit des „Intelligenten Bauteils" der Dateninput eine Einstiegshürde dar, der aufgrund fehlender Schnittstellendefinition tangierender Anwendungen nicht automatisiert durchgeführt werden kann. Aufgrund der fehlenden Transferprotokolle und Datendefinitionen entlang der Informationskette vom Planer, vom Materialproduzenten über verschiedenste Softwarelösungen zum Bauteil, ist hier durch eine einheitliche Festlegung der Bruch zu überwinden.

Hinsichtlich der Anwendungsmöglichkeiten in der Nutzungsphase von Gebäuden gibt es ein breites Spektrum von Szenarien. Dabei kann die RFID-Technologie von allen Nutzergruppen eines Gebäudes vom Mieter bis zum Betreiber genutzt werden. Beispiele sind der Einsatz im

Facility Management oder die Unterstützung von Rettungskräften im Einsatz. Voraussetzung für die hier vorgestellten Anwendungsszenarien ist jedoch, dass die Transponder bereits in der Bauphase integriert und die darauf hinterlegten Informationen fortlaufend dokumentiert und aktualisiert wurden.

Der Aufwand für den Einbau der Transponder in verschiedene Bauteile hat sich in Bezug auf den zeitlichen Aufwand als verschwindend gering erwiesen. Bei den meisten Baustoffen kann er mit sehr geringem Aufwand in die regulären Prozesse eingebunden werden. Der Planungsaufwand lag im Pilotprojekt LMdF Potsdam bei einigen Stunden, die jedoch bezogen auf die Gesamtbauzeit nicht ins Gewicht fallen. Die Zeit, die für die Transponderplanung erforderlich war, kann durch objektorientierte CAD-Planung in Verbindung mit geeigneten Algorithmen weiter reduziert werden.

Auch wenn der Nutzen des Gesamtsystems auf Grund von noch nicht ausreichend entwickelter Hard- und Software nur anhand von ausgewählten Annahmen beurteilt werden konnte, ist doch erkennbar, dass nach der Einführung eines Komplettsystems und einer gewissen Startphase die Investitionskosten schnell amortisiert und weitere Einsparungen erzielt werden können.

9 Literaturverzeichnis

Monographien, Periodika und Vorträge

Arnold 2008	Prof. Dr.-Ing. Dr. h.c. Dieter Arnold u. a.: Handbuch Logistik; Springer Verlag Berlin Heidelberg; 3. Auflage 2008
Ast	Ast, Prof. Dr. Helmut: Vorlesungsmanuskript – Private Public Partnership (PPP) für Kommunen, Skript Hochschule Biberach, ftp://ftp.fh-biberach.de/pub/www/ige/download/ppp/ppp_fuer_kommunen.pdf, letzter Abruf: 30.09.2010
BBR 2004	BBR 2004: Dokumentationsrichtlinie - Stand: 03/2004; Bundesamt für Bauwesen und Raumordnung
Berner 1983	Berner, Fritz: Verlustquellenforschung im Ingenieurbau - Entwicklung eines Diagnoseinstruments unter Berücksichtigung der Wirtschaftlichkeit und Genauigkeit von Zeitaufnahmen, Bauverlag GmbH, Wiesbaden und Berlin, 1983
Berner et al. 2007	Berner, Fritz; Kochendörfer, Bernd, Schach, Rainer: Grundlagen der Baubetriebslehre 1 – Baubetriebswirtschaft, B.G. Teubner Verlag, Wiesbaden, 2007
Berner et al. 2008	Berner, Fritz; Kochendörfer, Bernd; Schach, Rainer: Grundlagen der Baubetriebslehre 2 – Baubetriebsplanung, B.G. Teubner Verlag, Wiesbaden, 2008
Best & Weth 2009	Best, E.; Weth, M.: Geschäftsprozesse optimieren; 3. Auflage 2009: Gabler GWV Fachverlage GmbH Wiesbaden
Bindsell 1998	Bindseil, P.: „Stahlbetonfertigteile unter Berücksichtigung von Eurocode 2, Konstruieren, Berechnung, Ausführung", 2. Auflage, Düsseldorf: Werner Verlag GmbH, 1998 – ISBN 3-8041-4221-4
BLB 2008	Pressemitteilung des Brandenburgischer Landesbetriebes für Liegenschaften und Bauen (BLB) vom 27.05.2008 Potsdam: Neubau des Finanzministeriums
Blömeke 2001	Blömeke, Michael: Die Baustellenlogistik als neue Dienstleistungsfeld im Schlüsselfertigbau: grundlegende Entwicklung eines systematisierten Logistikkonzeptes und dessen Umsetzung am Bauvorhaben Konzerthaus Dortmund. Dortmund, Universität Dortmund, Lehrstuhl für Baubetrieb, Diplomarbeit, 2001
Cramer u. Breitling 2007	Cramer, Johannes; Breitling, Stefan: „Architektur im Bestand – Planung, Entwurf, Durchführung" Birkhäuser Architektur; Auflage: 1, 2007
DEGI 2003	DEGI Deutsche Gesellschaft für Immobilienfonds mbH: Immobilienwirtschaftliche Trends, Nr. 3: Zukunftsorientierte Bürokonzepte, Eigenverlag, Frankfurt am Main, 2003

Djahanschah 2008	Dipl.-Ing. Architektin Sabine Djahanschah: Einfluss früher Planungsphasen auf den Lebenszyklus von Gebäuden, Vortrag FM-Symposium industrie-BAU 2008, http://www.ilm-forum.com/data/pdfs/ilm-forum.com/planungsphasen und 1227533813.pdf, letzter Abruf: 16.11.2009
Drucksache 4/1092	Drucksache 4/1092–B Beschluss des Landtages Brandenburg, Ausgabe am 19.09.2005
Dümmel 2009	Christin Dümmel: Analyse des Nutzens der RFID-Technologie in der Bauphase, Diplomarbeit Nr. 1399, 2009
ECC 2009	Electronic Commerce Centrum Stuttgart-Heilbronn: „RFID – Anwenderbeispiel Fraport AG", 2008, http://www.rfidatlas.de/images/stories/RFID_Fallstudien/fraport%2024.07.0 8.pdf, letzter Abruf: 16.11.2009
Eicker et al. 2007	Eicker, S. u. a.: ICB-Research-Report No. 21, Forschungsberichte des Instituts für Informatik und Wirtschaftsinformatik der Universität Duisburg-Essen, 2007, ISSN 1860-2770
EVVA 2009	EVVA: „Elektronisches Schließsystem SALTO XS4", http://www.auboeck.co.at/produkte/content/zutrittskontrolle/EVVA_Salto.pdf , letzter Abruf: 18.11.2010
Fay et. al 2009	Fay, A.; Vogel, C.; König, A.: RFID für das Leiten blinder und sehbehinderter Menschen im öffentlichen Nahverkehr. In: Tagungsband "Automation 2009", S. 357-360, Baden-Baden, 16.-17. Juni 2009, ISBN: 978-3-18-092067-2
Floegl 2003	Floegl, Helmut: „Die Zäsur im Lebenszyklus eines Gebäudes", http://www.felis.at/download/zaesur.pdf, letzter Abruf: 30.09.2010, in: a3 EDV & bau (Sonderheft 2003), http://www.a3verlag.com/
Fricke 2005	Fricke, W.: Statistik der Arbeitsorganisation – REFA – Fachbuchreihe Unternehmensentwicklung, 2. Auflage, Carl Hanser Verlag, München, 2005 – ISBN 3-446-40230-6
Fiedler 2008	Fiedler, D.: RFID- Technologie im Fertigteilwerk, Diplomarbeit, Technische Universität Dresden, Fakultät Bauingenieurwesen, Institut für Baubetriebswesen, Dezember 2008
Gadatsch 2010	Gadatsch, A.: Grundkurs Geschäftsprozess-Management;; 6. aktualisierte Auflage 2010 Vieweg + Teubner/ GWV Fachverlage GmbH Wiesbaden
Gänßmantel et al. 2005	Gänßmantel, Jürgen; Geburtig, Gerd; Schau, Anica: „Sanierung und Facility Management", 1. Auflage, Teubner Verlag, Wiesbaden, 2005 – ISBN 3-519-00474-7

Gerbstädt 2009	Gerbstädt, Denis: Anwendungsszenarien der RFID-Technologie in der Nutzungsphase von Bauwerken Diplomarbeit, Technische Universität Dresden, Fakultät Bauingenieurwesen, Institut für Baubetriebswesen
Häberle 1991	Häberle, A.: „Fertigungsorganisation im Betonfertigteilwerk des konstruktiven Ingenieurbaus: Entwicklung eines computergestützten Modells zur Kalkulation, Planung, Steuerung und Überwachung der Fertigung." Ehningen bei Böblingen : expert-Verl., 1991 (Schriftenreihe des Institutes für Baubetriebslehre der Universität Stuttgart, Band 32). – ISBN 3-8169-0722-9
Helmus et al. 2009	Helmus, Manfred; Meins-Becker, Anica; Laußat, Lars; Kelm, Agnes: „RFID in der Baulogistik", 1. Auflage, Vieweg+Teubner-Verlag, Wiesbaden, 2009 – ISBN 978-3-8348-0765-6
Herzog 2005	Herzog, Kati: Lebenszykluskosten von Baukonstruktionen – Entwicklung eines Modells und einer Softwarekomponente zur ökonomischen Analyse und Nachhaltigkeitsbeurteilung von Gebäuden, Dissertation, TU Darmstadt Institut für Massivbau, 2005, http://www.ifm.tu-darmstadt de/cag/02_elements/02_pdf/98_dissertationen/Heft_10_Herzog.pdf, letzter Abruf: 16.11.2009
IFMA 1996	IFMA Deutschland: International Facility Management Association Deutschland e.V., Anschriften, 1996
Ikemoto et al. 2009	Ikemoto, Yusuke; Suzuki, Shingo; Okamoto, Hiroyuki; Murakami, Hiroki; Asama, Hajime; Morishita, Soichiro; Mishima, Taketoshi; Lin, Xin; Itoh, Hideo: „Force Sensor system for structural health monitoring using passive RFID tags", Forschungsbericht, 2009, http://www.race.u-tokyo.ac.jp/~asama/publication_page/papers/publication_list_2008/ikemoto_RFID-tag.pdf, letzter Abruf: 28.08.2009
Informationsforum RFID 2006	Informationsforum RFID: „Leitfaden für den Mittelstand", 2006, http://www.info-rfid.com/downloads/rfid_leitfaden010306.pdf, letzter Abruf: 16.11.2009
Jehle et al. 2011	Jehle, Peter ; Seyffert, Stefan ; Wagner, Steffi: IntelliBau : Anwendbarkeit der RFID-Technologie im Bauwesen. 1. Aufl. Wiesbaden : Vieweg + Teubner; Vieweg+Teubner Verlag / Springer Fachmedien Wiesbaden GmbH Wiesbaden, 2011 (Vieweg + Teubner Research, Schriften zur Bauverfahrenstechnik). – ISBN 978-3-8348-1468-5
Kälin et al. 2008	Kälin, Werner; Tiszberger, Christian; Durisch, Claudio: „Lebenszykluskosten – Lukretia I / II", Vortrag, 2008, http://www.city-of-zurich.ch/content/dam/stzh/hbd/Deutsch/Hochbau/Weitere%20Dokumente/Nachhaltiges_Bauen/1_2000_Watt/5_Lebenszyklus/TF3_Thema%205%20Lebenszyklus%20W.%20Kaelin.pdf , letzter Abruf: 30.09.2010

Kochendörfer et al. 2007   Kochendörfer, Bernd; Liebchen, Jens H.; Viering, Markus G.: „Bau-
                              Projektmanagement – Grundlage und Vorgehensweisen", Teubner-Verlag,
                              3. aktualisierte Auflage, Wiesbaden, 2007 – ISBN 978-3-8351-0011-4

Kordowich 2010   Kordowich, Philipp: Betriebliche Kommunikation bei Dienstleistern; 1. Auf-
                              lage 2010, Dissertation, Gabler Verlag Springer Fachmedien Wiesbaden
                              GmbH

Leitfaden nachhaltiges   Bundesamt für Bauwesen und Raumordnung im Auftrag des Bundesminis-
Bauen   teriums für Verkehr, Bau- und Wohnungswesen: Leitfaden nachhaltiges
                              Bauen, Stand: Januar 2001, 2. Nachdruck (mit redaktionellen Änderungen)

Meyendorf 2007   Meyendorf, Norbert: Neue Konzepte für Bauteil- und Materialüberwachung
                              in der Verkehrstechnik – speziell in Bahn und Flugzeug, http://www.leibniz-
                              institut.de/, 28/08/2009,ISSN 1864-6974

Mohrmann 2007   Martin Mohrmann : Facility Management mithilfe der Balanced Scorecard
                              neu denken, Books on Demand GmbH - August 2007

Otto 2006   Otto, Jens: „wissensintensives Facility Management – Grundlagen und
                              Anwendung", expert verlag, Renningen, 2006 – ISBN 3-8169-2639-8

Pahl et al 2007   Pahl, G.; Beitz, W.; Feldhusen, J. u. a.: Konstruktionslehre - Grundlagen
                              erfolgreicher Produktentwicklung. Methoden und Anwendungen; 7. Auflage
                              Springer Verlag Berlin Heidelberg 2007

Pfohl 2010   Pfohl, Hans- Christian: Logistiksysteme: Betriebswirtschaftliche Grundla-
                              gen, 8. Auflage, Springer Verlag Berlin Heidelberg 2010

PM Wienerberger   Presseinformation Wienerberger: Solitär mit Ministerauge - Das neue Fi-
                              nanzministerium in Potsdam 04/2010

PRIAMOS Pro 2009   Herbert Fehlauer: PRIAMOS Pro : Prozessorientierte Informations- und
                              Auftragsabwicklung und Management-Organisations-System URL
                              http://www.gtsdata.com/priamos_pro_deu.pdf. – Überprüfungsdatum:
                              2011-06-19

Produktdatenblatt Dobo   Lindner AG: Produktdatenblatt Doppelboden Typ NORTEC L 38 x M,
NXI   Stand: 16.08.2010, www.Lindner-Group.com

Projektdatenblatt Pilotpro- STRABAG REAL ESTATE GMBH: Projektdatenblatt Ministerium der Fi-
jekt   nanzen, Stand 2010

REFA 1997a   REFA – Verband für Arbeitsstudien: Datenermittlung - REFA – Methoden-
                              lehre der Betriebsorganisation, Erstauflage, Carl Hanser Verlag, München,
                              1997 – ISBN 3-446-19059-7

REFA 1997b   REFA – Verband für Arbeitsstudien, Hammer, W.,: Wörterbuch der Ar-
                              beitswissenschaft - REFA – Fachbuchreihe
                              Betriebsorganisation, Erstauflage, Carl Hanser Verlag,
                              München, 1997 – ISBN 3-446-18995-5

Rhensius u. Quadt 2009   Rhensius, Tobias; Quadt, Andre: „RFID im After Sales und Service"; Artikel, http://www.isis-specials.de/profile_pdf/1f149_ed_rfid0207.pdf, letzter Abruf: 16.11.2009

Schenk 2010   Prof. Dr.-Ing. habil. Dr.-Ing. E. h. Michael Schenk: Instandhaltung technischer Systeme: Methoden und Werkzeuge zur Gewährleistung eines sicheren und wirtschaftlichen Anlagenbetriebs; Springer Verlag Berlin Heidelberg 2010

Schmidt 2003   Schmidt, N.: Wettbewerbsfaktor Baulogistik – Neue Wertschöpfungspotentiale in der Baustoffversorgung – Edition Logistik, Band 6, Erstauflage, Deutscher Verkehrs-Verlag, Hamburg, 2003 – ISBN 3-871-54296-2

Schulte 2008   Schulte, Karl Werner: Immobilienökonomie: Bd.1 – Betriebswirtschaftliche Grundlagen: Bd. 1, 4. Auflage, Oldenbourg-Verlag, München, 2008 – ISBN 978-3-486-58397

Schwenk 2009   Schwenk (Hrsg.): Betontechnische Daten. 7. Aufl. Vortrag in Hindenburgring 15, 89077 Ulm, 2009

Seyffert 2011   Seyffert, Stefan: Optimierungspotenziale im Lebenszyklus eines Gebäudes : Entwicklung und Nachweis eines Modells zur Anwendung der Radio-Frequenz-Identifikation im Bauwesen. Wiesbaden : Vieweg +Teubner, 2011 (Vieweg + Teubner Research). – ISBN 978-3-8348-1639-9

Sosnicki 2007   Sosnicki, Stefan: Unterstützung des E-Procurement Prozesses im Bauwesen: Standards und Elektronische Marktplätze, Diplomarbeit an der Universität Leipzig, Fakultät für Mathematik und Informatik Institut für Informatik, Juni 2007

Steinle & Hahn 1998   Steinle, A.; Hahn, V.: „Bauen mit Betonfertigteilen im Hochbau" 1. Auflage, Berlin: Ernst & Sohn, 1998 – ISBN 3-433-01758-1

Streck 2011   Streck, Stefanie: Wohngebäudeerneuerung : Nachhaltige Optimierung im Wohnungsbestand, Springer Verlag, 2011

Zimmermann 2007   Vortrag aus der Veranstaltung „Wettbewerbsfaktor ‚Organisation' Standards für Bauunternehmen kennen und nutzen" vom 18. Januar 2007 in der Neuen Messe München zur BAU 2007

Zocher 2008   Zocher, Matthias: Einsatz der RFID-Technologie im Fertigteilbau, Diplomarbeit, Technische Universität Dresden, Fakultät Bauingenieurwesen, Institut für Baubetriebswesen, 2008

Normen und Richtlinien

DIN 1045-2

DIN 1045-2:2008-08: Anwendungsregeln zu DIN EN 206-1 1045-2. Tragwerke aus Beton, Stahlbeton und Spannbeton - Teil 2: Beton; Festlegung, Eigenschaften, Herstellung und Konformität. August 2008

DIN 1053-1

DIN 1053-1:1996-11: Mauerwerk - Teil 1: Berechnung und Ausführung

DIN 31051

DIN 31051:2003-06: Grundlagen der Instandhaltung, mit DIN EN 13306:2001-09 Ersatz für DIN 31051:1985-01

DIN 32736

DIN 32736:2000-08: Gebäudemanagement - Begriffe und Leistungen

DIN 18111-1

DIN 18111-1:2004-08: Türzargen - Stahlzargen - Teil 1: Standardzargen für gefälzte Türen in Mauerwerkswänden

DIN 18015-3

18015-3:2007-09: Elektrische Anlagen in Wohngebäuden - Teil 3: Leitungsführung und Anordnung der Betriebsmittel

DIN EN 197-1

DIN EN 197-1:2001-02: Norm DIN EN 197-1:2001-02. Zement; Teil 1: Zusammensetzung, Anforderungen und Konformitätskriterien von Normalzement. 02/2001

DIN EN 206-1

DIN EN 206-1:2001-07: 206. Beton - Teil 1: Festlegung, Eigenschaften, Herstellung und Konformität Änderung durch DIN EN 206-1/A1:2004-10, DIN EN 206-1/A2:2005-09. 2007

DIN EN 13306

DIN EN 13306:2008-10: Instandhaltung – Begriffe der Instandhaltung; Deutsche und Englische Fassung prEN 13306:2008

DIN EN 13369

DIN EN 13369:2004-09: DIN EN 13369:2004-09. Allgemeine Regeln für Betonfertigteile. September 2004

GEFMA Richtlinie 100-1

GEFMA Richtlinie 100-1:2004-07 Facility Management; Grundlagen

ISO 15686-5

ISO 15686-5:2008-06: Hochbau und Bauwerke - Planung der Lebensdauer - Teil 5: Kostenberechnung für die Gesamtlebensdauer

VDI 6200

VDI 6200:2010-02: Standsicherheit von Bauwerken - Regelmäßige Überprüfung

AHO 2004

Ausschuss der Verbände und Kammern der Ingenieure und Architekten für die Honorarordnung e.V.: AHO Schriftenreihe, Heft 18: Arbeitshilfen zur Vereinbarung von Leistungen und Honoraren für den Planungsbereich Baufeldfreimachung, August 2004

ASB-ING

Bundesministerium für Verkehr, Bau und Stadtentwicklung, Abteilung Straßenbau, Straßenverkehr: Anweisung Straßeninformationsbank, Teilsystem Bauwerksdaten (ASB-ING), Sammlung Brücken- und Ingenieurbau, Teil Erhaltung

ÖNORM A 7000

ÖNORM A 7000 (2000): Facility Management - Grundkonzepte - ersetzt durch OENORM EN 15221-1: Facility Management - Teil 1: Begriffe

Internetquellen

GEFMA Homepage	www.gefma.de/definition.html, Stand: 30.09.2010
Gehaltsvergleich 2010	http://www.gehaltsvergleich.com/berufe-b.html, Stand 26.11.2010
Inside Handy	http://www.inside-handy.de/news/18439-nokia-setzt-ab-2011-auf-nfc-in-allen-smartphones, Stand: 19.01.2011
NFCworld 2010	http://www.nearfieldcommunicationsworld.com/2010/02/18/ 32854/nokia-confirms-cancellation-of-planned-6216-swp-nfc-phone/, Stand 18.02.2010
NFCworld 2011	http://www.nearfieldcommunicationsworld.com/2010/06/17/33966/all-new-nokia-smartphones-to-come-with-nfc-from-2011/, Stand: 19.01.2011
Nokia 2009	www.nokia.de, Stand: 25.11.2009
Nokia 2011	http://www.nokia.de/service-und-software/technologie/nfc, Stand: 19.01.2011
Real FM	http://www.realfm.de/46.html, Stand: 30.11.2010
RFIDimBlick 2009a	RFID führt Blinde auf Erlebnispfad: RFID- und GPS-basierter Audio Guide im Nationalpark Hainich: http://rfid-im-blick.de/200907151524/RFID-fuhrt-Blinde-auf-Erlebnispfad.html, Stand: 15.07.2009
RFIDimBlick 2009b	RFID erleichtert Alltag von blinden Studierenden: http://rfid-im-blick.de/200908181564/rfid-erleichtert-alltag-von-blinden-studierenden.html, Stand: 18.08.2009
Spiegel 2011	http://www.spiegel.de/netzwelt/gadgets/0,1518,740314,00.html, Stand 19.01.2010

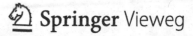